社会安全学入門

理論・政策・実践

関西大学 社会安全学部 [編]

ミネルヴァ書房

まえがき

　社会安全学は，人間社会を脅かす事故や災害の発生を防止したり，それらの強度や発生頻度を抑制したりすることによって被害を軽減するとともに，被害者の救済や被災地の復旧・復興を促進することを目的としており，理工系の分野だけでなく，社会科学系や人文科学系の各専門分野を学際的に融合した，安全・安心のための新しい学問体系である。

　社会の安全に関する問題に対して総合的にアプローチすることの重要性は，国際的にも認識されている。しかし，安全の問題を対象にする新しい学問分野として，社会安全学が国際的に確立されているわけではない。関西大学が2009年に初めて提唱し，2010年にその名を冠した学部を新設したことからもわかるように，社会安全学は日本生まれの新しい学問である。ただし，北欧の一部の国では，1990年代末頃から社会安全学の考え方に類似したSocietal Safetyと呼ばれる研究分野が誕生している。関西大学も，社会安全学を英語で表記する際には，Societal SafetyにSciencesを付加したSocietal Safety Sciencesという呼称を使用している。

　一つの学問体系が成立するには，まず，専門家による十分な研究の蓄積が不可欠である。さらに，研究の成果を踏まえて，網羅的かつ体系的なテキスト（教科書）が刊行される必要がある。本書は，社会安全学を学ぶための初めての入門書として執筆されたものである。

　一人あたりのGDPが僅かで，国全体が貧しい状態にあるときは，国民の衣食住を確保するとともにインフラストラクチャーを整備し，経済の成長を図ることが社会に求められる。わが国においても，第二次世界大戦の終了から1950年代までの時期はこの段階にあたり，質を高めることよりも量的な拡大が優先された。

　高度成長を経て経済的に豊かな社会が実現されたのは，1980年代になってからである。「Japan as No. 1」などと言われ，日本経済は国際的にも存在感を増

すことになった。しかし，それもつかの間，1990年代からはデフレ経済の時代が始まる。この頃になると，道路や空港，住宅などのインフラストラクチャーの整備は成熟し，量よりも質，そして，安全・安心が求められる時代に入る。

人々が安全・安心の問題に目を向ける契機になったのは，近代都市の脆弱性を露呈させた1995年の阪神・淡路大震災である。折しも，1998年にはドイツのウルリヒ・ベックの『リスク社会』が邦訳出版された。村上陽一郎が『安全学』を上梓したのも1998年である。そして，翌年にはジェームス・リーズンの『組織事故』が邦訳出版された。

前述したように，2010年に関西大学は，安全・安心の問題を教育・研究の対象とする日本で初めての学部・大学院として，社会安全学部と大学院社会安全研究科を開設した。理念面において同学部を創設するきっかけになったのは，2000年に日本学術会議から出された「安全学の構築に向けて」と題する報告書である。そこには，次のように記されている。

「安全工学は工学的立場から安全を実現するために大きな成果を上げてきた。しかし，技術の巨大化，生活環境のグローバル化などの変化に伴い，単に工学的なアプローチだけでは安全問題に対応することは困難になってきている。従来の安全工学の枠を超えたより広い立場から安全問題に対処する学，『安全学』の構築が必要となってきている。」

初期の産業社会では，富の生産と分配が大きな課題であった。20世紀後半になると，先進国では物質的貧困が軽減され，代わって富の生産過程で生み出された新たなリスクが顕在化するようになった。その結果，ベックの言うように，現代社会は富の生産・分配よりもリスクの生産・分配に重きをおかざるを得なくなっている。

地理的・自然的条件から，わが国は世界の中でも地震や火山噴火，台風などが多発する国である。例えば，世界で発生するマグニチュード6以上の地震の約20％がわが国とその周辺において発生している。また，運輸や消費者生活に関係する事故，火災，食の安全など，人々の生命と暮らしを脅かす事故も依然として後を絶たない。本書は，自然災害や事故に関する諸問題に向き合う社会安全学の入門書として執筆されたものであり，5部21章からなる。

「人間社会と社会安全学」と題する第Ⅰ部では，社会安全学とは何か，科学

技術の発展と人間社会の変容，現代社会において人間はリスクにどのように対応しているか，安全工学や防災学，リスク学などの学問はどのように成立してきたか，などについて概説している。「人間と社会を脅かす事象」と題する第Ⅱ部では，自然災害・社会災害とその歴史，環境リスク，戦争・犯罪・テロなどについて考察している。第Ⅲ部「リスクの分析とマネジメント」では，リスク分析の方法，リスクマネジメント，リスクコミュニケーション，クライシスマネジメントなど，リスクにかかわる諸問題を検討している。第Ⅳ部の「社会の防災・減災・縮災の仕組み」では，防災・減災・縮災のための公的システム，政府の防災・減災活動，防災・減災・縮災のための民間システム，被災者支援などについて解説している。最後に，第Ⅴ部の「社会安全学の深化のために」では，現代社会における安全という価値，社会安全のためのガバナンス・合意形成，社会安全学の展望と社会安全学研究の国際的動向について論じている。

　本書は，社会安全学に関する世界で初めての体系的なテキストである。本書が安全・安心な社会づくりの一助になることができれば，執筆者一同，これにまさる喜びはない。

　2018年仲春

『社会安全学入門』編集委員会

社会安全学入門

――理論・政策・実践――

目　次

まえがき

第Ⅰ部　人間社会と社会安全学

第1章　社会安全学とは何か　……………………3

　1　不慮の事故と社会安全　…………………3

　2　災害や安全に関わる諸概念　……………6

　3　社会安全学とは何か　……………………9

第2章　科学技術の発展と人間社会　……………16

　1　科学技術の発展と人間社会の変容　……………16

　2　巨大都市の成立と高速・大量輸送　……………21

　3　ICT・AIと現代社会　…………………25

第3章　現代社会とリスク　……………30

　1　現代社会におけるリスクへの人間の対応　……………30

　2　現代社会におけるリスク評価と対策　……………35

第4章　近代社会と学問の成立　……………40

　1　人間社会と学問のはじまり　……………40

　2　近代科学の誕生　…………………44

　3　学問の発展と専門分化　……………47

　4　安全工学・防災学・リスク学の誕生　……………49

第Ⅱ部　人間と社会を脅かす事象

第5章　人間・自然・人工物　……………55

　1　人間・社会を取り巻く環境　……………55

　2　自然環境・社会環境におけるハザード　……………56

3　ハザードから事故・災害への進展 ……………………………………… 57

　　4　事故・災害の評価のためのリスク ……………………………………… 58

　　5　事故・災害に共通する諸課題 …………………………………………… 60

第6章　自然災害……………………………………………………………………… 64

　　1　自然災害の歴史 …………………………………………………………… 64

　　2　地震・火山災害 …………………………………………………………… 68

　　3　地盤・土砂災害 …………………………………………………………… 72

　　4　水災害 ……………………………………………………………………… 76

第7章　社会災害……………………………………………………………………… 81

　　1　社会災害と被害の諸相 …………………………………………………… 81

　　2　ヒューマンエラーと事故 ………………………………………………… 88

　　3　主な社会災害とその対策の歴史 ………………………………………… 91

第8章　環境リスク ………………………………………………………………… 97

　　1　生態系の変化と感染症のリスク ………………………………………… 97

　　2　気候変動リスクとその対策 …………………………………………… 102

　　3　環境リスクとその対策 ………………………………………………… 104

第9章　戦争・犯罪・テロ ……………………………………………………… 110

　　1　戦争・犯罪・テロと社会安全学 ……………………………………… 110

　　2　戦争による被害とその要因 …………………………………………… 112

　　3　犯罪による被害 ………………………………………………………… 114

　　4　テロリズム ……………………………………………………………… 116

第Ⅲ部　リスクの分析とマネジメント

第10章　リスク分析の方法 ……………………………………………………… 127

　　1　リスクの評価と確率 …………………………………………………… 127

2 リスクの分析・予測モデル ……………………………… 131

3 リスクを最小化するための意思決定手法 ………………… 134

第11章 リスクマネジメント ………………………………………… 136

1 リスクマネジメントとは何か …………………………… 136

2 リスクアセスメント ……………………………………… 141

3 リスクトリートメント …………………………………… 143

4 リスクマネジメントの運用………………………………… 144

第12章 リスクコミュニケーション ……………………………… 147

1 リスクコミュニケーション ……………………………… 147

2 災害情報 …………………………………………………… 151

3 防災教育 …………………………………………………… 156

第13章 クライシスマネジメント ………………………………… 162

1 クライシスマネジメントとは何か ……………………… 162

2 行政のクライシスマネジメント ………………………… 166

3 企業のクライシスマネジメント ………………………… 170

第Ⅳ部 社会の防災・減災・縮災の仕組み

第14章 防災・減災・縮災のための公的システム ……………… 177

1 社会安全と法システム …………………………………… 177

2 行政システムと社会安全 ………………………………… 180

3 標準化と規格 ……………………………………………… 184

4 構造物の設計基準と安全性確保に関する制度 ………… 187

第15章 政府の防災・減災活動 …………………………………… 193

1 政府の防災・減災活動 …………………………………… 193

2 社会安全のための公的システム ………………………… 198

3　地方公共団体と社会安全 …………………………………… 205

第16章　防災・減災・縮災のための民間システム …………………211
　　1　自然災害と非営利組織 …………………………………… 211
　　2　企業の事故防止活動 ……………………………………… 214
　　3　BCP と危機管理 ………………………………………… 217
　　4　市場経済ベースによる防災・減災活動 ……………… 220

第17章　被災者支援 ……………………………………………………225
　　1　被災するということ ……………………………………… 225
　　2　さまざまな被災者支援 …………………………………… 228
　　3　被害者になるということ ………………………………… 231

第Ⅴ部　社会安全学の深化のために

第18章　現代社会における安全という価値 ………………………… 237
　　1　ホッブスから始める ……………………………………… 237
　　2　安全のパラドックス ……………………………………… 238
　　3　科学の発展と安全，自由 ………………………………… 240
　　4　損害賠償と過失の倫理的問題 …………………………… 243
　　5　巨大災害時の倫理問題 …………………………………… 245
　　6　安全という価値の位置づけ ……………………………… 246

第19章　社会安全のためのガバナンス・合意形成 ………………… 248
　　1　社会のリスクを統治するために ………………………… 248
　　2　社会のリスクについてのトレードオフ ………………… 250
　　3　リスクガバナンスのための合意形成 …………………… 252

第20章　社会安全学の深化のために ………………………………… 256
　　1　進化する自然災害 ………………………………………… 256

ix

2　現象先行型の社会安全学の充実 ……………………………………… 260
　　3　安全・安心社会を実現するための社会安全学の挑戦 …………263

補　章　社会安全学研究の国際的動向 ……………………………… 267
　　1　英語圏 …………………………………………………………… 267
　　2　北欧諸国 ………………………………………………………… 270
　　3　フランス語圏 …………………………………………………… 273

あとがき …… 279
索　　引 …… 283

第Ⅰ部

人間社会と社会安全学

| 第1章 | 社会安全学とは何か |

　　　　社会安全学とは，人間社会を脅かす事故や災害の発生の防止，それ
　　　　らの強度や発生頻度の抑制，被害の軽減，被害者の救済や被災地の復
　　　　旧・復興の促進を目的として，理工系分野のみならず，社会科学系や
　　　　人文科学系の各専門分野を学際融合する新しい学問体系である。本章
　　　　では，わが国における安全に関わる問題群における社会安全学の位置
　　　　づけを示し，その方法論と課題について概観する。

Keyword▶ インシデント，事故，災害，リスク，社会安全学

1　不慮の事故と社会安全

［1］不慮の事故

　人は誰しも安全で幸せな人生を送りたいと願っている。科学技術の発展によ
って，社会は人間にとって便利で快適なものになった。しかし，その一方で，
毎日のように私たちの安全を脅かすさまざまな事故や事件が起こっている。

　わが国では，1年間に約130万人の人が亡くなっている（2015年）。厚生労働
省の「平成29年 我が国の人口動態」（2017，48-49頁）によれば，死因の第1位
は悪性新生物（癌），第2位は心疾患であり，以下，肺炎，脳血管疾患など，病
気によるものが続いている。この中で注目されるのは，毎年，死因の第6位前
後に「不慮の事故」が登場していることである。

　不慮の事故は，WHO（世界保健機関）の国際疾病分類第10次修正（ICD-10
Version: 2010）に準拠した死因の一つであり，「交通事故」「不慮の窒息」「転
倒・転落」「不慮の溺死及び溺水」などから成る。不慮の事故による死亡数には，
地震，津波による犠牲者の数や，日常生活の中で発生した食中毒などによる死
者の数も含まれており，2015年の場合，その総数は3万8306人に上る。つまり，

3

第Ⅰ部　人間社会と社会安全学

日本で1年間に死亡する人のうち，100人に約3人は不慮の事故で亡くなっている。後述するように，社会安全学が対象とする「不慮の事故」は，自然災害や事故だけでなく，テロや戦争，新型インフルエンザ，薬害なども含めたより広い範囲の事象を想定している。不慮の事故による死亡数を減らすことは，社会安全学の主要な目標の一つである。

　ところで，厚生労働省は，WHOの分類におけるtransport accidentsに交通事故という訳語を当てている。わが国において交通事故というと，狭義には自動車事故（道路交通事故）のことを意味し，広義には自動車事故を含む鉄道，航空，船舶の事故全体を指す。「人口動態統計」の交通事故は後者の意味で用いられているが，WHOによる分類の原語を忠実に訳せば，運輸事故と呼ぶ方が適切である。本書では，狭義の交通事故を自動車事故と呼び，自動車事故を含む交通に関係する事故を総称して運輸事故という。

　歴史的にみると，不慮の事故による死亡数は，明治から昭和の初期にかけて，死亡総数の2％前後に相当する年間2万人台で推移していたが，太平洋戦争直前に3万人を超える。高度成長期には，自動車事故の多発などに伴って不慮の事故による死亡数は増加を続け，1960年代半ばから70年代初めには4万人を超えた。その後，1970年代半ばから90年代初めにかけて，いったんは3万人前後に減少するものの，1990年代後半から再び4万人近くに増加し，現在に至るまで横ばい状態が続いている。

　年平均4万人近くという現在の死亡数は，明治から昭和初期の2万人に比べてかなり多いようにみえる。しかし，当時の人口は4000〜5000万人程度であり，現在の人口の半分以下であったことに注意する必要がある。一方，死亡総数に占める不慮の事故による死亡数の割合は，近年3％余りで推移しており，明治から昭和初期の2％に比べてかなり高い。当時は皆無に近かった自動車事故をはじめとする運輸事故が第二次世界大戦後になって多発するようになったため，不慮の事故による死亡数の割合が高くなったと考えられる。

　大規模な自然災害が発生すると，不慮の事故による死亡数は一時的に大きく跳ね上がる。実際，関東大震災が起きた1923年には，前年比約2.8倍の7万1322人に，また，阪神・淡路大震災が起きた1995年には，前年より9200人余り多い4万5323人に，東日本大震災が起きた2011年には，平年を2万人近く上回る5

万9416人に激増している。

［2］ 不慮の事故と社会安全

　厚生労働省は，1995年から2008年までに発生した不慮の事故を詳細に分析した「不慮の事故死亡統計」を2010年に公表している。この種の分析結果が公表されるのは，1984年度の「不慮の事故及び有害作用死亡統計」に続いて2回目である。これらの統計データは，不慮の事故の詳細を知る上で有益である。

　2008年に発生した不慮の事故の種類別死亡数をみると，第1位は食べ物を喉につまらせることなどによる「不慮の窒息」の9419人である。以下，「交通事故（運輸事故）」の7499人，「転倒・転落」の7170人，「不慮の溺死及び溺水」の6466人と続いている。不慮の事故による死者の7割強は，これら4種の事故によるものである。このほかにも，2008年には「煙，火及び火災への曝露」1452人，「有害物質による不慮の中毒及び有害物質への曝露」895人などの死亡者が発生している。

　戦後の日本においては，運輸事故が不慮の事故による死因の第1位を占めるという時期が長く続いた。ピーク時の1970年には，それによる死亡数は年間2万人を超え，不慮の事故による死亡数全体の55％を占めていた。現在は，自動車事故による死亡数が大きく減少したため，当時に比べて運輸事故による死亡数は約3分の1に減少している。

　一般に，運輸事故は家庭の外で起きるが，運輸事故を除く不慮の事故による犠牲者の約4割は家庭内で発生し，その約8割を65歳以上の高齢者が占めている。不慮の事故の種類別に家庭内で発生した死亡数の割合を見てみると，火災は85.3％，溺死は63.1％（大半が浴槽内），中毒は58.2％，窒息は42.4％，転倒・転落も35.7％に上る。つまり，人々の生活の拠点であり，最も安全と安心が確保されるべき家庭が，実は最も危険の潜む場所になっているのである。

　ところで，厚生労働省の統計における不慮の事故死亡数は過小評価された数字であり，実際にはもっと多いという指摘もある。例えば，医療事故の正確な件数はわかっていないため，それによる死亡数も実際のところ不明である。したがって，現実に不慮の事故で亡くなっている人は，4万人程度ではないと考えられる。とはいえ，厚生労働省が公表する不慮の事故に関するデータは，社

第Ⅰ部　人間社会と社会安全学

会の安全度を測る一つの有力なバロメータになる。

2　災害や安全に関わる諸概念

　1　社会安全学の目的

　私たちは，地震，運輸事故や火災，食中毒，環境汚染による健康障害など，様々な問題群に取り囲まれながら日常生活を送っている。

　私たちの身の回りには，高機能化・複雑化した工業製品があふれている。誰しも，それらの構造や動作原理を詳細に知ることなく利用し，利便性の高い生活を享受している。しかし，機械には故障がつきものである。また，自動車のように，操作を誤ると凶器になる工業製品もある。私たちが利用している工業製品に何らかの不具合が発生すれば，最悪の場合，自分自身の命を失うだけでなく，他人の生命や財産に損害を与える可能性がある。

　1995年の阪神・淡路大震災や2011年の東日本大震災では，多くの人命と財産が失われ，インフラ施設が損壊した。東日本大震災では，津波が東京電力福島第一原子力発電所を襲い，原子炉の冷却機能が損なわれたことによって深刻な炉心溶融事故が発生した。私たちは，地震や津波のほか，台風や集中豪雨など，人間には発生を止めることができない自然現象に起因する災害に繰り返し遭遇している。世界で発生するマグニチュード6以上の大地震の約20%が日本周辺で起きていることからもわかるように，日本は「地震大国」である。

　工業製品や各種の機器・装置を人工物と呼ぶ。一般に，人工物によって私たちが人的・物的被害を蒙ることを「事故」（accident）という。人工物の規模や能力が大きければ大きいほど，事故によってもたらされる被害の規模や程度も大きくなる。

　ジェームズ・リーズン（J. Reason）によれば，事故には影響が個人の範囲にとどまるものと，組織全体や社会に及ぶものの2種類があり，前者を「個人事故」（individual accident），後者を「組織事故」（organizational accident）という（リーズン，1999，1頁）。

　一方，地震や台風などの自然現象によって発生した被害は，一般に「自然災害」（natural disaster）と呼ばれる。ただし，「労働災害」という言葉があるよう

6

に，わが国では事故を災害と呼ぶことがある。ちなみに，欧米では労働災害を work accident や occupational accident などという。原語どおりに翻訳すれば，労働事故または職業事故になる。

社会安全学（societal safety sciences）の目的は，人間社会を脅かす事故や災害が発生することを防止する，あるいは，それらの強度や発生頻度を抑制するとともに，被害を軽減し，被害者の救済や被災地の復旧・復興を促進することにある。社会安全学が対象とする問題群は，いずれも単純なものではなく，複雑な様相を帯びたものばかりである。したがって，現象を解析し，問題を解決・改善するための政策を提言するためには，後で詳しく述べるように，工学だけではなく，法学，経済学，社会学，心理学，理学，情報学，社会・労働医学などの専門分野から，学際融合的にアプローチすることが必要になる。

［ 2 ］ハザード・インシデント・事故・災害

事故や災害を引き起こす物理的もしくは化学的な要因または危険源を「ハザード」（hazard）という。例えば，地震のハザードは地盤間に作用する力である。また，不完全燃焼による中毒事故のハザードは，燃焼過程で発生する CO（一酸化炭素）である。ハザードが直接，間接に人間や社会に危害を及ぼすか否かは，ハザードの大きさや強さ，環境，社会組織，人間の存在と関与の有無などに依存する。

ハザードが要因になって，人間や社会，組織に被害が生じた，あるいは生じる事態を「インシデント」（incident）という。インシデントは，原因究明のための調査を行うに値する危機一髪の事象である（リーズン，2010，42頁）。一方，インシデントのうち人間の死傷や資産の損害など重大な損失が発生した場合はとくに事故（accident）と呼ばれる。例えば，航空機のニアミスは事故ではなくインシデントであり，実際に航空機同士が衝突し死傷者が発生すると事故になる。事故には，小規模なものから，数百人以上の犠牲者の出るものまで，さまざまなタイプがある。とくに，原子力発電所事故のように，影響が空間的に広域化し，時間的に長期化するものを，巨大事故または巨大災害という場合がある。

［ 1 ］で述べたように，自然現象に起因して人間社会に被害や損害が生じる

第Ⅰ部　人間社会と社会安全学

事態を自然災害という。それに対して，航空事故や原子力発電所事故，大規模な爆発事故などのように，人間と社会に被害・損害を与える人為起源の災害を，本書では社会災害と呼ぶ。社会災害に該当する英単語は存在しないが，欧米ではこの種の災害を man-made disaster と呼んでいる。

　社会組織の対応能力を超えて，国家レベルにまで影響を与える災害を，巨大災害という。とくに，地震に起因する巨大災害は，大震災と呼ばれる。また，社会に大きな不幸と破壊をもたらす災害を，「カタストロフィ」（catastrophe）と呼ぶ場合がある。

［ 3 ］ リスク概念とリスク評価

　ハザードは，私たちの関与の有無に関わらず必ず存在する。自然災害の場合であれば，その制御や抑制は困難である。ハザードがインシデントを経て事故や災害へ発展することを防ぐための事前対応を防災対策と言い，事故や災害が発生しても，被害の程度やその拡大を抑制することを減災と言う。例えば，鉄道に ATS（自動列車停止装置）を設置することは，衝突や脱線という事故を防ぐための防災対策である。また，自動車のシートベルトやエアーバッグは，衝突事故に伴う人的被害を軽減する装置であり，減災対策の一つと言える。

　私たちの社会が保有している人的，物的リソースは有限である。現代社会では，社会的な合意に基づいて，リソースの配分先と配分額が決定される。社会的合意を形成するためには，ある種の定量的な尺度が必要になる。「リスク」（risk）は，この尺度に関係する概念の一つである。ISO（国際標準化機構）では，リスクを，対象とする事象の不確実性に依存した影響度と定義している（ISO/IEC, 2014）。リスクは，予想される被害の大きさと発生確率に依存した定量的な尺度である。具体的には，リスクを被害の程度と事象の発生確率の積と定義する場合もあれば，被害の大きさだけで，あるいは，発生確率だけで定義する場合もある。

　さらに ISO は，受け入れ不可能なリスクがないことを「安全」と定義している。ここで，許容できないリスクが無いということは，リスクがゼロであることを求めているのではなく，「微妙な危険性もリスクとして評価する代わりに，ある程度のリスクは許容する」（中西，1995，5頁）ことを意味している。なお，

8

リスクの許容範囲は社会が決めるものであり，時と場合により変動する。

　内容の異なる対策を直接的に比較検討することは難しい。リスクは，さまざまな対策を相対的に評価する手段としても用いられる。リスクに基づいてシステムの全部または一部の安全性を評価したり，相対的弱点を見出したりすることを「リスク評価」と呼ぶ。リスク評価には「決定論的リスク評価」と「確率論的リスク評価」の二つがある（リーほか，2013，2頁）。

　決定論的リスク評価は，安全基準への適合性などによって事故や災害のリスクを定性的に評価する手法である。一方，確率論的リスク評価は，ハザードから事故，災害に至るあらゆるシナリオを想定し，各シナリオに関連する部品や要素，オペレータ操作などの信頼性確率を用いて，システム全体あるいは，システムの特定部分のリスクを評価する手法である。原子力発電所や航空機などの複雑なシステムのリスク評価を行う際には，確率論的リスク評価を用いることが多い。

　確率論的リスク評価におけるシナリオは，一般に「イベントツリー」（event tree）と呼ばれる。システム全体の安全性，信頼性は，システムを構成する個々の要素の信頼性確率だけでなく，イベントツリーの構成に大きく依存する。したがって，確率論的リスク評価を行う場合には，誤差の評価，すなわち，リスク評価そのものの不確実性を評価することが必要である。その意味で，確率論的リスク評価は，システム全体の安全性を評価するツールというよりも，システムの弱点を見出すツールとして用いるのが望ましい。

3　社会安全学とは何か

［ 1 ］　人間を脅かす事象とそれへのアプローチ

　無人島を津波が襲ったとしても，私たちはそれを災害とは言わない。人が住んでいない山奥で大規模な崖崩れが発生した場合も，同様である。人間が関与し，人間や社会に被害が発生すれば，事故，そして災害になる。

　人間や人間社会を脅かす問題群の中で，社会安全学が考察の対象にする問題は，図1-1に示すように，事故や自然災害からテロや戦争に至るまで多岐にわたる。これらの問題に対処するには，単に問題の質や特徴，構造を解析するだ

第Ⅰ部　人間社会と社会安全学

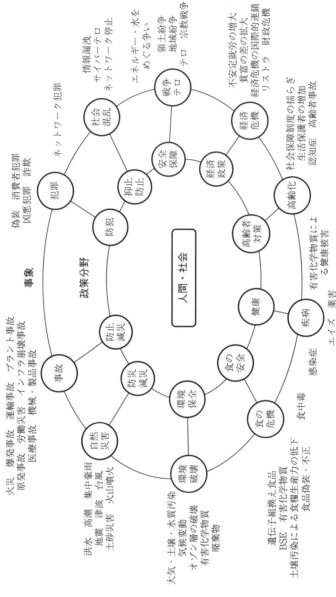

図1-1　社会安全学が対象とする問題群

(出所)　筆者作成。

10

けでなく，問題の解決や改善の方向に向けた政策を提示する必要がある。

　豪雨などの自然災害は，規模や発生する地域を私たちが選択したり制御したりすることができないため，危険を避けるには，現場から速やかに避難することが必要である。しかし，状況がいかに緊迫しても，人々が実際に避難するかどうかは，それぞれの個人がもつ過去の経験や，心理的状況に大きく依存する。地方公共団体が早期に避難指示を出しても，それを全く無視する人も少なくない。このような現実は，避難行動の適否を検討する際に，心理学的な考察が不可欠であることを示している。一方，被害を受けた人々をどのように救済するか，被災地域の復興をどのように支援するかなどの問題については，社会経済的な状況や法制度，財政的な制約などが関係するため，経済学や行政学からのアプローチが必要になる。

　東日本大震災のときのような大規模な津波災害に備えようとすれば，必要なハード整備の費用は莫大な額になる。ハード的な対策費用を低減しようとすれば，住民に対する防災教育の拡充や避難経路の明確化などのソフト面での対策を充実させるとともに，住民への情報伝達システムの改良，要援助者に対する対応方法などについて，あらかじめ対策を講じておく必要がある。そのためには，工学的な知見だけでなく，幅広い専門分野の知見が必要になる。事故の場合も同様である。航空機は空間を飛行する乗り物であるため，老朽化，整備不良やバードストライクなどによるエンジンや機体の損傷，操縦ミスや乱気流による失速などは，直ちに墜落につながる。航空工学や機械工学，人間工学の知識はもちろん，バードストライクに対処するには生物学などの知識が，また，安全規制に関しては行政学の知見も必要になる。このように，社会安全に関わる問題群に対しては，事故・災害の物理的・化学的メカニズムを解明するだけでは不十分であり，それらを取り巻く人的，社会的，経済的環境について検討することが必要不可欠である。

［2］ 総合科学としての社会安全学

　従来から，自然災害を扱う学問分野としては，土木や建築などの工学，事故や産業安全を扱う学問分野としては機械工学や化学工学，安全工学などの専門領域があった。これらの専門領域はいずれも，専ら工学的アプローチを用いて

第Ⅰ部　人間社会と社会安全学

災害や安全問題を扱う学問分野である。しかし、複雑化、多様化する安全問題を工学的アプローチのみで解析することの限界が明らかになる中で、1990年代末頃から、原発事故などの産業安全の分野だけでなく、薬害や医療事故、食品安全などを含んだより広い安全問題を扱う枠組みとして村上陽一郎らによって「安全学」（村上、1998）が提唱されるようになった。実際、日本学術会議は、2000年2月に次のように提起している（日本学術会議、2000、20頁）。

　「安全工学は工学的立場から安全を実現するために大きな成果を上げてきた。しかし、技術の巨大化、生活環境のグローバル化などの変化に伴い、単に工学的なアプローチだけでは安全問題に対応することは困難になってきている。従来の安全工学の枠を超えたより広い立場から安全問題に対処する学、『安全学』の構築が必要となってきている。」

　事故や災害は、自然や環境、人工物の構造や機能に潜むさまざまな問題に起因して発生するが、それらの問題は何らかの物理的、化学的法則に従ってインシデントになり、顕在化する。また、人工物は、物理的、化学的法則に基づいて工業製品や構造物として設計・製造されるが、商品として市場に提供されるまでには、製造に関わる人・組織の活動の質や価値判断などの影響を受ける。したがって、人間の安全・安心に関わる社会安全の問題を解決するには、人間、社会、科学技術、そして、それらを含む自然を一体的な枠組みとして捉え、多角的な視点で解析に取り組む必要がある。

　社会安全学は、安全・安心の問題について多角的、総合的に取り組む新しい専門知である。安全・安心な社会を創造するためには、技術的な防災・減災対策だけでは不十分である。事故・災害に備えた事前の対応として、人工物であれば標準化による規制、人的・物的損害の発生が予想されるならば保険による備え、また、事後の対応として、被害者に対する救済措置や復旧、復興なども視野に入れなければならない。従来の安全工学が安全対策に重点をおいているのに対して、社会安全学は、個々の事故・災害はもちろん、それらによって誘起される社会・経済的な影響とその緩和までをも含めたに共通する課題に対して、包括的かつ実践的にアプローチする総合科学である。

［ 3 ］ 社会安全学の方法と課題

　関西大学は，2009年に社会安全学を提唱し，その研究・教育を推進するために，2010年に社会安全学部と大学院社会安全研究科を新設した。災害を未然に防ぐ（防災），あるいは，被害を最小限にとどめる（減災）ためには，まず，そのリスクを把握し，つぎに，それらに備える政策と制度を確立することが必要である。関西大学大学院社会安全研究科では，理工システム系，社会システム系，人間システム系の３領域を基本に，防災・減災の研究・教育を推進している。

　理工システム系領域は，災害・被害のメカニズムを解明することによって防災・減災に寄与する理学，工学などの諸分野から成る。既存の学問領域では，地球物理学，システム工学，土木学，数理学などが対応する。社会システム系領域では，災害・被害に関する行政の施策，その根拠になる法，経済・経営，そして，社会制度設計などを扱う。既存の学問領域では，法学，行政学，経済学，経営学，公衆衛生学などが対応する。最後の人間システム系領域は，災害・被害に関わる人間の心理や倫理，人間と人間，人間と社会を繋ぐコミュニケーションなどを扱う。既存の学問領域では，心理学，コミュニケーション論，社会学，倫理学などが対応する。なお，これら三つの領域は排他的に独立したものではなく，相互に重なり，融合すべきものとして設計されている。

　国際総合防災学会（IDRiM）の設立などからもわかるように，安全に関連する問題に対して総合的にアプローチすることの重要性は，国際的にも認識されつつある。しかし，「新しい安全学」としての社会安全学が，学問分野として国際的に確立されているわけではない。関西大学が2009年に初めて提唱し，2010年にはその名を冠した学部を新設したことからもわかるように，社会安全学は日本生まれの新しい学問分野である。

　ただし，北欧の一部の国では，1990年代末頃から社会安全学の考え方に類似したSocietal Safety と呼ばれる研究分野が誕生している。関西大学も，社会安全学を英語で表記をする際にはSocietal Safety を使用している。

　安全問題の研究者ならだれでも，この分野の問題を取り扱うには学際的アプローチが必要であると考えている。しかし，欧米社会における安全研究は，既存の複数の学問領域を横断する形（領域横断）で進められているだけである。

第Ⅰ部　人間社会と社会安全学

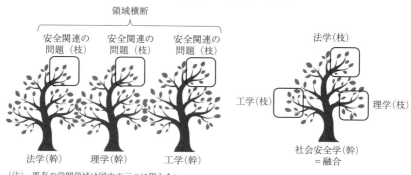

図1-2　「領域横断」と「融合」の関係

（注）　既存の学問領域は図中の三つに限らない。
（出所）　筆者作成。

　木に例えるならば，既存の学問領域に対応する複数の木の幹から伸びた枝に安全関連の問題があり，それらを寄せ集めたような状態である。領域横断の状態では，安全問題の研究は各領域の単純な足し算というレベルにとどまっていると考えられる。一方，社会安全学という幹から各学問領域の枝が伸びているような状況を「融合」という（図1-2）。融合の状態では，安全という切り口から，既存の学問領域が有機的に結合される。関西大学社会安全学部がめざしているのはこの方向であり，複数の学問領域を融合することで，一つの学問領域を誕生させたいと考えている。本書は，それを試論的に提示したものである。

引用・参考文献

厚生労働省（2017）『平成29年　我が国の人口動態——平成27年までの動向』48-49頁。
厚生労働省（2010）『不慮の事故死亡統計 平成21年度——人口動態統計特殊報告』厚生労働統計協会。
中西準子（1995）『環境リスク論——技術論からみた政策提言』岩波書店。
日本学術会議　安全に関する緊急特別委員会（2000）「安全学の構築に向けて」。
村上陽一郎（1998）『安全学』青土社。
リーズン，J./塩見弘監訳（2003）『組織事故』日科技連。
リーズン，J./佐相邦英監訳（2010）『組織事故とレジリエンス』日科技連。
リー，J.C.・マコーミック，N.J./西原英晃・杉本純・村松健訳（2013）『原子力発電システ

第 1 章　社会安全学とは何か

　ムのリスク評価と安全解析』丸善。
ISO/IEC Guide 51（2014）Safety Aspects ― Guidelines for their Inclusion in Standards.
World Health Organization, *ICD-10 Version: 2010.*（http://apps.who.int/classifications/
　icd10/browse/2010/en#/XX=　2017年 7 月10日アクセス）

さらに学ぶための基本図書

河田惠昭（2016）『日本水没』朝日新書。
中嶋洋介（2006）『安全とリスクのおはなし』（おはなし科学・技術シリーズ）日本規格協会。
向殿政男（2016）『入門テキスト 安全学』東洋経済新報社。
柚原直弘・氏田博士（2015）『システム安全学』海文堂。
ワイズナー，B.／岡田憲夫監訳（2010）『防災学原論』築地書館。

第2章 科学技術の発展と人間社会

　科学技術文明と呼ばれることもあるように，今日の社会は高度な科学・技術の発展を基礎に成立している。この章では，代表的な科学・技術と現代社会の関係を取り上げ，現代社会の特徴と課題について考える。

Keyword▶ エネルギーと動力，鉄道，自動車，エレベータ，都市の脆弱性，情報セキュリティ，AI

1　科学技術の発展と人間社会の変容

1　人類史と人口の推移

　この節では，人類史的な視点から現代社会の特徴と課題を概観する。日常的な視点や尺度を超えて物事の特徴や課題を見渡すことは，社会安全学的な検討において欠かせない準備作業である。現代社会では，価値観や技術的評価の賛否が大きく分かれる難しい課題に取り組まなければならないことも少なくないため，異なる視点や尺度から長期的なスケールで問題を見渡す習慣をつけておくことは有益である。それは，道に迷った時に北極星を探すことに似ている。北極星は進むべき道を具体的に示してくれるわけではないが，最終的に向かうべき方向を確認するためには役立つ道標である。

　一般に，人口の増減は社会の栄枯盛衰を表すと言われる。そこで，**図2-1**に示す世界人口の推移（推計値）を手がかりに検討を進める。図2-1のグラフで特徴的な点は，横ばいに近い状態で延々と微増を続けていた世界人口が，長い人類史の中で直近とも言うべき時点から，急激に増加をはじめることである。

　しかし，こうした人口急増にもかかわらず，現在，全世界で生産される食糧の総量を世界人口で割った値は，１人あたりの食糧所要量を超える。したがっ

第2章 科学技術の発展と人間社会

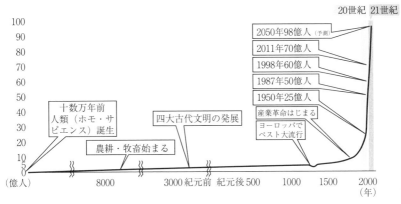

図2-1 世界人口の推移（推計値）

（出所）国連人口基金東京事務所ホームページを基に作成。

て，単純計算ではあるものの，現代社会は十分な量の食糧が確保され，繁栄を謳歌していると言える。産業革命が始まるまでの長い間，人口が微増状態で推移してきたことを考慮すれば，近代的な科学技術が食糧増産にいかに大きく寄与したかがわかる。

出生率は減少傾向にあるものの，長寿命化が進行しているため，2017年6月の国連の予測によると，2050年の世界人口は98億人に達し，2100年には世界人口が112億人になると推計されている。科学技術は今後さらに発展すると予想されるが，人類が生存しうる地球上の空間には限りがあることを考えると，私たちは人口の急増にもっと危機感を抱くべきである。

世界人口の行方を占う上で鍵になるのは，人口が急激な増加に転ずる時点の解釈である。統計値から見れば，人口は2段階で急増している。最初の転換点は，産業革命の始まる18～19世紀頃であり，次は第二次世界大戦後の1950～1960年頃である。人類史から見ると，産業革命の始まりから今日までの期間は極めて短いが，この時期に生産活動や人間の生活・思想様式は劇的に変化している。それにもかかわらずこれほどの人口の急増を招き続けた大きな要因を探せば，エネルギー革命と動力革命を挙げることができる。以下では，人口の増加に直接貢献した食糧増産の問題を取り上げながら，エネルギー革命と動力革命について概観する。

第Ⅰ部　人間社会と社会安全学

2 産業革命初期の人口増の背景と歴史的意味

　国連経済社会局などのデータによると，1600年に5.8億人であった世界人口は，1700年には6.8億人，1750年には7.9億人にまで増加した。産業革命が始まると世界人口の増加率はさらに上昇し，1800年には9.8億人，1850年には12.6億人，1900年には16.5億人になる。16～17世紀頃までとは明らかに異なる速いペースである。

　産業革命は18世紀半ばのイギリスで始まった。産業革命をけん引したのは，「機械の発明」と動力源に石炭を利用した「蒸気機関の発明」である。とくに，紡績機の改良や，蒸気機関を動力とするカートライトの力織機の発明により，綿織物工業を中心とする工業生産力は飛躍的に向上した。これには工場労働者と大きな資本力が必要であった。イギリスでは18世紀頃から休耕地を含む三圃式農業から1年を通じて生産可能な四圃輪裁式農業が普及し始め，農業生産性が飛躍的に向上した。この「農業革命」で，人口の増加が可能となり，産業革命に必要な労働力が確保された。19世紀になると，機械工業，製鉄工業，石炭工業などの重工業が発達を見せるようになり，蒸気船や蒸気機関車などの新しい輸送手段が誕生し，原料や製品を大量に輸送することが可能になった。

　19世紀の半ば以降，産業革命はイギリス以外の西ヨーロッパ諸国にも波及し，ドイツやフランスなどにおいても急速な工業化が進んだ。さらに，工業生産に必要な原料を安価に調達するとともに，製品を出荷するための新たな市場を開拓する動きが活発化し，19世紀末には植民地獲得競争が激化した。植民地をめぐる列強の勢力争いは，20世紀に入って第一次世界大戦を引き起こすことになる。

3 現代社会から見える課題

　20世紀に入っても，人口は増加を続ける。1900年に16.5億人であった世界人口は，その後も年に0.6％程度の割合で増加を続け，1920年には18.6億人になった。第一次世界大戦が終わると人口増加率は年率1％前後に上昇し，世界人口は1930年に20.7億人，1950年には25.4億人に達した。第二次世界大戦後には，人口増加率はさらに上昇して年率2％前後になり，世界人口は1970年に37億人，1990年には53億人にまで激増した。その後，人口増加率はやや低下するものの，

2011年10月末に世界人口は70億人を突破し，2017年5月末には74億人を数えるまでになっている。

　産業革命当初のエネルギーと動力は，石炭と蒸気機関の組み合わせが主流であったが，第二次世界大戦後にはまったく様相を異にするものに変化する。エネルギー資源として，石油，天然ガスのほか，ウランなどの核燃料物質が次々に開発された。近年では，未来のエネルギー資源として注目を集めているメタンハイドレートの利用も進められている。動力装置としては，蒸気機関などの外燃機関だけでなく，ガソリンエンジンやディーゼルエンジンなどの内燃機関が発明され，これらを搭載する自動車が普及して，現代的な交通体系が創り出された。さらに，電気エネルギーを利用する大小さまざまなモーターが発明される。配電技術の発達に伴って生産・流通・消費のすみずみまで動力が応用できるようになると，生産性が向上するとともに，生活の豊かさや便利さが向上した。その結果，先進国を中心に，動力を駆使して大量に生産したものを大量に消費する現代的な生産と生活の様式が定着していく。

　20世紀後半は，緑の革命とも言われるように，穀物の大量増産が達成された時期でもあった。メキシコのコムギ，インドのコメはその代表的な事例として有名である。　1　でも述べたように，全世界では世界人口を養って余りある量の食糧が生産されている。穀物の増産に大きな役割を果たしたのは，収穫量の多い品種を開発する育種技術の発達である。そのほか，灌漑用水の確保や肥料，農薬の開発はもちろん，広大な農地における農作業を効率化する農機具の発達も，穀物の増産に寄与している。昨今の品種改良技術は，遺伝子レベルにまで展開しはじめている。また，食料の増産は，農業分野以外にも，農薬や肥料，食品添加物などを生産する化学産業，灌漑設備の建設を支える土木建設業，農機具を生産する機械産業，農産物を運搬する輸送産業など，関連する他の産業の発達も促してきた。

　一方，新しい技術の発達に伴う負の側面として，見過ごすことのできないさまざまな問題も顕在化している。農薬や肥料による環境汚染の問題，長距離輸送に伴うポストハーベスト農薬や食品添加物の問題は，飢餓などの伝統的な食糧問題とは異質な新しい食品安全の問題である。新しい技術の開発には，リスクがつきものである。どこまでリスクを冒して食糧増産技術を進歩させるか，

第Ⅰ部　人間社会と社会安全学

私たちは再考を迫られている。

　大量生産・大量消費は，結果的に大量廃棄につながる。廃棄物の問題は，環境破壊や資源枯渇などの問題と並んで，1970年頃から世界的に認識されるようになった。現代社会が抱える環境に関する諸問題は，国際的な地球環境問題，温暖化による異常気象の問題に発展する可能性がある。原理的には枯渇することのない増殖型のエネルギーと期待されて普及した原子力発電も，例外ではない。廃棄物処理技術の遅れや原子力発電所の事故に伴う環境汚染の問題は，エネルギー資源に関する議論を一層難しく，複雑にしている。

　国連が毎年発表する飢餓に関する報告書「世界の食料不安の現状」の2015年報告によると，2014～2016年現在，世界中で約7億9500万人が飢餓に苦しんでいる。1990～1992年より2億1600万人減少したが，世界人口の9人に1人が栄養不足に陥っている。現在の世界は，「栄養失調に苦しむ社会」と「飽食を謳歌しながらも飽食による健康問題を抱えている社会」が密接に関係しあう複雑な状況にあることがわかる。グローバリゼーションが進展する中で，貧富の差も世界的に拡大傾向にある。文化や宗教，政治体制の違いを超えて，地球レベルで飢餓や貧富の格差を解消するための取り組みを進めることが必要になっている。

　現代文明は，生産から流通，消費，廃棄物処理に至るまで，エネルギーと動力に支えられて成立している。資源やエネルギーを永続的に利用するには，これまでの人間活動のあり方を根本的に変革する必要がある。ヨーロッパでは，持続可能な社会を構築する必要性を主張する動きも見られるが，その必要性を自覚している人はごく一部に限られているのが現状である。また，エネルギーや動力を永続的に利用する技術も，未だ確立されていない。現代文明のあり方を変革するためには，現代の生産や生活の様式がエネルギーや動力に依存し過ぎていることを自覚し，持続可能な新しい生活・生産様式を創造していく論議を活発化することが必要である。

20

第2章　科学技術の発展と人間社会

2　巨大都市の成立と高速・大量輸送

1　現代社会と巨大都市

　約1万年前，人類が定住して継続的に農耕を行うようになると，複数の共同体でしかできない治山や治水などの大規模な事業が必要になった。そのため，地域を政治的に統合する拠点として都市が形成された。都市には，農業のもたらす相対的に安定的で蓄積可能な剰余生産物を管理して使用する人々が居住する。そうした人口の集積は，大規模な建造物などの文化・文明を生み，都市に君臨する支配者の権力を権威づけた。しかし，人口集積は，疾病や火災，飢餓などの危険も増加させる。そのため，都市の規模には自ずからの限度があり，半径1～2kmの範囲にせいぜい十万人前後が住む程度にとどまった。半径4～5kmの範囲内に百万人が暮らした江戸のような例外的都市は，火災や疾病にしばしば悩まされた。

　18世紀末からはじまった産業革命の進行とともに製造業が成長すると，都市に集積した人々の協業・分業によって生産力が飛躍的に拡大した。それとともに都市のあり方も剰余管理都市から生産都市に変化した。都市は，剰余農産物を管理し消費するだけでなく，財やサービスの大部分を生産し消費する場となった。かつて都市を悩ましていた疾病や火災などの人口集積による不利益は，医学の発達や社会基盤の整備によってしだいに改善された。また，新たな交通技術の採用によって空間的な広がりの制約が解消されると，都市の外延は急速に拡張し，人口も百万人から数百万人に達し，20世紀に入るとついには，一千万人を超える巨大都市圏が誕生した。

　都市の社会統合機能は，一方では，市場経済という分権的な統合システムの発達により後退したが，他方では，複雑化した社会的分業システムを掌握するために必要であり続けた。都市は地域を統合する拠点であり，国民経済の発展とともに，国民国家の構成要素として位置づけられ，再編されてきた。

　そればかりか，国民経済がまずあってつぎに都市経済があるのではなく，国民経済には達成できない機能を都市経済が担うことによって経済が発展すると，J. ジェイコブズ（J. Jacobs）は主張した。経済活動はイノベーションによって発

第 I 部　人間社会と社会安全学

展するが，それがうまくいくためには，都市の内部に存在する企業群が，創造的・共生的なネットワークを通じて創意工夫を発揮しなければならない。都市で活動する企業が新たな価値を創造できれば国民経済は発展し，それができなければ国民経済は衰退する。ジェイコブズは，その影響が都市に隣接する後背地に及び，やがて国民経済の成長につながる姿を生き生きと描き出した（ジェイコブズ，1986）。この議論は，グローバル経済の発展とともに，都市のもつ剰余管理能力や創造性への再認識が進み，さらに注目されるようになっている。

2　現代社会を支える交通システム

　大量の人，物，情報が反復的・規則的に移動できることを前提とする現代社会において，交通システムはなくてはならない社会基盤の一つである。19世紀には鉄道と蒸気船が，20世紀には自動車と飛行機が活躍し，人々の日常生活の範囲を広げ，世界を狭くした。なかでも，都市のあり様を大きく変えたのは，鉄道と自動車である。

　鉄道は，19世紀に都市間を結ぶ蒸気鉄道として誕生した。都市内では，19世紀のはじめに馬車鉄道が登場し，19世紀末には電気エネルギーを利用する路面電車がとって代わり，欧米を中心に多くの都市で普及した。徒歩を前提にしていた都心の空間的広がりは，これらによって徐々に拡大する。都市の拡大は経済活動の都市への集積をさらに進め，それがまた都市圏の膨張を促進した。集積に伴って発生したさまざまな都市問題を嫌う人々は，郊外に延伸された鉄道の沿線に移住し，鉄道網を利用して都心に通勤するようになる。その結果，都市は半径十数 km の放射状に成長し，ますます大規模化・高密化して都市問題が深刻化した。E. ハワード（E. Howard）は田園都市論において，過密になった大都市の諸問題を解決するために多数の中密度都市を鉄道で結合することを提言した（ハワード，1968）。しかし，そうした試みが意図的あるいは無計画に進められた結果，半径数十 km の巨大都市圏が誕生することになる。

　自動車は，1908年のフォード T 型車誕生を契機に，普及が始まる。道路の狭隘さと公共交通の存在から，都市が自動車を本格的に受け入れるにはしばらく時間がかかったが，自動車は都市の市民と経済にとっても魅力的であったため，どの都市も道路網を整備し，駐車場の確保に努めるようになった。しかし，自

動車の急激な増加に施設の拡充は追いつかなかった。人々は自動車をたよりに鉄道の通っていない郊外に移住した。都市の面的拡張は線状に整備された道路施設の負荷を高める。道路の負担を和らげるために都市を低密度に発展させると，都市圏の範囲はさらに拡大する。その結果，都市は放射状から星雲状に膨張し続け，ときに半径百 km を超えるまでになった。都市が膨張すれば，都市本来がもつ集積の魅力は薄れていく。今日，自動車交通をめぐる問題に悩まない都市は存在しないと言ってよい。

現代の大都市は，鉄道と自動車という二つの交通システムによって支えられているが，大都市に不可欠な移動手段がもう一つある。それはエレベータである。エレベータがなければ，建物の高層化は不可能である。その重要性にいちはやく注目したのは，「輝く都市」（"垂直の田園都市"とも評される）を提唱したル・コルビュジェ（Le Corbusier）であった。高層ビルが高密に乱立する現実の巨大都市は彼の理想とは異なるが，エレベータが必須のものであることは言うまでもない。

［ 3 ］ 災害と巨大都市の脆弱性

人口集積は都市の魅力の一つであるが，自然災害や社会災害が発生した際には被害を大きくする要因にもなる。都市が大規模な火災や疾病の流行に見舞われた例は数多く，自然災害により都市が多大な被害を受けた例も少なくない。古代ローマのポンペイの災禍は有名だが，近代でも，1755年に発生したリスボン地震は，震動と津波によってリスボンの市街地に壊滅的被害を及ぼし，ポルトガル王国衰亡の一因になったと言われている。同時代人のルソーは，分散して身軽に住んでいれば損害は小さかったのに，多くの人々が密集して居住していた上，財産を大事にして逃げなかったことが被害を拡大させたと評して，地震被害がもつ人災の側面を強調している（ルソー，1979，14頁）。ほかにも自然災害が都市を襲った例はいくつもあり，人々はその都度甚大な被害に見舞われてきた。これらを思うと，都市への人口集積が本当に望ましいものであるのか，考え込まざるを得ない。

現代社会において，都市が成立するには種々の条件が必要である。鉄道や道路，エレベータなどの交通手段はその一つであるが，ほかにも情報通信や電気，

第Ⅰ部　人間社会と社会安全学

ガス，水道などのインフラストラクチャーが不可欠である。また，地下街や高層ビル群，臨海部の開発地域など，都市にはさまざまな構造物が存在する。これらが大きな損傷を受ければ，単に都市機能が麻痺するだけでなく，多くの命と富が損なわれる。都市は本質的に脆弱性をもっている。都市の脆弱性は，都市規模が巨大になるほど顕著になる。実際，1995年の阪神・淡路大震災と2016年の熊本地震を比較するとわかるように，地震の規模がほぼ同じであっても，発生した被害は大きく異なるのである。

　しかし，災害によって都市が受ける被害の大きさは，集積の規模だけではなく，都市の質にも関係している。阪神・淡路大震災の教訓の一つは，現行の建築基準法に適合しない既存不適格の木造住宅の密集によって被害が拡大したことである。火災被害も同様で，家屋の構造と街路のあり方が問題になる。1657年の江戸明暦大火と1666年のロンドン大火はよく比較されるが，前者の焼死者は10万人とも言われる一方，後者のそれはゼロという記録さえあり，人的被害が問題にされることはない（見市，1999, 27頁）。また，自然災害が，人口集積地域を狙って発生するわけではない。もし都市を放棄して集積を諦めるのであれば，手放すものがもっている価値についても考えなければならない。さらに，過去の被災経験から学べることも多く，都市であるからこそ可能になる対策もある。

　人類は，治山・治水に取り組んだり，防潮堤や防波堤を造ったりすることによって，災害に強い都市を構築する努力を続けてきた。それでも防ぎきれない場合には，都市ならではの避難施設や，市民組織の協働によって災害に対処してきた。都市への集積に伴って生じる利益は享受しつつ，災害が発生した場合に顕在化する不利益については，多面的な防災・減災・縮災の取り組みの中で対処することを考えていくべきであろう。ハリケーン・カトリーナの経験に学んだニューヨークが，2012年のハリーケーン・サンディの際にとった対処は，その成功例と言える。過度の集積や一極集中は避けなければならないが，脆弱性を直視して必要な対策を講じていけば，都市集積そのものを忌避する必要はないのである。

第2章　科学技術の発展と人間社会

3　ICT・AI と現代社会

1 　ICT の発展と高度情報化社会

　近代以降の歴史を産業の発展から見ると，18世紀初頭までは農業の時代，18世紀中頃から20世紀にかけては工業の時代，そして，21世紀は情報・知識の時代と言える。農産物や工業製品などの生産されたモノに価値を置いていた社会から，情報そのものとそこから生まれる知識を重視する情報化社会へ，世の中は大きな変容を遂げようとしている。

　日々大量の情報が生成・蓄積・加工される現代の情報化社会では，情報は一般にコンピュータで高速に処理され，多岐にわたる通信手段を用いて広範囲に伝達される。情報化社会を支える情報通信技術（ICT：Information and Communication Technology）は，1980年以降の40年で急速に発展した。1974年に初めて登場したパーソナルコンピュータは，1980年代から90年代にかけて社会全体に普及した。パーソナルコンピュータの普及に伴って情報のデジタル化が促進されたことにより，情報の大量複製が可能になっただけでなく，情報処理の正確性・効率性やデータ通信の信頼性が飛躍的に向上した。1990年代中頃から2000年代にかけて，インターネットが爆発的に普及するとともに，高速・大容量通信が可能な通信網（ブロードバンド）が整備された。高速なインターネットを利用することにより，いつでも世界中のどこからでも膨大なマルチメディアコンテンツにアクセスできるだけでなく，誰もが情報を発信できるようになり，時間や空間を超えたコミュニケーションが可能になった。情報システムやインターネットが社会基盤の一つとして整備されることに伴って，電子商取引や電子政府などの構築も進み，経済や社会，行政の効率化が図られている。監視カメラや GPS（Global Positioning System）を用いた子どもの見守りシステムなど，安全・安心に関わる技術やシステムも普及を見せている。

　近年は，スマートフォンも含めたコンピュータの小型化・高性能化と記録媒体の大容量化が進むとともに，クラウドコンピューティングの登場によって，あらゆる場所で ICT を利用できるようになっている。さらに，「いつでも，どこでも，何でも，誰でも」ネットワークにアクセスできるユビキタスネットワ

第Ⅰ部　人間社会と社会安全学

ークの時代から，さまざまなモノ自体がインターネットにつながって，互いに情報をやり取りすることで自動的に認識・計測・制御を行う IoT（Internet of Things）の時代へと進化している。このような高度情報化社会では，情報や技術をどのように生かすかが重視される。最近では，ICT を駆使した新しい金融サービス「フィンテック」のように，人工知能などの最先端技術を応用してビッグデータを分析する試みがさまざまな分野で行われている。

［ 2 ］ 情報化社会における情報セキュリティ

　社会の情報化が急速に進む中で，個人の情報利活用能力や通信環境などの差に起因する情報格差（デジタルデバイド）の拡大が社会問題になっている。また，高度情報化社会は，コンピュータやネットワークを悪用した多種多様なサイバー犯罪，他人への誹謗中傷などがインターネットへ不用意に書き込まれることによるネットトラブル，デジタル情報の複製による著作権の侵害，インターネットやスマートフォンへの過度な依存による健康被害の発生など，以前には見られなかった問題も引き起こしている。

　一般に，情報資産を正当な権利者のみがいつでも完全な形で利用できる状態に保つことを情報セキュリティと言い，情報セキュリティを脅かす事象，または，その可能性が高い事象を情報セキュリティインシデントと呼ぶ。情報セキュリティインシデントを引き起こす原因には，サイバー攻撃をはじめ，不正アクセス，マルウェアの転送など，悪意のある人間による意図的な行為のほかに，操作ミスや不注意などの人間による意図的でない行為や，天災や故障による障害のような人為的でない脅威も含まれる。

　近年，機密情報の窃取や金銭の詐取を目的に，人間の能力や行動の特徴を踏まえたサイバー攻撃が多数発生している。例えば，不正ログインの手口であるパスワードクラッキングでは，記憶力の限界からさまざまなネットサービスにID・パスワードを使いまわすユーザが多いことを踏まえたパスワードリスト攻撃が頻発している。顧客や取引先を装って，特定の組織やその構成員にメールなどを用いて不正なプログラムを送りつける標的型攻撃は，数あるサイバー攻撃の中でも最も巧妙に人を騙すものの一つである。フィッシング詐欺に伴うインターネットバンキングの不正送金による被害額は，2015年に30億円を超え，

第2章　科学技術の発展と人間社会

大規模な犯罪グループによる ATM からの不正引き出しも後を絶たない。2015年以降は，コンピュータの動作をロックしたり，ファイルを暗号化したりするプログラムを送りつけ，それを解除するための身代金を要求するランサムウェアによる被害が，個人・組織問わず数多く発生している。

　様々な脅威から情報資産を守るためには，技術・物理・組織・人の各方面から対策を講じる必要がある。情報漏えいの 8 割以上は人間の行動に起因することからもわかるように，高度情報化社会において情報資産を守るためには，利用者の情報リテラシーを高めることが必要不可欠である。行政や組織においては，個人とは比べものにならないほど多数の情報資産を守らなければならないため，リスクが発生する可能性やその大きさに応じて適切な対策をとることが求められる。さらに，どのような対策もいつかは破られる可能性があることから，内部への侵入を防ぐ入口対策，侵入されても外に出ることを許さない出口対策の両面を考えて，複数の対策により防御の層を幾重にも作る多層防御を行うことが重要である。

3 　AIと人間社会の安全・安心

　近年になって驚異的な速度で進化を続けている技術の一つに，人工知能（AI：Artificial Intelligence）がある。2010年代には，囲碁や将棋において AI が現役のトップ・プロ棋士に勝ったり，AI の書いた小説が文学賞の一次審査を通過したりするなど，世間をにぎわした話題も少なくない。

　1990年代までの AI は，単純なルールを探索して推論を行うソフトウェアや，さまざまな情報を検索可能な知識としてデータベースに格納する知識ベースの形をとるものがほとんどであり，私たちが想像する「まるで人間のように振舞う」コンピュータには程遠いものであった。2000年代に入ると，データを識別する特徴が人間によって与えられれば，データを分類するルールや知識を自ら学ぶことができる機械学習（Machine Learning）の技術が開発される。さらに，2010年以降は，人間の脳神経回路を模したモデルを利用する深層学習（Deep Learning）が用いられるようになった。深層学習では，サンプルデータを与えるだけでそのデータのもつ特徴を抽出できるため，AI 自身がそのデータの概念（意味）を理解して表現できるようになり，人間が脳で無意識的に行うよう

第Ⅰ部　人間社会と社会安全学

な情報処理をある程度行えるようになった。

　AIは，インターネットの検索エンジンをはじめとする情報システムだけでなく，スマートフォンに実装された音声対話システムや音声検索システムなど，私たちの日々の生活にも活用されつつある。また，センサーから得られたデータをもとに効率的に掃除をするロボットや，ユーザの好みを学習するオーブンレンジなど，私たちの身近にある家電にもAI技術が組み込まれている。金融の分野でも，□1□で述べたフィンテックを支える技術の一つとして，AIはなくてはならないものになっている。今後も，AIが各産業に多大な影響を与えることは間違いない。2020年には，AIによる自動車の自動運転が実用化されると言われている。また，医療分野では病気の診断や医療計画の提案に，教育分野では学生の個性に応じた学習法の提示に，セキュリティ分野では監視カメラによる異常検知などの防犯対策に，防災分野では災害時の意思決定支援などにも応用され，社会の利便性や安全性の向上に貢献することが期待されている。

　AIが人間社会に深く浸透すると，日本国内にある600種類余りの職業のうち，約49％の職業が10〜20年以内にAIやロボットで代替される可能性が高いという試算も発表されている（野村総合研究所，2015）。人間とAIの住み分けが進むと，人間の仕事はより創造性を生かすことができるような業務に変化すると考えられるため，さまざまな経済的問題が発生する可能性がある。また，AIの判断により人間の倫理観や価値観が変容する問題，AIの判断のもとで発生した事故などにおける責任の所在や，個人情報・プライバシーの利活用と保護に関わる法的な問題，正しい知識を習得させて創造性を育むための教育に関する問題，AIの研究開発にあたる研究者の資質に関わる問題など，新たに発生することが予想されるさまざまな問題について多角的に検討することが必要になる。

（引用・参考文献）

榎原博之編著（2018）『改訂版基礎から学ぶ情報処理』培風館。
国連人口基金東京事務所：資料・統計（http://www.unfpa.or.jp/publications/index.　2017年9月29日アクセス）

坂村健ほか（2013）『高等学校　社会と情報』数研出版。

ジェイコブズ，J.／中村達也訳（1986）『都市の経済学』TBS ブリタニカ（『発展する地域　衰退する地域』ちくま学芸文庫，2012，として再刊）。

総務省『情報通信白書』各年版。

内閣府（2017）「人工知能と人間社会に関する懇談会　報告書」（http://www8.cao.go.jp/cstp/tyousakai/ai　2017年 9 月 1 日アクセス）

野村総合研究所（2015）「日本の労働人口の49％が人工知能やロボット等で代替可能に〜601種の職業ごとに，コンピューター技術による代替確率を試算〜」（https://www.nri.com/jp/news/2015/151202_1.aspx　2017年 9 月 1 日アクセス）

ハワード，E.／長素連（1968）『明日の田園都市』鹿島出版会（『新訳 明日の田園都市』鹿島出版会，2016，として再刊）。

ヘッサー，L.／岩永勝監訳（2009）『ノーマン・ボーローグ──“緑の革命”を起した不屈の農学者』悠書館。

見市雅俊（1999）『ロンドン　炎が生んだ世界都市』講談社。

ルソー／浜名優美訳（1979）「ヴォルテール氏への手紙」『ルソー全集　第 5 巻』白水社。

さらに学ぶための基本図書

相戸浩志（2010）『図解入門よくわかる最新情報セキュリティの基本と仕組み──基礎から学ぶセキュリティリテラシー　第 3 版』秀和システム。

情報処理推進機構（2013）『情報セキュリティ読本　四訂版』実教出版。

松尾豊（2015）『人工知能は人間を超えるか──ディープラーニングの先にあるもの』KADOKAWA／中経出版。

第3章	現代社会とリスク

　私たちは，経済的制約，人的制約，時間的制約などを考慮して安全対策を講じている。その対策のあり方，どこまで安全にすれば十分に安全であるかは，「危ないからやめる」のか，それとも，「危ないけれども利益が得られるからやめない」のかという私たちのリスク認識に委ねられている。この章では，人間のリスク認識とそれに人間のリスク認識に大きな影響を与えるマスメディアの問題について考察する。さらに，自然災害と社会災害に関するリスク評価の違いについて概説する。

Keyword▶ リスク認識，マスメディア，メディア・イベント，リスク評価，低頻度大規模災害，脆弱性アプローチ

1　現代社会におけるリスクへの人間の対応

⌈ 1 ⌋ 人間のリスク認識

　科学技術の発展は，人類にさまざまな便益を多数与えてきた。しかし，科学技術のもたらす力（power）は，生物としての人間が生まれつきもっている力よりもはるかに大きい。そのため，科学技術を正しく制御できなかった場合に生じる危険に対して，私たちは不安を覚えるようになった。実際，2010年のメキシコ湾原油流出事故，2011年の東京電力福島第一原発事故など，まれにとはいえ，私たちは科学技術の導入に伴う大きな危険あるいは被害を経験している。国際標準化機構（ISO）は，リスクを「不確実な効果」（ISO/Guide 73: 2009）と定義している。リスク認知は，将来発生するか否かが不確実な危険についての認識であり，将来得られるか否かが不確実な利益についての認識である。

　人間は，不確実な事象を確率で判断することが苦手である。また，人間は相反する感情を同時にもとうとしないため，物事の負の面（危険）と正の面（利

益）を同時に認識しようとすると疲れてしまう。したがって，対象についてよく考えようとする動機がとくに高くなければ，対象に関する一部の情報だけに基づいたリスク認知に陥りやすい。リスクを伴う対象についても，危険と利益のどちらか一方を無視して考慮に入れないため，危険なものに利益はなく，有益なものに危険はないと判断しがちである。このような判断は，「悪いもの（嫌いなもの）は危険」「良いもの（好きなもの）は有益」という感情的判断につながりやすいため，感情ヒューリスティックと呼ばれる（Finucane et al., 2000, pp. 1-17; Tsuchida, 2011, pp. 219-229）。

　さらに，リスク認知に限ったことではないが，私たちは自分にとって都合のよい情報しか見ようとしない（自己正当化）。私たちは現実について自分なりの思い込み（知識体系，スキーマ）をもっており，思い込みに基づいたリスク認知をしがちである。

　また，思い出しやすい情報ほど判断に使われやすい。アメリカ人に対して，rで始まる英単語と3字目がrである英単語のどちらが多いかを判断させる実験を行ったところ，実際には後者が多いにもかかわらず，大抵の人は前者が多いと回答した。これは，後者よりも前者の方が思い出しやすかったからと考えられる（利用可能性ヒューリスティック：Tversky & Kahneman, 1974, pp. 1124-1131）。同様に，自動車事故よりも航空機事故に関する多くの強い記憶をもつ人は，自動車事故よりも航空機事故の方が頻繁に起きているという認識をもちやすい。

　危険について判断する場合は，「恐ろしさ」と「未知性」がとくに強い判断基準になることが明らかになっている。つまり，私たちは恐ろしいと思うものほど危険であると判断し，自分がよく知らないものほど危険であると判断しているのである（危険判断の2因子説：Slovic, 1987, pp. 280-285）。そもそも人間には，基本的に論理的・意識的判断システムと直感的・感情的判断システムが備わっている（Kahneman, 2012, pp. 30-74）。リスク認知は，恐怖感情や不安感情，欲求感情に関連するため，直感的・感情的判断システムの影響を受けやすい。

　これらは，人間のリスク認知が客観的事実と食い違ってしまう原因の一つである。リスク認知を歪める原因としては，上記の他にも126前後の心理学的モデル・理論をあげることができる。

第Ⅰ部　人間社会と社会安全学

2 社会問題の解決におけるリスク認識の重要性

　私たちは，より安全な社会の実現を求めているが，社会問題の解決をめざして実際に安全対策を行う際には，限られた予算（経済的制約）と人材（人的制約）を用いて，一定の期間（時間的制約）内に対策を完了しなければならない。予算，人材，時間を多くかけるほどより安全になるが，私たちは常識的かつ合理的に可能な範囲内で最善を尽くすことになる。これを ALARA 基準（as low as reasonably achievable）という。「常識的かつ合理的に可能な範囲」がどの程度であるかを最終的に決定するのは，私たちのリスク認識である。すなわち，どこまで安全にすれば十分に安全であるかは，「危ないからやめる」のか，それとも，「危ないけれども利益が得られるからやめない」のかという私たちのリスク認識に委ねられているのである。

　現実の安全対策では，食品添加物である防腐剤を使わなければ食中毒の危険性が高まるように，ある事象が起きる危険性を下げる対策が，別な事象が起きる危険性を高めることも少なくない。また，運転速度を下げれば目的地への到着時刻が遅くなるように，危険性を下げる対策は往々にして利益を減少させる。いくつかの危険な事象の中からどの事象の危険性を下げることを優先するか，利益またはコストとのバランスを考慮してどこまで危険性を下げることにするかの最終的な決定は，私たちのリスク認識に委ねられている。

　私たちのリスク認識は，状況によって変化する。例えば，イナゴなどの害虫による穀物の深刻な食害に悩む発展途上国では，害虫が大量発生した年の翌年には，食糧不足により餓死者が出ることもある。そのような状況においては，害虫の発生を効果的に抑えられるのであれば，たとえ発がん性が強く疑われる農薬であっても危険であるとは認識されにくい。一般に，貧しい状況に置かれると，人間は利益を求める気持ちが強くなるため，多少の危険があっても安全の範囲内にあると認識しやすい。逆に，豊かな状況にあると，人間は利益を求める切迫感がなくなるため，ほんの少しの危険であっても受け入れ難いと認識しやすい。

　社会の安全を確保する方略には，大きく分けてトップダウン型とボトムアップ型の二つのタイプ（型）がある。トップダウン型は，優秀な行政担当者，研究者，技術者が安全対策を考案・実施し，一般の人々に指導・命令する方略で

ある。一方，社会の民主化が進み，多くの人々が高等教育を受けるようになった成熟した民主主義社会では，一般の人々の多くが安全な対策を自ら考えて決定することを希望するようになる。これがボトムアップ型である。ボトムアップ型においても，研究者，技術者，行政担当者などのいわゆる専門家のリスク認識と一般の人々のリスク認識が一致していれば，結果的にトップダウン型と同じ安全対策がとられることになる。

　しかし，専門家のリスク認識と一般の人々のリスク認識は大きく異なることが知られている（Slovic, 1987, pp. 280-285）。例えば，専門家は死者数のデータに基づいて原子力発電所よりも自動車の方が危険であると認識するが，一般の人々は自動車よりも原子力発電所の方が危険であると認識しやすい。そのため，ボトムアップ型の方略では，専門家が実施しようとする安全対策を一般の人々が受け入れないという事態がしばしば発生する。したがって，ボトムアップ型の方略をとる場合には，社会全体のリスク認識を調整するリスクガバナンス，あるいは，リスク・コミュニケーションが重要になる。

3　現代社会とマスメディア

　現代社会において人間のリスク認識に大きな影響を与えるのがマスメディアである。

　現代社会を形容する重要な言葉の一つに，高度情報社会がある。情報通信技術の発達により，さまざまな情報を世界規模で即時にやりとりできるようになった。情報通信技術を利用すれば，いつでもどこでも，欲しい情報を簡単に入手できる社会が実現したのである。

　情報を発信する主体は，国や地方公共団体，企業，NPO，学校，病院，地域住民など多種多様であるが，職業として専門的に広く大衆（マス）に向けて情報を伝達しているのは，マスメディアである。その多くは，膨大な情報を独自に加工・制作して（タックマン，1991），テレビ，ラジオ，新聞，雑誌などの商業目的の媒体を通じて，視聴者や読者に時々刻々メッセージを送り届けている。これらの従来型メディアはレガシーメディアとも呼ばれており，インターネットの台頭により若者が接触する機会は減っているが，依然として大きな影響力をもっているのも事実である。

第Ⅰ部　人間社会と社会安全学

　マスメディアは，いま世の中で何を問題として議論すべきかを選択して提示する「アジェンダ・セッティング機能」，特定の項目に目を向け続けるように大衆を誘導する「ゲートキーピング機能」，政権の政策決定や行政の執行状況，司法の判断など，権力機構の働きを監視する「ウォッチ・ドッグ機能」などを担っている。しかし，大衆の関心に迎合した世論を形成することにより，マスメディア自身が社会的混乱を生み出す原因になることも少なくない。とくに，災害や事故の現場に大勢の報道従事者が押し寄せて，被災者や被害者を追い詰めたり苦しめたりする「集団的過熱報道」（日本では「メディアスクラム」という和製英語で呼ぶことがある）の問題や，関係者の痛みや悲しみに焦点をあて，プライバシーを侵害してでも情報を過剰に演出（ヴィリリオ，2006）しようとする「センセーショナリズム」の弊害などは，指摘されて久しい。

　マスメディアによる情報伝達の仕方によっては，迫りくる危難に対して迅速に対応できることもあるし，当初は軽微だったトラブルが次第に増幅して，深刻な事態に発展することもある。そのため，リスクの個人化・社会化が広がった「リスク社会」（ベック，1998）において，マスメディアの役割はますます無視できないものになっている。

　災害や事件などの社会的に影響力のあるできごとは，メディアを通じてはじめて「社会的事実」になる。例えば，大地震のあと，仮設住宅で暮らす被災者が震災関連死で次々に命を落としていても，報道によって被災しなかった地域に伝達・共有されなければ，深刻な事態は「無かったも同然」になり，教訓をくみ取ろうという気運さえ生まれない。逆に，たとえ局地的な災害であっても，そこから何らかの教訓が得られるように「メディア・イベント」（ダヤーン・カッツ，1996）をうまく構成すれば，支援者の数も増え，全国各地で事前の備えが徹底されるかもしれない。

　リスク社会と情報社会の進展は，極めて相即的な関係にある。リスクはまず情報として伝わり，情報のリレーは常にリスクをはらんでいる。現代社会を生き抜くためには，この点をしっかりと自覚しておく必要がある。

2　現代社会におけるリスク評価と対策

［1］リスク評価の目的

　自然災害，社会災害を問わず，リスクの概念は幅広い意味で使われるため，さまざまな評価方法が使用されている。例えば，化学物質の人体への影響や食品の発がん性などの健康に関するリスクを評価する際には，化学物質の投与量と生物の反応の間にみられる関係（用量―反応関係）を用いて，判断基準になりうる指標を設定している。また，新たな災害対策を検討する際に，被害量（損害額）と被害を引き起こす災害の発生確率（超過確率）の関係を用いることがある。そのほか，部品に加わる力の強さや回数と被害（破壊）の発生する確率の関係から部品の強度に関する基準を定めたり，事故による損害の大きさと事故の発生確率の関係を用いて保険商品の開発を行ったりするなど，リスク評価方法は分野によってさまざまである。

　これらいずれの評価方法も，リスクに向き合う主体（個人や組織）が，①これから起きると予想される事象に対して，②何らかの対策を実行するために，③適切な比較や判断が行える定量的な指標を求めようとしている点は共通している。リスクの評価は，意思決定の判断材料にすることを目的に，将来起きると予想される損失事象を確率的（定量的）に捉える試みにほかならない。リスク評価を通じて各時代で人間社会のリスクを具体的に認識し，リスクを軽減する対策が実行され，その積み重ねの結果，現代社会の安全を築いている。

［2］災害のとらえ方

　自然災害は「自然現象を起因とする被害事象」であり，単なる自然現象だけでは災害とならない。自然災害と人間社会の関係については，近年の社会科学の研究から「自然災害は自然からの外力と社会の脆弱性が結びついて生じるものである」という考え方が主流となっている。そのため，自然災害をリスクとして示す場合，主に自然現象を「ハザード」として，社会環境を「脆弱性」と名づけ，〈リスク〉＝〈ハザード〉×〈脆弱性〉と表現される。これを一般的なリスク評価の図式に当てはめるのであれば，〈自然現象の一定強度以上の発生確

第Ⅰ部　人間社会と社会安全学

率〉×〈社会の脆弱性によって決定する被害量〉となり，自然現象と社会現象を別々に組み合わせている点が特徴的である。この表記から，同じ規模のハザードが発生しても，発生した地域によって被害の量が大きく異なる場合や，ハザードの物理的な大きさが2倍になっても，被害の量が2倍にならない場合もあることがわかる。自然災害に伴う被害の量は，自然現象の大小だけで決まるわけではなく，被害に見舞われる地域の特性や社会のもつ防御力・対応力によって，または，それら相互の影響によって変化するのである。

　社会災害は「人間と社会に被害・損害を与える人為起源の災害」であるが，原因側を「ハザード」，被害・損害を受ける人間や社会を「脆弱性」として，リスク評価を自然災害と同様の図式で考えることも可能なのかもしれない。しかしながら現段階で社会災害のリスク評価において，このような図式を用いることは一般的ではない。

　現代社会において，自然現象の変化はゆっくりであるが，人間生活や社会環境の変化は急激である。自然災害，社会災害とも，人間や社会側の要因の方がリスク評価を左右している。

［ 3 ］ 自然災害リスクと社会災害リスクの評価の違い

　ある事象のリスクを評価する最も一般的な方法は，「その事象に伴う被害の量」×「事象の生起確率」を求めることである。先に述べたように，自然災害と社会災害を厳密に分類することは難しいが，この項では両者のリスク評価の違いを論じる。

　一般に，現代社会において，自然災害は社会災害よりも発生頻度が低い。低頻度ということは，一定期間内の生起確率の推定が困難である。また，自然現象の発生に伴って，地域社会が受ける被害は多様であり，同時に地域社会の被害の量を推定することも非常に難しい。そのため，自然災害のリスクを評価する場合には，数字を厳密に求めることよりも，起きうるシナリオを複数想定して，それぞれのシナリオにおけるおおよその被害の量を計算することを重視する傾向がある。想定されるさまざまな被害について「被害の大きさ×生起確率」の総和をとることによって得られる被害量の期待値が，対策の是非と程度を検討する際の基本的な評価尺度になると考えられている（岡田，2006，94頁）。

36

また，自然災害は地域性をもつ。災害社会学の分野では，どのような社会が災害に対する脆弱性をもっているか，また，どのように脆弱性が生まれるかを明らかにするアプローチがある。これにより地域ごとに被害の受けやすさを相対的に評価することが可能になるため，地域の脆弱性評価を自然災害のリスク評価指標として用いる場合もある。一方，ケネス・ヒューイット（K. Hewitt）は，自然災害のリスクが自然からの外力と無関係に社会の脆弱性のみによって決定されることに警鐘を鳴らしている。自然現象は被害を引き起こすハザードであるから，その特性をリスクの評価に反映すべきという主張である（Hewitt, 1997）。実際，被害の量を推定することは困難であるが，自然現象や地理的特性は物理学の範囲で解析可能であり，その結果は確率論で表現もできる。そのため，全国地震動予測地図（政府地震調査研究推進本部，2017）のように，危険因子となる自然現象の発生確率を地域ごとに相対的に評価した結果を自然災害のリスク評価指標として用いる場合もある。双方とも，地域に対策を促す方法として活用されることが多い。

　社会災害における多くの場合のリスク評価は，原因と結果（被害）の関係を比較的単純で解析可能な事象に限定している。また，その事象の発生頻度が多くデータが集まるので，統計的分析が行いやすく精度も高い。さらに事象を限定的に扱うことにより，実験や観察による解析が可能となる。そのため自然災害リスク評価に比べると，はるかに数字の確度が高い。一方，社会災害の中でも，低頻度大規模災害となり得る戦争リスクや世界規模の感染症リスクなど，自然災害のリスク評価に近い方法をとるものもある。

　科学技術の発展とともに，現象の解明や解析方法の高度化が進み，両災害ともリスク評価のもつ社会的役割は高まっているが，現時点では，社会災害のリスク評価の方が，原因と結果の関係から，直接的に具体的な対策や措置に結びつけやすい傾向がある。このように両者のリスク評価には，その利用目的や精度において大きな違いがあることから，一様に客観的な比較を行うことは好ましくない。それぞれの用途，手法に基づいて，評価数値の意味を理解することが重要である。

第Ⅰ部　人間社会と社会安全学

［4］ グローバルリスクの議論

　現代社会において，世界レベルで議論されているリスクの中で，影響の大きさと発生の可能性がいずれも高いと位置づけられているものが，「異常気象」「自然災害」「大規模な非自発的移住（移民・難民問題）」「テロ攻撃」「サイバー攻撃」「気候変動の緩和や適応への失敗」などである（World Economic Forum, 2017）。これらは，地域を限定的に捉えると発生確率が下がるが，全世界的に見ると発生可能性が高く，また全世界への影響度も大きいものである。このリスク選定は，有識者，専門家らによる集合知による評価であり，定量的なリスク評価を行ったものではないが，主要なグローバルリスクとして認識してよいだろう。

　これらの一つ一つについては，目的に応じて定量的なリスク評価が行われており，例えば保険や投資の分野で商品化されている。また気候変動リスクや自然災害リスクは，国際連合にいくつもの枠組みや条約，組織が設置されており，世界の国家間レベルの協議事案となっている。そこでは根拠のあるデータをもとにリスク評価が議論され，最終的に各国の目標基準などが設定されている。

　技術が発展し，人や資本，情報が国境を越えて行き来する現代において，社会のもつリスクが増大し，そのため対策を担う側も大きな共同体制を組むことが必要となっている。リスク認識，およびリスク軽減策を共同して実行していく上で，「リスクに関係する数字」という共通理解言語が重要な役割を果たしている。

引用・参考文献

上野友也（2015）「自然災害と安全保障」『グローバル・コモンズ』岩波書店。
ヴィリリオ，P.／小林正巳訳（2006）『アクシデント——事故と文明』青土社。
カーネマン，D.／村井章子訳（2012）『ファスト＆スロー——あなたの意思はどのように決まるか？（上・下）』早川書房。
政府地震調査研究推進本部（2017）『全国地震動予測地図 2017年版　確率論的地震動予測地図』。
竹村和久（2006）「リスク社会における判断と意思決定」日本認知科学学会『認知科学』Vol. 13 No. 1，共立出版。

タックマン，G.／鶴木眞・櫻内篤子訳（1991）『ニュース社会学』三嶺書房。

ダヤーン，D.・カッツ，E.／浅見克彦訳（1996）『メディア・イベント　歴史をつくるメディア・セレモニー』青弓社。

日本リスク研究学会（2006）『増補改訂版　リスク学事典』阪急コミュニケーションズ。

ベック，U.／東廉・伊藤美登里訳（1998）『危険社会——新しい近代への道』法政大学出版局。

ワイズナー，B. ほか／岡田憲夫監訳（2010）『防災学原論』築地書館。

Finucane, M. L., Alhakami, A., Slovic, P. and Johnson, S. M.（2000）"The affect heuristic in judgments of risks and benefits", *Journal of Behavioral Decision Making*, 13.

Hewitt, K.(1997) *Regions of Risk: A Geographical Introduction to Disasters*, Pearson Education Limited.

Slovic, P.（1987）"Perception of risk", *Science*, 236.

Tsuchida, S.（2011）"Affect Heuristic with "good-bad" Criterion and Linguistic Representation in Risk Judgments", *Journal of Disaster Research*, 6（2）..

Tversky, A., Kahneman, D.（1974）"Judgment under uncertainty: Heuristics and biases", *Science*, 185（4157）.

World Economic Forum（2017）The Global Risks Report 12th edition.

さらに学ぶための基本図書

経済産業省製造産業局化学物質管理課（2007）『化学物質のリスク評価のためのガイドブック　実践編』。

澤田康幸（2014）『巨大災害・リスクと経済』日本経済新聞出版社。

土田昭司編著（2018）『安全とリスクの心理学』培風館。

フィッシュホフ，B.・カドバニー，J.／中谷内一也訳（2015）『リスク　不確実性の中での意思決定』丸善出版。

益永茂樹（2007）『リスク学入門5　科学技術から見たリスク』岩波書店。

第4章	近代社会と学問の成立

　　前章では，安全にかかわる諸問題の現代社会における特徴について
述べた。私たちの社会や都市が誕生し成熟してきた歴史と，学問や科
学が誕生し深化してきた歴史の間には，深い関連がある。この章では，
学問や科学がどのようにして生まれ，どのように分化・専門化し，さ
らに，専門分野を越えてどのように統合，学際化されてきたかを概観
する。また，社会安全学と関連する諸学問の歴史についても解説する。

Keyword▶ 産業革命，科学革命，安全工学

1　人間社会と学問のはじまり

1　学問の起源

　広辞苑（第6版）によると，学問とは「一定の理論に基づいて体系化された
知識と方法」である。私たちが大学で学んでいる哲学，心理学，法学，経済学，
社会学，理学，工学，医学などの学問は，いずれも体系化された知識や理論に
基づいて構築されている。ここではまず，学問の起源について考える。

　人類は，文明が成立する太古の昔から，生活に深く関わる太陽や星の動き，
季節の推移，天候の変化などに潜む規則性を経験的に見出すことによって，自
然現象に関する知識を蓄積し，農耕や牧畜などに役立ててきた。紀元前3500年
頃に始まったと言われる古代メソポタミア文明では，多くの都市国家が成立し
た。都市国家を管理する僧侶や書記階級は，文字，記数法，度量衡，暦法など
を定め，数学や天文学に関するさまざまな知識を獲得する（伊東，2002）。紀元
前3000年頃に始まったとされる古代エジプト文明では，メソポタミアから引き
継いださまざまな知識をもとに，数学や天文学の基礎が確立された。

　メソポタミア文明や古代エジプト文明の時代には，農耕作業を高度化するた

めに運河や灌漑設備が整備されるとともに，都市国家を形成するためにピラミッドのような巨大な構造物が建設された。それに伴って，測量や天文学に関する知識の蓄積が進み，人々の自然に対する理解は飛躍的に深まる。しかし，当時の人々は，自然は神々の力によって動くものであり，ときには人間に恩恵を与え，ときには恐ろしい牙をむく脅威の対象であると考えていた。すなわち，人間は神に身をゆだね，自然の秩序に支配される存在であった。この時代における自然に対する理解は，生活を営む上で，あるいは，専制統治を進めるために必要な知恵であり，経験的な知識の蓄積にすぎなかった。そのため，自然を学問として体系的・理論的に説明しようとはしなかったと考えられている。

　古代ギリシャにおいてポリスが成立した紀元前800年前後になると，自然に関する経験的な知識の蓄積を，統一的な原理によって体系化しようとする知の営みが開始される。すべての現象を神話的に理解していた当時の文明において，法則や理論に基づいて自然を体系的に理解し，世界を解釈しようとする試みは，学問の起源と考えられている。

　はじめて学問を実践したのは，最初の哲学者と言われるタレス（紀元前625頃-紀元前547頃）である。タレスをはじめとするイオニアの自然学者たちは，自然や万物の根源となるアルケー（原理）を探求した。タレスは，水をアルケーと考え，水という物質が世界を構成し，すべてのものは水が変化したものであると説いた。タレスを祖とするギリシャ科学は，その後，プラトン（紀元前427-紀元前347）のイディア論へ受け継がれ，学問の基礎が確立される。イディア論は，物事の本質はイディアであり，知覚される個別の対象は仮の姿に過ぎないとする考え方である。プラトンは，イディアによって現実世界をトップダウン的に理解し，理論的に体系づけようとした。

　タレスにはじまる自然学者の考え方を総括したのは，プラトンの弟子であったアリストテレス（紀元前384-紀元前322）である。彼は，実在しないイディアを中心におく考え方には批判的であり，新たに形相（エイドス）と質料（ヒューレ）という概念を提唱した。形相は現実世界において観察可能な実在する性質を表し，質料は性質を形成する物質や素材を意味する。例えば，木製の机において，形相は机の形であり，質料は木材である。観察する対象を形相と質料に分けて記述することは，科学的な観察の基礎になる。アリストテレスは，物事

第Ⅰ部　人間社会と社会安全学

を観察した結果を記述し，それを蓄積，整理して体系化していくという科学の理論と方法の基礎を完成させた。さらに，彼は対象に応じて学問を細分化し，物理学，天文学，気象学，政治学，倫理学など，さまざまな学問の体系化を行った。このような自然の捉え方は，人々の学問への関心を大きくすることに貢献した。また，自然を分類し，対象化してボトムアップ的に世界を理解することは，科学的思考の先駆けと見なせるため，アリストテレスの功績は諸学問の起源と言われている。

［２］ 西洋における学問の衰退とアラビア圏における学問の発達

　古代ギリシャのアリストテレスをルーツとする多くの学問は，紀元後１世紀頃まで興隆を続けた。しかし，その後中世に至るまでの間，ヨーロッパは学問の衰退期を迎える。都市を整備するために必要な土木技術や，水道，道路などの実践的・実利的な工学技術は発展したが，科学としての学問はあまり進展しなかったのである。

　ヨーロッパ社会における学問の衰退には，さまざまな原因が考えられる。その一つとして，ギリシャにおける自然学の発展が，「世界はどうなっているかを理解したい」という欲求に基づいていたことがあげられる。キリスト教の支配する時代がはじまっていたヨーロッパでは，神こそが真実を明らかにすべき存在とされた。理論によって様々な現象を説明しようとする科学的な学問は，神を第一とするキリスト教神学と相容れずに軽視され，衰退したと考えられる。

　ヨーロッパの歴史家たちは，古代ギリシャから中世までの間を，世界的に科学の進展が停滞した「暗黒の時代」と考えていた。しかし，近年のアラビア科学に関する研究によって，9世紀から15世紀にかけてアラビア圏で発展したイスラム文明が，科学全般においても極めて高い水準にあることが明らかになった（ジャカール，2006）。当時のアラビア圏では，古代ギリシャのヒポクラテス（紀元前460-紀元前375），プラトン，アリストテレスなどの文献がアラビア語に翻訳され，天文学，数学，医学などのアラビア科学が発展した。アッバース朝（750-1258）の頃には，首都バグダードに建設された「知恵の館（バイト・アル・ヒクマ）」と呼ばれる研究機関に，トルコ人，イラン人，ユダヤ人などのあらゆる分野の学者が集められたことがわかっている。8世紀から11世紀頃にかけて

42

第 4 章　近代社会と学問の成立

表4-1　主な大学とその創立年

創立年	大学名（国名）
1088	ボローニャ（イタリア）
1150	パリ（フランス）
1167	オックスフォード（イギリス）
1173	サレルノ（イタリア）
1204	ビチェンツァ（イタリア）
1208	バレンシア（スペイン）
1209	ケンブリッジ（イギリス）
1215	アレッツォ（イタリア）
1220	オルレアン（フランス）
1222	パドヴァ（イタリア）

（出所）　古川，2000より著者作成。

は，アラビア科学が西洋科学を圧倒していたといっても過言ではない（伊東，2007）。キリスト教が支配するヨーロッパに代わって，アラビア圏において学問が隆盛を極めたのである。

［ 3 ］ 大学の誕生と12世紀ルネサンス

　12世紀になると，ヨーロッパにおいても，キリスト教支配の下で失われた古代ギリシャ文明の遺産を再発見し，復活させる動きが現れる。ヨーロッパで継承されなかった古代ギリシャの学問は，アラビア圏に移出されて発展したが，ヨーロッパに逆輸入されてアラビア語からラテン語に翻訳される。アラビア科学を受容することにより始まったヨーロッパにおける科学の復興は，12世紀ルネサンスと呼ばれている（古川，2000）。

　アラビア科学のラテン語への翻訳は，その頃ヨーロッパ各地に誕生した大学（表4-1）で行われた。大学は，古代ギリシャ科学という膨大な量の知識を研究し，ヨーロッパに展開するための制度でもあった（古川，2000）。この頃，ヒポクラテスの医学書やアリストテレスの著作もラテン語に翻訳され，キリスト教教義と融合され体系化された。とくに，アリストテレスの著作を典拠とする哲学は，ヨーロッパの各大学で主要な学問として興隆する。しかし，キリスト教の信仰とギリシャ人の科学的理性のどちらを優先すべきかという議論も白熱するようになった。キリスト教の教義と矛盾するアリストテレスの世界観は，ヨ

43

第Ⅰ部　人間社会と社会安全学

ーロッパの学者間で賛否をめぐる論争を呼んだのである（古川，2000）。

　12世紀を過ぎると，パリ大学学芸学部を中心に，アラビアの哲学者アヴェロエスの注釈を支持する「ラテン・アヴェロエス主義」が台頭する（古川，2000）。アヴェロエス主義は，アリストテレスの主張する哲学的真理がキリスト教信仰上の真理に矛盾していても，両者をともに認めるという二重真理説の立場を取っていた。教会や正当神学者はアヴェロエス主義に強く反対し，たびたび異端宣告を発する。1277年，パリ司教の E. タンピエ（？-1279）は，パリ大学における論争を調査し，アヴェロエス派が主張する219個の命題の一つでも弁護する者は破門にするという異端断罪を発令した。キリスト教による世界観を疑うことが許されないヨーロッパでは，アリストテレス主義を受け入れながらも，その宇宙論や運動論に批判的な解釈が生まれることになったのである。

2　近代科学の誕生

1 近代科学の先駆者たち

　キリスト教が支配するヨーロッパ社会では，地球を宇宙の中心とする天動説が広く信じられていた。天体の動きを詳細に観測していた N. コペルニクス（1473-1543）は，キリスト教の公認する天動説よりも，太陽を中心において惑星を順に配置する地動説の方が，天体の動きを合理的に，かつ，美しく説明できることに気づいた。コペルニクスの地動説は，キリスト教的信仰と科学的思考の対立という図式で語られることも少なくない。しかし，キリスト教会に職を得ているコペルニクスは，反キリスト教的な姿勢で地動説を唱えたわけではなかったと言われている（村上，1979）。

　天文学者 T. ブラーエ（1546-1601）による天体の観察記録を整理していた J. ケプラー（1571-1630）は，惑星が太陽を一つの焦点とする楕円軌道を回り，惑星と太陽を結ぶ線分が一定時間に等しい面積を描くことをつきとめた。彼は，1609年に著した「新天文学」の中で，今日でいうケプラーの第1法則と第2法則を発表する。同じ頃，G. ガリレイ（1564-1642）は，物体が自由落下するときにかかる時間は物質の質量には依存せず，落下距離は落下時間の2乗に比例するという「落体の法則」を発見した。

44

第4章　近代社会と学問の成立

　17世紀になると，天体観測や物理的な実験によって収集された膨大なデータを説明するために，自然現象の中から本質的な関係を見出して，統一的な理論や公理を構築する科学的手法が用いられるようになる。R. デカルト（1596-1650）は，物体の基本的な運動は直線運動であり，動いている物体は抵抗がない限り力を加えなくても動き続けるという「慣性の法則」を発表し，力学が支配する客観的な機械論的世界観を説いた。ケプラー，ガリレイ，デカルトらは，近代科学の基礎を築いた科学者とされている。

　しかし，ケプラーやガリレイも，神は偉大な数学者であり，神が創造した自然は数学の言葉で書かれていると信じていた。彼らの自然に対する探求は，キリスト教の信仰と調和しており，彼らは神の意志を読み解こうとしていたのである。今日の科学は，人間による自然支配，実験，法則性の発見，数学的自然学，機械論的世界観などさまざまな要素をもっている。近代科学の萌芽期においては，いずれもの要素もヨーロッパ固有のキリスト教信仰と深い関わりをもっていた（古川，2000）。

　コペルニクスの「地動説」，ケプラーの「惑星運動の法則」，ガリレイの「落体の法則」，デカルトの「慣性の法則」などの成果をまとめ，近代科学の基礎となる理論体系を築いたのは，イギリス出身の I. ニュートン（1642-1727）である。ニュートンは，1687年に著した『自然哲学の数学的諸原理（プリンキピア）』において，惑星の運動を数学的に証明するとともに，万有引力の法則や運動方程式を提唱して，物体や天体の運動が統一的な枠組みで数学的に説明できることを示した。こうして，17世紀の末までに，自然現象に関して断片的な知識の寄せ集めではない汎用性の高い科学的な理論体系が構築される。イギリスの歴史学者の H. バターフィールド（H. Butterfield）は，近代科学を生みだした自然科学の大きな変革を「17世紀科学革命」と呼んでいる（バターフィールド，1978）。

2　学会と専門学問の誕生

　近代科学の担い手の中には，大学教員の職に就いていた者もいた。ガリレイは，ピサ大学やパドヴァ大学の教授として数学や天文学を教えていた。また，ニュートンは，ケンブリッジ大学でルーカス教授という数学担当の職に就いていた。17世紀になると，科学者たちの新しい共同体である学会が大学の外に作

第Ⅰ部　人間社会と社会安全学

られるようになる。学会のパトロンになったのは，当時の教会の対抗勢力であり，都市の政治や経済や文化を仕切っていた富裕層たちであった。1603年にローマで創設された「アカデミア・デイ・リンチェイ」は，自然の探求を目的とした最古の学会の一つであると言われている（古川，2000）。1657年には，フィレンツェにメディチ家をパトロンとする「アカデミア・デル・チメント（実験アカデミア）」が設立され，多くの学者たちがその名の通りさまざまな実験を行った。1660年に創設されたロンドン王立協会は，国王チャールズ2世（1630-1685）の勅許を得て，自然を研究する新しい学問を愛好する人々の活動拠点になった。さらに1665年には会員が自分の研究を発表するための定期刊行物である「哲学紀要」が発刊され，研究成果を学術雑誌で発表するという科学研究の制度が確立される。

　ロンドン王立協会の創立は，科学によって自然を支配するという F. ベーコン（1561-1626）の科学理念から大きな影響を受けている。「知識は力なり」という言葉で知られるベーコンは，神が人間に与えた自然も，知識の力があれば支配できると考えていた。ロンドン王立協会は，観察や実験によって多くの自然現象を理解しようとした自然探求者の共同体として設立されたのである。1666年には，パリにも王立科学アカデミーが設立され，教会や私的なパトロンではなく，国家の支援のもとで，科学的な研究が行われるようになった（古川，2000）。

　ベーコン，デカルト，ニュートンらが築いた近代科学の精神に触発された18世紀フランスの哲学者たちは，科学革命が自然研究ばかりでなく人間の全活動を変えると信じていた（古川，2000）。当時の啓蒙主義者たちは，理性に根ざした近代科学によって，一般民衆のキリスト教的自然認識や社会認識も変えようとしたのである。

　19世紀になると，自然科学はめざましい勢いで内的成長を遂げる。とくに，物理学，化学，生物学，地質学などは，自立性をもった学問分野として形を整えた（古川，2000）。実際，フランスでは，1803年にパリ薬学アカデミー，1821年に地理学会とパリ自然史学会，1830年にフランス地質学会，1843年に外科医学会が設立される。新しい専門学会が，当該分野を研究領域とする科学者によって次々と設立され，多くの科学者が協働して専門分野を探究するという今日

第4章　近代社会と学問の成立

の研究様式が開始される。ドイツとフランスでは，高等教育機関としての近代的な大学も設置された。20世紀になると，今日の大学で教えられている多くの分野が学問体系の基礎を固め，各学問分野の研究と教育を一体的に行う大学が，欧米以外の世界各国に誕生する。

3　学問の発展と専門分化

　一般に，学問は「自然科学」「社会科学」「人文科学」の三つに分類される（**表4-2**）。自然科学は，自然現象の法則性を解明しようとする学問である。日本では，学問を「理系」と「文系」に分けることが少なくない。理系の学問は自然科学に対応するが，文系の学問は社会科学と人文科学に分けられる。社会科学は人間社会の現象を解明しようとする学問であり，人文科学は人類が創造した文化を対象とする学問である。

　学問を自然科学，社会科学，人文科学に分類する考え方は，比較的最近のものである。太陽や星の動き，川の水の流れなどの自然現象は，古くから科学者の興味の対象になっていた。学問は，私たちの身の周りにあるさまざまな物事や規則性の真理を追求することから始まったものであり，古代ギリシャでは「哲学」（philosophy）と呼ばれていた。人間の心の動きや，私たちが使っている言語も，次第に学者たちの興味の対象になっていく。人間社会の発展に伴って形成された貨幣経済，法律，行政が学問の対象になることも，自然な流れであった。

　学問の黎明期には，一人ひとりの学者が様々な対象に興味をもち，真理を追い求めていた。知識が蓄積されて学問が発展すると，学者たちはより深い真理を追い求めるようになる。その結果，それぞれの学者が興味をもつ対象は次第に絞り込まれ，学問は分化していった。表4-2は，一般的な学問分野を示したものにすぎない。現在の「工学」は，機械工学，土木工学，電気工学，化学工学などに細かく分類されている。さらに，機械工学で扱う学問にも，流体力学，熱力学，材料力学など多くの内容があり，流体力学にもさらに細かい専門分野がある。現代の学問は，内容の高度化に伴って次々に分化してきたが，今後も一層専門分化が進むものと考えられる。

47

第Ⅰ部　人間社会と社会安全学

表4-2　学問の分類

科学の分類	主な学問分野
自然科学	物理学，化学，生物学，天文学，医学，工学，……
社会科学	経済学，経営学，法学，社会学，政治学，教育学，……
人文科学	心理学，歴史学，言語学，宗教学，文学，哲学，……

　学問の高度化に伴って，一つの専門分野を深く掘り下げる「専門家」（specialist）が増加した。しかし，一つの専門分野だけでは原理や法則の適用範囲が狭くなるため，応用力・創造力を発揮しにくい。そこで，専門分野を一つもちつつ，幅広い基礎知識を有することが重要であるという考え方が注目を集めるようになった。T. ケリー（T. Kelley）と J. リットマン（J. Littman）は，このような人材を「Ｔ型人材」と名づけ，一つの専門分野を徹底的に掘り下げる「Ｉ型人材」と区別した（Kelley and Littman, 2000）。なお，幅広い知識を基盤としつつ，二つ以上の専門分野に精通した人材は「Π型人材」と呼ばれる。ここで，「Ｉ」「Ｔ」「Π」は概念を表す英単語等の頭文字ではなく，文字の形から受けるイメージが概念に適合するように選ばれた当て字である。横棒の長さが知識の広さ，縦棒の数が専門分野の数を表していると考えれば理解しやすい。

　「Ｔ型人材」や「Π型人材」であっても，基礎知識の幅は一定の範囲にとどまることが想定されていた。しかし，会社・自治体・国等のリーダーは，経済・法律・物理などあらゆる分野の問題をある程度理解して，的確な指示を出さなければならない。細かい問題の解決は，それぞれの専門家に任せれば良いため，一つ一つの学問分野の知識はそれほど深くなくても構わない。リーダーに求められるのは，表4-2に示した学問分野の枠にとらわれない本当の意味での幅広い知識をもつこと，すなわち「総合家」（generalist）としての資質である。学問の高度化に伴って専門分化が進み，各分野の専門家が生まれたが，現代社会は，さまざまな専門分野を広く理解し，専門家を使いこなすことができる総合家も必要とされている。

4 安全工学・防災学・リスク学の誕生

　この節では，社会安全学と関係の深い安全工学，防災学，リスク学などの学問が，どのように誕生してきたかを概観する。

　第2節で述べたように，中世ヨーロッパでは「科学革命」と呼ばれるほど科学（science）が大きく進展した。イギリスでは，18世紀半ば頃から「産業革命」が始まる。産業革命によって科学技術（technology）は飛躍的に発展するが，以前には考えられなかった事故が発生するようになった。産業革命の代名詞とも言えるものにJ.ワット（1736-1819）の蒸気機関がある。蒸気機関は，蒸気の熱エネルギーを機械的な仕事に変換して動力を得る装置である。蒸気機関を利用することによって，非常に大きな力を加えることや，船・鉄道車両等を高速に移動させることが可能になった。しかし，大きな力を加えられた機械や，高速で移動する物体に接触することによって，大きな事故が発生するようになる。事故の多発に伴って，次第に安全への意識が高まり，産業安全という概念が生まれた。さらに，事故や災害が起こりにくいようにする方法を探求する「安全工学」という学問が誕生する。安全な装置を設計・製作するだけでなく，安全に関する心理学的な研究や，安全な社会を維持するための法整備等も発展することになる。

　科学技術の発展に伴って社会災害が多発するようになる以前から，人類は地震・台風・洪水・落雷などを危険な自然現象と認識し，安全に生活する方法を考えてきた。しかし，当時は自然現象の発生メカニズムに関する知識がなかったため，経験的な方法により身を守るしかなかった。実際，地震の発生メカニズムとして，プレートテクトニクス理論が発展したのは1960年代後半のことである。また，台風を観測するために観測気球が使われるようになったのは1930年代であったが，気象衛星の登場は1960年まで待たなければならなかった。そのため，災害から人命や社会を守るための技術を工学的，あるいは，社会科学的に探究する「防災学」が学問体系に組み込まれるまでには，長い時間を要した。

　「リスク学」も，比較的新しい学問分野である。高度な科学技術が用いられ

るようになった現代社会では，健康，環境，生態系，経済などあらゆる分野において，危険と安全という二分法では対処しきれない複雑な現象が発生するようになった。不確実性を伴うリスクの概念が重要性を増す中で，1980年にはアメリカでリスク分析学会が設立される。さまざまなリスクにさらされている現代社会は，「リスク社会」とも言われる（ベック，1998）。交通事故，原子力発電所の事故，台風や地震による災害，食の安全や金融恐慌などの事象をリスクという観点から認識するとともに，社会がさまざまなリスクと賢く付き合うことが求められるようになっている。

　科学技術の高度な発展に伴って国民生活が豊かになった反面，大規模災害はもちろん，企業活動に伴う資源，エネルギー，環境の問題や，交通事故，テロなど，さまざまな領域においてリスクや安全の問題が顕在化している。安全・安心な社会の構築は，私たちが取り組むべき最も重要な課題の一つであり，その実現に向けて研究，実践活動，人材育成を進めることが求められている。しかし，安全・安心の問題は，一つの伝統的な専門分野のみの力では解決できない場合が少なくない。現代社会が抱える安全・安心の問題を解決するためには，さまざまな分野の知を結集した新しい学問分野を構築することが必要である。

　科学技術が社会に深く関与する中で，科学的な問題でありながら，科学で解決できる範囲を超えるような問題が発生するようになっている。科学に問うことはできるが，科学だけでは答えることができない問題が増えている現代社会の状況は，一般にトランス・サイエンス的状況と呼ばれている（小林，2007）。安全・安心に関わる問題の中には，トランス・サイエンス的な問題が少なくない。トランス・サイエンス的な問題を解決するには，科学者だけでなく，市民もステークホルダとして意思決定に関わっていくことが必要である。安全・安心に関わる問題は生命や財産に直結するため，人任せ，あるいは，無関心ではいることはできない。現代社会が抱える安全・安心に関わる諸問題を解決するには，社会安全の問題に精通した人材の育成に取り組んでいくことが必要である。

第4章　近代社会と学問の成立

引用・参考文献

伊東俊太郎（2002）「「科学革命」以前の科学」伊東俊太郎・広重徹・村上陽一郎『改訂新版　思想史のなかの科学』平凡社。

伊東俊太郎（2007）『近代科学の源流』中公文庫。

小林傳司（2007）『トランス・サイエンスの時代――科学技術と社会をつなぐ』NTT 出版ライブラリーレゾナント。

ジャカール，D./吉村作治監修・遠藤ゆかり訳（2006）『アラビア科学の歴史』創元社。

バイナム，W. F./藤井美佐子訳（2012）『歴史でわかる科学入門』太田出版。

バターフィールド，H./渡辺正雄訳（1978）『近代科学の誕生　上・下』講談社学術文庫。

古川安（2000）『科学の社会史――ルネサンスから20世紀まで［増訂版］』南窓社。

ベック，U./東廉・伊藤美登里訳（1998）『危険社会――新しい近代への道』法政大学出版局。

村上陽一郎（1979）『新しい科学論――「事実」は理論をたおせるか』講談社。

村上陽一郎（2002）「科学革命」伊東俊太郎・広重徹・村上陽一郎『改訂新版　思想史のなかの科学』平凡社。

Kelley, T., Littman, J. (2000), *The Art of Innovation: Success Through Innovation the IDEO Way*, Profile Books Ltd.

さらに学ぶための基本図書

池内了（2012）『知識ゼロからの科学史入門』幻冬社。

三輪修三（2012）『工学の歴史――機械工学を中心に』筑摩書房。

茂木健一郎監修（2016）『学問のしくみ事典』日本実業出版社。

ワインバーグ，S./赤根洋子訳（2016）『科学の発見』文藝春秋。

第Ⅱ部

人間と社会を脅かす事象

| 第5章 | 人間・自然・人工物 |

　　　　私たちを取り巻く自然や社会にはさまざまなハザードがあり，その
　　　強さや周囲の環境状態に依存してインシデントに，さらには人工の設
　　　備，人間の行動，社会や自然の状態によって事故，災害に発展する。
　　　そのような発展を抑え，損害を可能な限り小さくすることがリスクマ
　　　ネジメントの重要な課題である。本章ではハザードから事故，災害に
　　　至る発展過程を概観するとともにリスクマネジメントにおける諸課題
　　　について解説する。

Keyword▶ ハザード，インシデント，リスク評価，リスクスペース，ハインリッヒの法則

1　人間・社会を取り巻く環境

　私たち人間は，世の中に出現した当初から，自然環境の中で一定の規範のも
とに社会を形成してきた。18世紀末の産業革命期を契機に，大規模な工場生産
システムや動力発生システム，発電・配電システムなどが開発された。また，
蒸気動力で駆動する船舶や鉄道による交通網が整備されると，人間社会のあり
さまはそれまでとは根本的に異なるものになっていった。工場生産システムの
普及に伴って，労働者の健康管理や安全対策の問題が発生したイギリスでは，
19世紀半ばに工場法が制定された。また，海上輸送が盛んになると，船舶の検
査制度と海難事故に備えた船舶の保険制度が創出された。さらに，動力発生シ
ステムの分野では，ボイラの高効率化に伴って破裂事故が多発したため，事故
防止対策の研究が進められるとともに，第三者によるボイラ検査制度が導入さ
れた。
　産業の高度化に伴って交通や物流も大規模化・高度化し，現在は人やものが
世界規模で移動する時代になっている。また，コンピュータやネットワークに

55

第Ⅱ部　人間と社会を脅かす事象

関する技術の発展は，大量の情報を世界規模で高速に伝達することを可能にし，私たちに多大な便益を与えている。しかし，交通や物流の発展は，狂牛病などの食品安全問題や感染症を世界規模で拡大させる一因にもなっている。また，情報通信技術の発展に伴って，個人情報の漏洩や風評被害なども頻発するようになった。

　地球の半径は約6500 km であるが，私たちが住む地表付近の地殻はせいぜい30 km 程度の厚さしかない。プレートテクトニクスの理論によれば，地球の表面は十数枚のプレートに覆われており，それぞれのプレートは地球内部にあるマントルの対流に伴ってさまざまな方向に移動している。ユーラシアプレートをはじめとする複数のプレートの境界に位置する日本付近では，プレートの沈み込みに伴ってしばしば大きな地震が誘起される。

　日本は，国土の約 7 割が山岳で覆われているため，古代から河川の流域や海岸が人々の生活や生産活動の場になってきた。社会や経済の発展とともに人口が都市に集中したため，山を削り，低地を埋めて平地を造り，宅地開発が行われた。都市への人口の集中に伴って農山村地域では過疎化が進行し，大都市との経済格差が大きくなりつつある。私たちは，自然や社会，歴史などのさまざまな要因が複雑に絡み合った環境の中で暮らしているのである。

2　自然環境・社会環境におけるハザード

　つぎに，自然環境や社会環境におけるハザード（hazard）について，具体的な例をあげて説明する。大規模なプレート間地震や直下型地震が発生すれば，社会基盤をなす各種構造物や鉄道，道路網が大きく損傷する。また，同時に津波が発生すれば，先の東日本大震災に見られるように甚大な人的被害が発生するとともに，沿岸にある火力発電所や港湾設備なども大きな被害を受ける。地震はプレートの相対運動あるいは断層活動に伴って地下の岩盤がずれることによって発生する現象であるため，岩盤にかかる力が地震のハザードである。また，近年頻発している土砂災害は，直接的にはゲリラ豪雨と呼ばれる集中的かつ多量の降雨によって引き起こされる。しかし，土砂災害のメカニズムという観点で見ると，宅地開発や山林の荒廃などによって地盤の保水能力が低下して

いること，地盤相互間の摩擦力や粘着力と地盤そのものに作用する重力の間に不均衡が発生していることが，土砂災害を引き起こす誘因になっている。したがって，雨水による摩擦力の低下が土砂災害のハザードである。

　大都市では，電力の配線や，ガス，水道の配管が輻輳するとともに，情報，物流，旅客を輸送する高速で過密なネットワークが形成されている。そのため，小規模な事象が発端になって，周囲に甚大な被害をもたらす事態に発展する場合がある。1977年のスペイン・テネリフェ空港における旅客機衝突事故や，1985年の群馬県御巣鷹山における航空機墜落事故では，1度の事故で500人を超える乗客が犠牲になった。原子力発電所における重大事故として，多数の死傷者を数えた1986年の旧ソ連・チェルノブイリ原発事故や，1979年のアメリカ・スリーマイル島原発事故がある。わが国でも，2011年3月に福島第一原発において複数の原子炉が炉心溶融事故を起こした。これらの事故を見ると，エネルギーの高密度利用そのものが現代の社会環境に潜むハザードであると言える。

3　ハザードから事故・災害への進展

　ハザードは，強さや周辺の環境条件に依存して，インシデント（incident）になって顕在化する。さらに，インシデントは人工の設備，人間の行動，社会制度や自然環境のありさまなどに依存して，人的あるいは物的な損害を伴う事故，災害に発展する。

　2005年4月に，JR西日本の福知山線で列車の脱線事故が発生し，107人が犠牲になった。車両が曲線部を通過するときには，走行速度に依存して車体に作用する遠心力によって生じる回転モーメントと，重力による回転モーメントの不均衡などの物理的要因が，脱線や転覆のハザードになる。さらに，車両や線路の整備不良，運転士の資質，自動列車停止装置やフェールセーフ機構の不備のほか，降雨に伴うレールと車輪の間の摩擦力不足など，さまざまな要因が重なるとインシデントになり，乗客や沿線住民などが危険な状態に曝露される。とくに，通勤・通学時間帯で乗車人員が多かったり，走行速度が速かったりすると，福知山線事故のように甚大な人的被害を伴う転覆事故に発展する。

第Ⅱ部　人間と社会を脅かす事象

　社会を構成するインフラや工業製品は，極めて多数の部品や要素と，それら
を制御するセンサやコンピュータ，ソフトウェアによって構成される。コンピ
ュータを構成する高密度集積回路まで含めれば，現代の社会は極めて多数の素
子や要素が階層構造を成すシステムによって成立していると言える。このよう
に複雑なシステムにおいて，ハザードがインシデントになり，事故に発展する
経路やシナリオを予測することは極めて難しい。十分な安全対策を備えたはず
のスペースシャトル・チャレンジャーでも，打ち上げ直後にブースターロケッ
トのＯリングという比較的単純な部品が破損して爆発した。この事故では，Ｏ
リングの欠陥に気づいていた技術者からの警告にもかかわらず，経営判断を優
先して打ち上げを強行した結果，事故が発生したことがわかっている。ハザー
ドからインシデントを経て事故や災害に至る過程では，技術的要因だけではな
く，組織のマネジメントや人間的要素が大きく影響するのは，事故でも自然災
害でも同じである。

4　事故・災害の評価のためのリスク

　ISO の定義（ISO/IEC Guide 51, 2014）にもあるように，リスクの大きさは，
損害の程度と発生頻度の組み合わせによって評価される。インシデント i の発
生頻度を F_i，損害の程度を D_i とおくと，リスク R_i は例えば次式により評価で
きる。

$$R_i = F_i D_i$$

この式はリスクを評価する一つの例であって，損害の程度だけでリスクを定義
してもよいし，発生確率を用いてリスクを定義する場合もある。

　第１章において，決定論的リスク評価と確率論的リスク評価について述べた。
決定論的リスク評価では，科学的あるいは技術的検討や過去の経験に基づいて，
評価指標と許容できる基準を定め，その基準を満たしているかどうかでリスク
を評価する。自動車などの排気ガスに含まれる窒素酸化物（NO_x）や微小粒子
状物質（PM）の排出基準や耐震基準など，一般の安全基準の多くは決定論的リ
スク評価に基づいている。

　一方，確率論的リスク評価（PRA）の手法は，ラスムッセン報告として知ら

れている研究 Reactor Safety Study - An Assessment of Accident Risks in U.S. Commercial Nuclear Power Plants（WASH-1400）（US NRC, 1975；Lee *et al.*, 2013, pp. 364-372）において確立された。同報告書では，リスクを事故の影響と 1 年あたりの発生確率で評価している。一般に，事故の原因になる事象が発生してから関連する部品や要素などへ問題が波及するには時間遅れが存在し，その経過時間によっては，異なった事象に展開する可能性がある。ラスムッセン報告は，時間遅れを考慮するためにシステムの動的挙動や事故をシミュレーションするモデルを開発したという点で，当時としては画期的な研究であった。確率論的リスク評価の手法は，原子力発電所のリスク評価だけでなく，航空宇宙分野でも用いられている。

　リスクの評価は，「わずかな危険性もリスクとして定量化する一方で，ある程度のリスクは許容される」（中西，1995， 5 頁）ことを前提にしているが，実際にどのような条件を満たすリスクが許容されるかを明確に示すことはむずかしい。例えば，世界保健機関（WHO）の水質に関するガイドラインは，リスクが許容される条件として，水質が原因で発生する疾病の発生確率が所定の基準以下であること，専門家が判断すること，政治家や多数の公衆が許容することなどをあげている（Hunter *et al.*, 2001, pp. 208-227）。公衆が許容するという項目は人間の心理に沿った判断基準であり，科学的根拠に基づくものではない。リスクの評価に普遍的に用いられるのは，発生確率などの統計量である。

　H. J. オットウェー（H. J. Otway）と R. C. エルドマン（R. C. Erdmann）は，死者数が10^{-6}人/年以下であれば，人々はリスクに対して大きな関心をもたず，自らが巻き込まれるとは思わないが，死者数が10^{-4}〜10^{-5}人/年程度になると，積極的にハザードを減少させるように働きかけ，リスクを避けるためにはある程度の不自由も許容するようになるとしている（Otway and Erdmann, 1970, pp. 365-376）。さらに，死者数が10^{-3}人/年程度になれば，リスクは許容されず，直ちに対策が取られると述べている。10^{-6}人/年，すなわち100万人に 1 人が毎年犠牲になる程度であれば許容できるという主張に明確な根拠はないと考えられるが，É. ボレル（É. Borel）は1943年に著した著書の中で，人間のスケールで見れば10^{-6}の発生確率（280万人程度の人口を抱える当時のパリ市内であれば 3 人弱の被害に相当する）なら許容できるとしている（Borel, 1962, pp. 26-28）。現在の

第Ⅱ部　人間と社会を脅かす事象

世界人口は70億人程度で，これを母集団として被害者の数がボレルのいう人間のスケールとほぼ一致するには発生確率は10^{-9}〜10^{-10}なければならない。この例は，単純に確率だけでは判断できず，母集団がどの程度の大きさであるかに依存することを示している。なお，100万人に1人というのはあくまでも統計的な確率であって，個々の事情は加味されていない。遠く離れた地域で発生した事故にはほとんど関心を示さない人でも，被害者が隣人あるいは家族であれば，容易に許容できないだろう。すなわち，リスクを許容できるかどうかは確率だけでは判断できず，事象との時間的，空間的距離にも大きく依存するのである。さらに詳しくは，例えばP. スロヴィック（P. Slovic）の著書（Slovic, 2000, pp. 220-231）などを参考にされたい。

5　事故・災害に共通する諸課題

　事故や災害は，個々に見れば特殊であり，事象そのものやその原因，周囲の状況ごとに異なった様相を帯びている。しかし，個々の特殊性を捨象して被害の程度とその発生確率の関係で見ると，その確率分布には，非常に大きな事故や災害の発生確率は低く，小さなあるいは軽微な事象は多発するという共通の特徴が見られる。その典型的な例が，工場などにおける労働災害に関してH. W. ハインリッヒ（H. W. Heinrich）が提唱したいわゆる「ハインリッヒの法則」である（Heinrich, 1931, pp. 26-35）。すなわち，同じ種類の事故が330件あれば，300件は辛うじて傷害を発生させずに済むが，29件は軽微な傷害を，そして1件は重篤な傷害を伴うというものである。さらに，ハインリッヒは，傷害が起きなかった300件の背後には，数千件にも及ぶ不安全な行動と不安全な状態が潜在していることを指摘している。

　ハインリッヒの基本的な考え方は，事故や災害の構造そのものを変えることはできないが，不安全な行動や状態を減少させれば，傷害が発生しない災害の件数を減少させることができるとともに，軽微な傷害を伴う事故や，重篤な傷害を伴う事故も減少させることができるというものである。傷害のない300件の事故に対応するものが，よく言われる「ヒヤリハット」事象である。ハインリッヒの法則は，医療や鉄道などさまざまな分野にあてはまるため，現在の事

故防止対策における基本的な考え方になっている。

　第2の特徴は，事故や災害は必ずある一定の程度まで時間的に発展するが，無制限には拡大しないことである。例えば，自動車や航空機などの事故は秒オーダーのできごとであるが，原発事故はインシデントが事故に発展するまでに数時間のオーダーを要する事象である。また，感染症では，最初は少人数が罹患するだけであっても，感染者との接触によって時間とともに罹患者が拡散し拡大するが，罹患者はいずれ治癒するか死亡するため，罹患者の数が無限に増えることはない。自然災害においても，地震などは非常に短時間に発生する現象であるが，余震活動がかなり長い間続く場合も少なくない。一方，津波や豪雨などは，最も激しい状態になるまでに比較的時間の余裕があるため，適切な時期に避難誘導を行えば人的被害を軽減することが可能である。このように，事故や災害が発展する時間スケールは，減災対策を考える上で非常に重要である。

　第3に，事故や災害はそれ単独では閉じない。すなわち，事故や災害に直接巻き込まれなくても，事故や災害に関連した被害を受けることがある。東日本大震災では，死者と行方不明者の合計が1万8458人に達したが，避難に伴うストレスで体調を崩したことなどによる震災関連の死亡者が3331人の多きに及んだ。事故や災害の対策を考える際には，関連死を含めた対応が求められる。

　一般に，事故や災害は，事象の発生を事前に検知できるか否か，事象そのものを制御することができるか否か，影響が短期に現れるか長期に現れるか，被害が局在しているか広域にわたっているか，被害の軽減が容易かどうかなどによって，大きく分類することができる。これらの指標から二つを選び，さまざまな事故を2次元平面上にプロットした結果が，**図5-1**に示すリスクスペースである。図5-1に示した例では，横軸に制御可能性，縦軸に検知可能性を示しているが，何を議論したいかによって座標軸は自由に選択できる。また，図5-1にはさまざまな事象をプロットしているが，各事象のプロット位置を判断する基準には任意性が残る。一般公衆や専門家などさまざまなグループを対象に行ったアンケートなどによってプロットすることも可能であり，リスク評価を行って算出した具体的なリスクの数値を用いてもよい。一般に，第3象限にプロットされた検知や制御が可能な事象はリスクが低く，第1象限にプロット

第Ⅱ部　人間と社会を脅かす事象

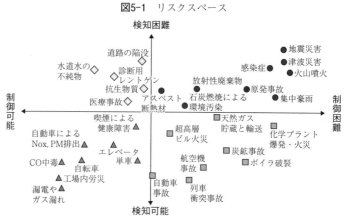

図5-1　リスクスペース

（出所）　Slovic, 2000, p.225の図を参考に作成。

された検知や制御が困難な事象はリスクが高い。地震，津波，豪雨などは，いずれも制御不能で，事前の検知も難しいことから第1象限に位置づけられる。第1象限に位置づけられる事象だけに限らず，さまざまなハザードのもつ特徴を把握して有効な対策を見出し，インシデントから事故や災害，さらには，大規模な災害への発展を抑え，損害を可能な限り小さくすることが，リスクマネジメントの中心課題である。

引用・参考文献

中西準子（1995）『環境リスク論――技術論からみた政策提言』岩波書店，5頁。

リー，J. C.・マコーミック，N. J./西原英晃・杉本純・村松健訳（2013）『原子力発電システムのリスク評価と安全解析』丸善。

Borel, É. (1962) *Probabilities and Life*, Dober Publications（原著 Les Probabilités et la Vie 〔1943〕の英訳版）.

Heinrich, H. W. (1931) *Industrial Accident Prevention: A Scientific Approach*, McGraw-Hill. 邦訳としては同書第5版ハインリッヒ, H. W. ほか／井上威恭監修『ハイリッヒ産業災害防止論』海文堂（1982）がある。

Hunter, P. R., Fewtrell, L. (2001) "Chapter 10 Acceptable risk", Lorna Fewtrell, Jamie Bartran eds., *Water Quality: Guidelines, Standards and Health*, IWA Publishing,

第 5 章　人間・自然・人工物

pp. 208-227.

ISO/IEC Guide 51（2014）Safety Aspects ― Guidelines for their Inclusion in Standards.

Otway, H. J., Erdmann, R. C.（1970）"Reactor Siting and Design from a Risk Viewpoint", *Nuclear Engineering and Design*, Vol. 13, pp. 365-376.

Slovic, P.（2000）*Perception of Risk*, Earthscan Publication, pp. 220-231.

US Nuclear Regulatory Commission（1975）"Reactor Safety Study ― An Assessment of Accident Risks in U.S. Commercial Nuclear Power Plants" WASH-1400/NUREG 75/014.

（さらに学ぶための基本図書）

阿部清治（2017）『原子力のリスクと安全規制――福島第一事故の"前と後"』第一法規。

橘木俊詔・長谷部恭男・今田高俊・益永茂樹編（2007）『リスク学入門 1　リスク学とは何か』岩波書店。

益永茂樹編（2007）『リスク学入門 5　科学技術からみたリスク』岩波書店。

Bedford, T., Cooke, R.（2001）*Probabilistic Risk Analysis: Foundations and Methods*, Cambridge University Press.

Kletz, T.（2001）*Learning from Accidents*, Gulf Professional Publishing.

| 第6章 | 自然災害 |

　　自然災害とは，危機的な自然現象により人命や人間の社会的活動に生じる被害のことである。本章では，自然災害の歴史を俯瞰するとともに，地震・火山災害，地盤・土砂災害，水災害について取り上げ，災害発生のメカニズムから被害の諸相，防災・減災のための予測や対策について述べる。

Keyword▶ 地球環境，地震災害，火山災害，地盤災害，土砂災害，台風，
　　　　　　レベル１・レベル２津波

1　自然災害の歴史

［1］日本列島の自然災害

　自然災害は，地震，火山噴火，台風，集中豪雨，雪崩などの自然現象が，短時間のうちに大きなエネルギーを放出したとき，その影響が人間の生活圏に及ぶことによって発生する。自然現象が起きるか否かは，地形や地質，プレートの沈み込みや湧き出し，海や大陸の位置関係など，地球規模の環境に左右される。地球環境は逐次変化しているが，目に見える変化が生じるまでに要する時間は，人間の平均寿命よりもはるかに長い。そのため，数万年程度の時間スケールで見れば，台風や地震は地球上のほぼ同じ場所で発生している。

　日本列島は，世界的に見ても，災害を発生させる自然現象が起きやすい環境にある。日本近海では，太平洋プレートとフィリピン海プレートが沈み込んでいるため，プレート境界における巨大地震や，それに伴う津波が起きやすい。日本列島の下に沈み込んだプレートは，陸側プレートの内部にも力を及ぼし，活断層による内陸地殻内地震を引き起こす。さらに，プレートの沈み込みは地下でマグマを発生させ，火山噴火を起こす。

第6章　自然災害

　また，日本列島は平均降水量が多く，梅雨や台風など，特定の季節の数日に雨が集中するため，洪水，氾濫，高潮などの水災害も発生しやすい。さらに，ユーラシア大陸と日本列島の間には日本海があるため，冬になると大陸から吹き込む季節風に大量の水蒸気が供給され，北日本の日本海側に大量の降雪をもたらす。降り積もった雪によって雪崩が起き，春先には地下水位の上昇による地すべりなども発生する。

　2　江戸時代以前の自然災害

　地理的条件を考えると，日本列島において地震や火山噴火，台風などを避けることは困難であると言わざるを得ない。これらの自然現象は，人類が住み始めたときから幾度となく発生し，日本列島は繰り返し災害に襲われてきた。日本書紀をはじめとする古代の歴史書にも，その記録が残されている。被害が広範囲に及ぶ地震災害や津波災害は，歴史書に記録が残りやすい。長い間日本の政治・文化の中心であった京都には，多くの災害記録が蓄積されている。とくに，「南海トラフの地震」は，京都に比較的近い場所で起きる巨大地震であるため，被害記録が多く残されている。

　記録が残る最も古い南海トラフの地震は，684（天武13）年に発生した「白鳳の地震」である。日本書紀には，広い範囲で建物が倒壊し，津波が発生して多くの船が失われたこと，土佐国（高知県）の水田が地震後に地盤沈下を起こして水没したこと，伊予国（愛媛県）の温泉が地震後に湧出しなくなったことなどの被害状況が記録されている。これらは，四国沖を震源域とする南海地震に見られる典型的な被害である。その後も，平安時代，江戸時代などに類似の被害をもたらす地震が起きたことがわかっている。時系列的に見ると，100年から200年の間隔で地震が同じ場所で繰り返し発生していることがわかる。1960年代にプレートテクトニクスの概念が確立し，プレートの沈み込みによって大地震が繰り返し発生するメカニズムが明らかにされた。南海トラフの地震は，その典型的な例として世界的に知られている。

　火山災害は，大量に噴出した火山灰や溶岩などを地表に残すのが特徴である。被災地では，噴出した土砂の除去や残された噴出物による土砂災害の頻発に長期間苦しめられることが少なくない。顕著な火山災害としては，1707年の富士

65

第Ⅱ部　人間と社会を脅かす事象

山噴火，1783年の浅間山噴火などが知られている。海岸に近い火山では，噴火に伴う山体崩壊により津波が発生する場合がある。歴史書には，1741年に噴火した北海道渡島大島での津波や，1792年の雲仙・眉山崩壊による有明海津波（島原大変肥後迷惑）などの大災害が記録されている。

　水害については，古くから大規模な土木工事によって積極的に災害を制御する取り組みが進められてきた。山梨県釜無川の信玄堤（霞堤）や利根川の東遷事業などのように，先人の取り組みの跡が土木構造物として今に伝えられている例も少なくない。水害を制御するための土木工事の特徴は，「治水」を目的として実施されることである。河川改良を行うことにより，防災のほかに，交易の促進，農業生産の拡大，軍事的障壁の構築などの効果がもたらされる場合が多い。

　3　明治期以降の自然災害

　明治時代以降は，国として統一した基準のもとで災害対策に着手するようになり，被害状況に関する統計の作成や法制度の整備が進められた。

　明治以降，死者1000人を超える大規模な地震災害は，日本列島で13回発生している。とくに，1891年の濃尾地震，1923年の関東大震災，1995年の阪神・淡路大震災，2011年の東日本大震災の四つは，その後の地震対策に大きな影響を与えた。

　濃尾地震は，近代に入って日本が初めて遭遇した大震災である。犠牲者の数は7273人にのぼり，欧米から輸入された技術で作られたレンガ造りの建物，橋などが多数倒壊した。この地震をきっかけに，国は「震災予防調査会」を設置し，地震が発生するメカニズムの解明と，防災の研究を組織的に行うようになった。

　関東大震災は，10万5000人余りが死亡した国内最悪の被害地震である。この震災では，とくに東京市内と横浜市内の火災による被害が著しく，両都市の火災による犠牲者を合計すると9万人に達した。この時代の都市には，木造の家が密集して立ち並び，人口密度も極めて高かった。都市内に計画的に空間を確保することの重要性が認識されたため，震災後の復興計画においては，幅の広い道路や，公園に隣接した小学校などが整備された。

第6章　自然災害

阪神・淡路大震災は，1948年の福井地震以来約50年ぶりに発生した大規模な震災である。この震災では，建物倒壊による被害が顕著であり，地震直後の死者・行方不明者の8割以上は圧死・窒息死であった。水道，電気，交通網などが寸断され，高度に発展した都市が地震に対して極めて脆弱であることを露呈した。

東日本大震災は，日本列島周辺で記録に残る地震の中で最も大きいMw 9.0の巨大地震によって引き起こされた。プレートの境界で巨大地震が起きたことに伴って，極めて規模の大きい津波が発生した。この震災以降，過去に発生記録のある地震の中で規模が最大（既往最大）の地震よりもさらに大きい地震を想定した対策の検討が一般的になった。

明治以降，大きな火山災害は比較的少ない。最大の災害は，1888年に発生した磐梯山（福島県）の山体崩壊に伴う災害で，477人が犠牲になっている。近年では，63人が死亡した2014年の御嶽山噴火が記憶に新しい。1986年の伊豆大島噴火，2000年の有珠山噴火，2000年の三宅島噴火の際には，周辺住民を一斉に避難させることに成功した。火山噴火は，前兆現象を伴う場合が多い。とくに，2000年の有珠山噴火は，噴火予知の成功例として注目を集めた。

第二次世界大戦後すぐの時期には，気象・水災害が多発した。1945年の枕崎台風，1947年のカスリーン台風のように，1000人以上の死者・行方不明者を数える災害が連続して発生している。1959年の伊勢湾台風では，濃尾平野のゼロメートル地帯で高潮による大災害が発生した。5098人もの犠牲者が出たこの台風を契機に，災害対策基本法が制定された。その後も，1982年の長崎豪雨，2000年の東海豪雨，2011年の紀伊半島水害などが発生している。近年では，都市開発に伴う無理な土地利用によって被害が拡大する場合や，サプライチェーンの寸断によって経済被害が広域化する場合など，人的被害の大小だけでは評価できない新しい特徴を有する災害が目立つようになっている。

［4］　社会環境の変化による災害の変化

人口の増加に伴って，人間の居住圏は世界的に急激な速度で拡大している（Christian *et al.*, 2013）。日本においても，江戸時代後半以降21世紀初頭まで人口の急激な増加が続き，海岸沿いの埋め立て地や，丘陵地を切り盛りして整形

67

第Ⅱ部　人間と社会を脅かす事象

した土地など，以前には人が居住していなかったところにまで居住地が拡大し続けた。また，グローバリゼーションが進展する中で，経済活動におけるサプライチェーンは，国内，国外を問わず，極めて広範囲に及んでいる。近年では，どこかで一つの工場が被災しただけで，全世界に影響が伝播する事例も珍しくない。

　自然災害では，被害を引き起こす地震などの破壊的な自然現象に目を奪われがちであるが，人間や社会の変化によって被害が拡大していることにも注目する必要がある。

2　地震・火山災害

◯1◯ 地震発生・火山噴火のメカニズム

　地震は，地下の岩盤が破壊されて，蓄積されていたエネルギーが短時間で解放される現象である。岩盤の破壊は地中の「断層」がずれ動くことによって起き，ずれに伴って発生した振動が波として伝わり，周囲の地表や地中に存在するあらゆるものが揺らされる。

　地震が発生するためには，岩盤に力がかかり続けることと，岩盤がエネルギーを貯める強度をもっていることが必要である。二つの条件を満たす場所は，地球上の特定の地域に限られる。岩盤を変形させる主要な力は，地球の表面を覆う十数枚のプレート同士の相対運動である（プレートテクトニクス）。そのため，地震の多くはプレートの境界付近で起きる。とくに，海洋プレートが大陸プレートの下に沈みこんでいる地域で大地震が発生する。

　溶けた岩石であるマグマによって作られる特徴的な地形を火山と言い，マグマが直接的あるいは間接的に地表に噴出する現象を噴火という。地下のマグマは，周囲の岩石との密度差に伴って生じる浮力によって上昇する。マグマには水を主成分とする揮発成分が大量に溶け込んでいるため，圧力が低下すると気泡になって分離し，マグマの密度を低下させて上昇の原動力になる。また，地表近くの地下水にマグマが接触して一気に水蒸気になり，爆発する場合もある。

　プレートの沈み込み帯では，巨大地震と火山噴火の両者が起きる。これは，沈み込むプレートが地下深くまで水を運び，この水が岩石の融点を下げてマグ

第6章　自然災害

マの発生を促進するためである。

２　地震災害の様相と変遷

　地震が発生すると地盤が揺れるため，地表や地中に建設された構造物に被害が生じる場合がある。慣性の法則により，地震で地盤が動いても，地表の物体は元の位置に留まり続けようとするため，地盤の動きと反対の方向に力が作用する。この力を慣性力という。慣性力の作用に対する構造物の強度が十分でなければ，構造物が壊れて被害が発生する。

　地表の構造物と同様に，地中の構造物にも慣性力が作用する。地盤の動きと構造物の動きにずれがあることにより，構造物に直接的な力が作用して被害が生じることもある。地震に伴う地盤の動きによって生じる災害として，断層直上の構造物が破壊される被害や，海域で発生した津波による被害がある。

　地震に伴う地盤の揺れの大きさは一様ではない。一般に，軟弱な地盤ほど地盤の揺れが増幅され，大きな慣性力が構造物に作用する。また，地盤の性質により揺れの周期も異なる。地盤がもつ揺れの特性（地盤の固有周期）と，構造物の揺れやすい周期（構造物の固有周期）が一致したとき，共振現象により構造物の揺れは大きくなり，大きな慣性力が構造物に作用する。

　また，構造物の強度も一様ではない。地表から高層階まで同じように見える建築物であっても，下層の階であるほど上層階の重量を支えなければならないため，柱の太さや柱に埋め込むべき鉄筋の量が異なる。地震による強い揺れに見舞われた場合，相対的に強度が最も不足している部分から被害が発生する。例えば，駐車場などの空間を確保するために１階部分に壁がないピロティ形式の建物の場合，相対的な弱点である１階部分が押しつぶされる形で被害が生じる。

　過去の大地震における被害の教訓から，ある程度の大きさの慣性力が作用しても被害が生じないように構造物には十分な強度が要求される。しかし，時代とともに設計段階で想定する慣性力の大きさは変化するため，建設年代によって構造物の強度が異なる。また，構造物の劣化によって，強度は低下する。

　すなわち，場所や構造物ごとに慣性力の大きさと強度の関係が異なるため，相対的に強度が不足している構造物から大きな被害が発生する。これは，住宅

69

第Ⅱ部　人間と社会を脅かす事象

などの建築物だけでなく，橋梁，地下鉄，パイプライン，石油タンクなど，多種多様な構造物に共通する現象である。さらに，地下鉄に発生した被害が地表面の陥没を起こして，近隣の構造物に悪影響を及ぼすなど，被害の連鎖や二次災害の発生も問題になる。

［3］ 地震被害の事前予測と対策

　残念ながら，現在の技術力では，将来発生する可能性のある地震の規模，発生位置，発生時期を事前に知ることは不可能である。そこで，発生すれば大規模な地震になり，社会に大きな影響が出るおそれのある地震を想定し（想定地震），対策を検討することになる。具体的には，まず，想定地震による地面の揺れ（想定地震動）を求めて，既存の構造物に生じる被害を予測（耐震診断）し，必要な強度の確保（耐震補強）に努める。一方，今後新たに建設する構造物については，想定地震が実際に起きた場合における損傷の有無や程度を許容範囲内にとどめるように設計（耐震設計）を行う。

　想定地震は，地震が発生するメカニズムに基づいて設定する。岩盤に大きな力が作用しているところでは，過去にも多くの地震が発生しているはずである。今後も大きな力が作用し続けるならば，将来も多くの地震が発生すると予想される。そのため，過去に発生した地震の記録を集めると，将来地震が多く発生するところを推測できる。また，岩盤の強度は地震の大きさにも関係していると考えられるので，過去の地震の大きさを参考にすれば，将来発生すると予想される地震の大きさ（マグニチュード）を推測できる。

　一般に，構造物までの距離が長くなるほど揺れは小さくなる（距離減衰）。そのため，地震のマグニチュードを想定すれば，対策を検討する構造物と地震が発生する位置（震源断層の位置）の距離や，構造物が建設されている地盤の性質（地盤分類）に応じて，地面の揺れの大きさを予測できる。しかし，実際の地震波の伝わり方は極めて複雑であるため，近年では高度な数値解析などを用いて，対象地点の揺れを推測することも多い。

　地面の揺れを想定すると，構造物に作用する慣性力の大きさを求められるため，構造物の強度と比較することによって，地震による被害の有無や程度を推測できる。もし，予測される被害の程度が許容できないならば，構造部材の追

加や断面形状，材質の変更により，構造物の強度を増加させる対策をとる。

［4］ 火山災害の諸相と変遷

火山災害を引き起こす現象には，噴火に起因する噴石の落下や火山灰の堆積，火砕流，溶岩流，火山ガスの放出などがある。火山から噴出した物質は高温であることに加えて，山体から平地に向かって流れ下るため，大きなエネルギーをもつ。この「流れ」が人間の居住地域に及ぶと，火山災害が発生する。

マグマの粘り気（粘性）の違いにより，火山ごとに災害の特徴は異なっている。サラサラしたマグマをもつ火山では，噴火に伴って溶岩流が発生することが多い。一方，粘り気の強いマグマをもつ火山では，爆発的な噴火に伴って大量の火山灰を噴出したり，火砕流を発生させたりする場合がある。九州の阿蘇山などに見られるカルデラは非常に大規模な噴火の跡であり，その噴出物は数百 km 以上離れた地点まで広がっている。

同じ火山でも，時期により異なる噴火様式をとる場合がある。例えば，富士山における864年の貞観噴火では溶岩流が発生したが，1707年の宝永噴火では山腹の火口から大量の火山灰や軽石を爆発的に噴出した。

火山の周辺に堆積した噴出物は不安定であるため，地震や小噴火をきっかけに山体そのものが崩壊して災害が発生する場合もある。1888年に発生した磐梯山の噴火や，1980年に発生したアメリカ・セントヘレンズ山の噴火などがその例である。また，コロンビアのネバドデルルイス火山では，1985年に発生した噴火によって山頂付近の積雪が一気に融解し，大規模な土石流が発生して2万3000人もの人が犠牲になった。

大規模な火山噴火は，上に述べた直接的な火山災害に加えて，地球規模の気候変動の原因になることが知られている。噴火に伴って放出された火山ガスや火山灰は，成層圏に到達して太陽エネルギーが地表に到達するのを妨げる。そのため，地球全体の平均気温が低下し，農作物が不作になって食料不足などの災害を引き起こすのである。1783年のアイスランド・ラキ火山，1815年のインドネシア・タンボラ火山，1991年のフィリピン・ピナツボ火山などの噴火が，その典型的な例である。

第Ⅱ部　人間と社会を脅かす事象

［5］ 火山噴火予知と防災

　火山では，地下からマグマが上昇するのに伴って，噴火前にさまざまな異常
現象が見られる場合が多い。そこで，地震，地殻変動，電磁気変化，熱異常，
火山ガスなどを連続的に観測することにより，噴火の予兆を事前に検知して，
避難などの防災につなげる体制がつくられている。

　気象庁では，全国に110ある活火山のうち50火山で常時観測を行っている。
そのうち38火山では，市町村，気象台，火山専門家などで構成される火山防災
協議会を設置し，平常時から噴火時の避難について検討を行っている。これら
の火山には噴火警戒レベルが導入され，地元の避難計画と一体的に噴火警報や
噴火予報が発表される。

　2000年の有珠山噴火では，「有珠山のホームドクター」として知られた北海
道大学の岡田弘教授（当時）らの活躍もあり，噴火予知に成功して住民の避難
につなげることができた（岡田，2008）。しかし，2014年の御嶽山噴火では，直
前に観測された異常現象の規模が小さかったことなどから予知に失敗し，63人
もの死者・行方不明者を出す戦後最悪の火山災害になった。

3　地盤・土砂災害

［1］ 地盤災害の種類と発生メカニズム

　地盤災害は，平野や埋立地などの平地で発生するものと，丘陵地や山地など
の傾斜地で発生するものに大別できる。例えば，粘土地盤の圧密に伴う地盤沈
下，地下水のくみ上げによる広域地盤沈下や地震に伴う砂地盤の液状化は前者
の代表例であり，地震や降雨に伴う地すべりは後者の代表例である。また，こ
れらの災害とは性質を異にするが，近年しばしば話題になっている放射性廃棄
物を含む産業廃棄物の地中処分や貯蔵に伴う地盤環境問題も，広義の地盤災害
と捉えることができる。

　地盤を構成する土は，固体粒子である土粒子同士が互いに接触することによ
って形成される骨格部分と，空気や水，場合によっては油などで満たされた間
隙部分から構成される。地盤災害は，地震や降雨によって，土粒子の骨格部分
と間隙を満たす水（間隙水）の相互関係が地盤内で変化することによって発生

する。粘土地盤の圧密沈下は，地上に建設される構造物により地盤内の荷重が増加し，間隙水が時間をかけて絞り出されることによって生じる地盤の沈下である。地下水のくみ上げによって地下水で満たされていた間隙部分の体積が減少した場合も，地盤沈下が発生する。一方，液状化は，水で満たされたゆるい砂地盤が地震力の作用によって抵抗力を失い，液体状になる現象である。地震によって地盤が振動すると，間隙水の圧力（間隙水圧）が上昇し，土粒子同士の接触が引き離されるため，土粒子骨格が失われて水中に土粒子が浮遊した状態（泥水状態）になるのである。

　傾斜地においては，地震や降雨が土砂災害を発生させる誘因（トリガー）になる。土砂災害の種類と発生メカニズムについては次項で詳細に述べる。間隙部分を満たす地下水の流動は，地中に埋設された廃棄物から染み出た汚染物質の移流・拡散にも大きな役割を果たす。

［ 2 ］ 土砂災害の種類と発生メカニズム

　土砂災害は，土石流，地すべり，斜面崩壊など，土砂が移動する現象によって引き起こされるさまざまな災害の総称である。土石流は高濃度の石礫を含む流れであり，微細な土砂粒子を含む場合は泥流と呼ばれる。土石流には，降雨に伴って発生した斜面崩壊に起因するものや，流量の増加によって侵食された石や土砂などの河床材料が一気に下流へ押し流されて発生するものがある。土石流の流動特性などの理論的事項は明らかになっているが，発生場所や時刻，規模を個々に予測することは難しい。地すべりや斜面崩壊は，斜面を構成する土や岩の塊が重力により滑り落ちる現象である。一般に，地すべりにおいては，勾配の緩やかな斜面が大規模かつ緩慢に移動することが多く，過去に滑動した地盤が再び地すべりを起こす場合も多くみられる。また，地表部に地すべり地形と呼ばれる特有の地形が発達する。一方，崖崩れなどの斜面崩壊においては，山腹にある勾配の急な斜面が豪雨や地震に伴って比較的小規模かつ集中的に崩壊する。斜面崩壊は降雨中あるいは降雨終了後の比較的短い時間内に発生するが，地すべりは降雨終了後も長時間にわたって継続することが多く，雨水が浸透する挙動だけでなく，地下水の長期的な流動を把握しておく必要がある。

　斜面上にある土や岩の塊は，地震によって一時的な外力が作用したり，降雨

第Ⅱ部　人間と社会を脅かす事象

に伴う雨水の浸透によって重量が増加したりすると，重力によって斜面下方に移動しようとする力（滑動力）をより強く受けるようになる。一方，地震に伴う鉛直動によって垂直応力が減少したり，雨水浸透によって間隙水圧が上昇して土粒子の骨格部分に作用する実質的な力（有効応力）が低下したりすると，土や岩の塊と斜面の不動層の間にある「すべり面」の摩擦抵抗力が減少する。さらに，土や岩の塊の滑動力が，すべり面の摩擦抵抗力より大きくなると，地すべりや斜面崩壊が発生するのである。

　2009年8月に台湾の小林村で発生した大規模な地すべりを契機に，深層崩壊に注目が集まっている。斜面表層の風化・堆積物が崩壊する表層崩壊とは異なり，深層崩壊はより深部の基盤層である岩盤も巻き込んで大規模に崩壊する現象である。表層崩壊は短時間に多量の雨が降った場合に発生することが多いのに対して，深層崩壊は累積雨量が400～500 mm 程度に達するなど長時間の雨量が多い場合に発生する。2011年9月の紀伊半島豪雨では，奈良県と和歌山県の広い範囲で深層崩壊が発生し，甚大な被害が発生した。

　3　地盤・土砂災害による被害の諸相

　地盤災害や土砂災害によって引き起こされる主な被害としては，つぎのようなものがあげられる。地盤沈下が発生すると，構造物が傾斜したり，周辺との段差が発生したりするほか，洪水のリスクも増大する。液状化が発生すると，構造物が沈下や傾斜を起こしたり，地中構造物が浮き上がったりするなどの被害が発生する。また，堤防の沈下や堤体の側方への流動が発生する場合もある。地すべりは人命・財産の喪失や，家屋の破壊などをもたらす。

　近年，地震に伴って液状化と津波が同時に発生したり，豪雨に伴って地すべりと洪水が連続的に発生したりする複合災害に注目が集まっている。2011年3月の東日本大震災では，地震に伴う砂地盤の液状化によって防潮堤などの海岸構造物や河川堤防が本来の機能を失ったところに津波が襲来し，甚大な被害が発生した。また，2011年9月の紀伊半島豪雨では，大規模な地すべりに伴って河川が閉塞されることによって天然ダムが形成され，その決壊により下流域において大規模な洪水が発生する危険性が高まった。

第6章　自然災害

［4］地盤・土砂災害の防止対策および計測・モニタリング

　地盤災害や土砂災害を防止する対策には，ハード対策とソフト対策がある。土石流や地すべりに対するハード対策としては，不安定な斜面の崩落を防止したり，土塊の移動を抑制したりすることを目的として，発生域に土留め工を設置することや，土石流を停止させたり，土石流のエネルギーを抑制したりするために，流下域に砂防ダムを設置することなどがあげられる。一方，ソフト対策としては，土砂災害の発生が予想される地域における宅地開発を制限する法令（例えば，土砂災害防止法）を整備すること，土石流や地すべり，斜面崩壊の発生する危険がある地域を図示した土砂災害ハザードマップを事前に作成して住民に周知すること，土砂災害警戒情報を発表して住民に早期警戒・避難を呼びかけることなどがあげられる。これまで積極的に実施されたハード対策は，地盤災害や土砂災害の減少に大きく貢献している。しかし，経済の縮小に伴って公共事業に対する投資余力が減少しているため，近年ではソフト対策に軸足が移りつつある。もちろん，ソフト対策のみでこれらの災害を防ぐことはできない。とくに，地球温暖化に起因すると言われる極端な気象現象に対しては，ハード対策とソフト対策をバランスよく組み合わせた，より効率的かつ効果的な対策が必要になる。なお，地盤の液状化に対しては，上昇した間隙水圧を早く消散させる，地下水位を低下させる，地盤を強固なものに改良するなどの原理に基づいて，さまざまな対策工法が提案され実施されている。

　土石流や地すべり，斜面崩壊などの土砂移動に関する計測やモニタリングは，斜面の状態を把握するとともに，土砂災害を予測して，早期警戒・避難に結びつける上で極めて重要である。具体的には，移動する土塊の変位や変形量を測る方法と，斜面内の土中水分量や間隙水圧などの地下水に関わる物理量を測る方法に大別される。計測・モニタリングの方法は数多く提案されているが，どこで何を計測・モニタリングをすれば最もよいかについては現在もなお決め手はない。そのため，計測・モニタリングデータを継続的に収集・分析することによって，管理基準値の設定など，残された課題を解決する必要がある。

第Ⅱ部　人間と社会を脅かす事象

4　水災害

1　メカニズム

　津波や高潮，洪水などを総称して水災害という。水災害はいずれも巨大なエネルギーを有した大量の水塊が運動する自然現象であるが，発生のメカニズムはそれぞれ異なる特徴をもつ。津波は，海面の急激な隆起や沈降が，重力を復元力として伝播する現象である。地すべりや火山噴火などが津波を引き起こす場合もあるが，津波の約9割は地震が原因である。高潮は，台風などの熱帯低気圧が発達したとき，気圧の低下による海面の吸い上げ効果と，海岸へ向かって吹く強風による海水の吹き寄せ効果に伴って発生する。洪水は，台風や前線の活動に伴う大量の降水が河川に集中し，水位が急激に上昇して市街地などへ氾濫する現象である。

　水塊は鉛直方向よりも水平方向に卓越して運動するため，どの水災害も，発生後は水深に比べて波長が長い（洪水の場合は浸水深に比べて浸水域が広い）波動現象と見なすことができる。とくに，波長が水深の25倍以上である場合は長波に分類され，支配方程式（現象を支配する物理法則を記述した方程式）は以下のように記述できる。

$$\frac{\partial \eta}{\partial t} + \frac{\partial M}{\partial x} + \frac{\partial N}{\partial y} = 0 \quad \cdots\cdots (1)$$

$$\frac{\partial M}{\partial t} + \frac{\partial}{\partial x}\left(\frac{M^2}{D}\right) + \frac{\partial}{\partial y}\left(\frac{MN}{D}\right) + gD\frac{\partial \eta}{\partial x} + \frac{gn^2}{D^{7/3}} M\sqrt{M^2+N^2} = 0$$
$$\cdots\cdots (2)$$

$$\frac{\partial N}{\partial t} + \frac{\partial}{\partial x}\left(\frac{MN}{D}\right) + \frac{\partial}{\partial y}\left(\frac{N^2}{D}\right) + gD\frac{\partial \eta}{\partial y} + \frac{gn^2}{D^{7/3}} N\sqrt{M^2+N^2} = 0$$
$$\cdots\cdots (3)$$

ここで，η は水位，M と N はそれぞれ x 方向および y 方向の流量フラックス（水平方向の流れの強さを表す量），D は全水深（水深と水位の和，洪水では浸水深），g は重力加速度，n は Manning の粗度係数（底面での摩擦の大きさを表す量）である。

　式(1)において，第1項は水位の時間変化，第2項と第3項は流量フラック

スの空間変化を表す。式（1）は質量保存則から導かれる連続の式であり，流れが空間的に変化した結果，水位が上昇または下降することを示している。一方，式（2）と（3）において，第1項は流量フラックスの時間変化，第2項と第3項は流れに沿った流量フラックスの空間変化，第4項は圧力の空間変化，第5項は底面摩擦の大きさを表す。式（2）と（3）は運動量保存則から導かれる水平方向の運動方程式であり，流れや圧力の空間的な差により流れは変化し，底面摩擦が大きいほど流れは減衰することを示している。

　式（1）～（3）をコンピュータで計算することにより，水災害のシミュレーションを行うことができる。実際，国や地方公共団体の被害推定やハザードマップは，支配方程式（1）～（3）をもとに作成されている。なお，変数同士の乗除を含むことからもわかるように，式（1）～（3）は非線形長波理論に基づいており，深海から陸上までに適用できる汎用的なモデルである。しかし，津波警報を発表する場合は海岸へ到達する津波のみを知ればよく，極浅海域や陸上における津波の挙動は不要であるため，非線形項を取り除いた式が用いられる。

［ 2 ］ 被害の諸相

　津波は発生場所により被害形態が異なる。一般に，東北地方太平洋沖地震津波（以下，東北津波という）のように近距離で発生した津波を近地津波，1960年チリ津波のように地震動が感じられないほど遠距離で発生した津波を遠地津波と言い，両津波は防災上区別される。近地津波では，数分から数時間で高い津波が沿岸部に来襲するため，人的被害が大きくなる。一方，太平洋を伝播してくる遠地津波では，波長の長い津波が広域に来襲し，漁業被害などが大きくなる。沿岸の地形によっても，津波の被害は異なる。リアス海岸では，海岸線が複雑に入り込んでいるため津波は局所的に増幅されるが，背後が急峻なため浸水範囲は海岸部に限定されやすい。平野部では，海岸線が単純なため津波はあまり増幅されないが，低平地が広がっているため内陸部まで浸水する。例えば東北津波では，津波が高かった岩手県よりも，福島県の方が浸水範囲は広く，倒壊した建物も多い。河川は津波を減衰させる抵抗や摩擦が少ないため，上流域まで津波が遡上して，普段は津波を意識していない市民にも被害を与える場合がある。

第Ⅱ部　人間と社会を脅かす事象

　高潮では，台風の進路と地形の関係により，被害の大きさが異なる。台風の
まわりでは，反時計回りに強い風が吹くため，台風の進行方向右側において風
向きと進行方向が一致して，吹き寄せ効果が大きくなる。また，日本付近にお
いて台風は一般に南西から北東に進む。よって，南側に開いた湾には風が吹き
込みやすいため，高潮が大きくなる。例えば，1949年キティ台風では東京湾に
おいて，1959年伊勢湾台風では伊勢湾において，1961年第二室戸台風では大阪
湾などにおいて，これらの効果により大きな浸水被害が発生した。地球温暖化
に伴い，台風の発生原因である大気の上昇流は弱くなるため，台風の発生数は
減少すると予想される。しかし，台風のエネルギー源である暖かい水蒸気は増
えるため，発生した台風の規模と強さは増大する危険性が高い。

　地球温暖化による台風の強大化は降水量を増加させるため，洪水の危険性も
高まる。河川からの越流や破堤によって市街地などが浸水することを外水氾濫，
降った雨そのものを排水できずに市街地などが浸水することを内水氾濫という。
外水氾濫の主な原因は，上流域に降った雨である。よって，市街地では小雨で
あっても，氾濫が始まったり，続いたりすることがある。外水氾濫では急激に
浸水深が増大するため，速やかに避難することが重要である。しかし，避難を
しなかったり，浸水が始まってから避難したりすることにより，人的被害が発
生しやすい。また，近年，都市部では内水氾濫が増加している。内水氾濫では，
浸水深の変化が比較的ゆっくりであるため人的被害は少ないが，都市部が広域
に浸水して経済的被害が大きくなりやすい。

　3 　被害軽減

　水災害の対策は，まず発生する外力を想定し，それによる被害を推定するこ
とから始まる。つぎに，これらを基礎データとして，ハードウェア対策とソフ
トウェア対策を実施する。それぞれの水災害では共通する対策も多く，東北津
波は高潮や洪水への対策にも影響を与えているため，以下では津波への対策を
中心に説明する。

　ハードウェア対策は，防潮堤や河川堤防，水門などの構造物を建設すること
により，居住地への浸水を防ぐことを目的としている。構造物を作成するには
設計外力を求めなければならないが，東北津波以前は既往最大を用いていた。

78

巨大外力が周期的に発生するという考え方自体は妥当であるが，その前提になるのは，人間が既往最大を知っているということである。しかし，東北津波が示したのは，人間が有する限られた歴史記録のみでは既往最大を知ることができないという事実である。実際，私たちは既往最大を知っていると勘違いしていたことが，想定を超える大きな被害を発生させる要因になった。この教訓を生かすため，東北津波以降は，私たちがデータを多く持っている発生頻度の高い津波をレベル1津波，発生したかどうかは不明であっても物理的に発生する可能性がある最大規模の津波をレベル2津波とする2段階の想定が導入された。レベル1では市民の生命と財産を守ることを目的としてハードウェア対策を実施し，レベル2では市民の生命を守ることを目的としてソフトウェア対策も併せて実施する。

東北津波以前の被害推定は浸水被害，すなわち，水の挙動が中心であった。しかし，東北津波は，建物倒壊，漂流物，災害がれき，砂移動による地形変化など，津波の被災形態が多岐にわたることをあらためて示した。そのため，浸水被害に付随するこれらの現象についても評価が行われ始めている。

ソフトウェア対策は，ハザードマップの整備や避難訓練などの防災教育を実施することにより，市民に災害リスクを正しく伝え，発災時の適切な行動を促すことを目的としている。とくに，水災害では避難が重要になるため，東北津波で効果のあった二線堤（高盛土道路）や沿岸防備林，一時避難を支援する避難ビルや命山，粘り強さをもたせた防潮堤などのハードウェア対策も同時に進められている。東北津波では，避難行動に不可欠な津波警報が過小評価であったため，被害を拡大する要因になった。そこで，東北津波以降は，モニタリングの強化や新たな数値モデルの導入が進められている。

引用・参考文献

岡田弘（2008）『有珠山 火の山とともに』北海道新聞社。

北原糸子・松浦律子・木村玲欧編（2012）『日本歴史災害事典』吉川弘文館。

京都大学防災研究所監修，寶馨・戸田圭一・橋本学編（2011）『自然災害と防災の事典』丸善出版。

地盤工学会（2008）『入門シリーズ35 地盤・耐震工学入門』丸善。

第Ⅱ部　人間と社会を脅かす事象

山中浩明編著（2006）『地震の揺れを科学する　みえてきた強震動の姿』東京大学出版会。

Christian, D., Brown, C. and Benjamin, C.（2013）*Big History: Between Nothing and Everything*, McGraw-Hill Education.（クリスチャン，D.・ブラウン，C.・ベンジャミン，C.／長沼毅監修，石井克也・竹田純子・中川泉訳，2016，『ビッグヒストリー』明石書店）

さらに学ぶための基本図書

池谷浩（2014）『土砂災害から命を守る』五月書房。

井出哲（2017）『絵でわかる地震の科学』講談社。

河田惠昭（2010）『津波災害——減災社会を築く』岩波新書。

大成建設(株)土木設計部編（2009）『考え方がよくわかる設計実務3　耐震設計の基本』インデックス出版。

東京大学地震研究所監修，藤井敏嗣・纐纈一起編（2008）『地震・津波と火山の事典』丸善出版。

土木学会津波研究小委員会（2009）『津波から生き残る——その時までに知ってほしいこと』土木学会。

三隅良平（2014）『気象災害を科学する』ベレ出版。

第7章	社会災害

　　この章では，社会災害とその被害の実相について概説する。まず，第1節では，インフラの老朽化に伴う事故とその防止の課題，現代を代表する工業製品である航空機の事故の特徴と傾向，現代社会において死傷者の多さという点で最も深刻な社会災害である自動車事故の特質，そして薬害と医療の安全について述べる。次の第2節では，事故の分析や調査を行う際に，最も重要なファクターであるヒューマンエラーについて考察する。最後に，第3節では，主な社会災害とその対策の歴史が概観される。

Keyword ▶ インフラの老朽化と維持管理，自動車事故，交通戦争，薬害，
　　　　　ヒューマンエラー，Safety-Ⅰ，Safety-Ⅱ

1　社会災害と被害の諸相

1　インフラ事故

　インフラは，インフラストラクチャー（Infrastructure）の略語であり，「社会基盤」と訳されることが多い。具体的には，道路や鉄道，送電網や通信網，港湾，ダム，上下水道，学校，病院，公園，公営住宅など，産業や社会生活の基盤になる施設のことをいう。2012年12月に発生した中央自動車道笹子トンネルの天井板崩落事故は，死者9名に上る大惨事になった。この事故を契機として，トンネルや橋，上下水道などの社会資本（社会インフラ）の老朽化に対する社会の関心が大きく高まった。

　一般に，インフラの耐用年数は50年と言われているため，1960年代の高度経済成長期に建設されて50年以上を経過した社会インフラの維持・補修・更新が，日本全体で喫緊の課題になっている。『国土交通白書』によると，建設後50年

第Ⅱ部　人間と社会を脅かす事象

以上経過する社会資本の割合は，20年後の2033年には道路橋の約67％，トンネルの約50％，下水道暗渠の約24％，港湾岸壁の約58％に及び，2013年度に約3.6兆円を要した維持管理・更新の費用は，2033年には4.6〜5.5兆円に膨らむと推定されている（国土交通省，2014，28頁）。

　1930年代に実施されたニューディール政策のもとで日本より早期にインフラが整備されたアメリカでは，すでに1980年代にインフラの老朽化が深刻になっていた。1981年には，パット・チョートとスーザン・ウォルター（Pat Choate & Susan Walter）が，『荒廃するアメリカ』（*America in Ruins*）の中で，老朽化したインフラが引き起こす事故に警鐘を鳴らしている。

　日本では，社会インフラの大部分を地方公共団体が管理している。例えば，全国にある約73万の橋梁のうち，7割以上にあたる約52万橋が市町村道にあり，2025年の時点で建設後50年以上になる橋梁が44％を占めている（国土交通省，2015）。下水道管路に起因する道路陥没も，年間約4000件程度発生している。管渠延長100 km あたりに換算すると，年間約1.0件の道路陥没が発生していることになる（国土技術政策総合研究所，2012）。このように，地方公共団体は，社会インフラの維持管理・更新に重要な役割を担っているが，現在の維持管理体制は十分であるとは言えず，人員や技術力の不足は否めない。また，社会インフラの維持管理・更新にかけられる予算も逼迫しているのが現状である。笹子トンネル事故以降，インフラ管理者の瑕疵責任が問われるようになり，「人員がいない」「予算がない」という理由で維持管理を行わずに済ますことはできなくなっている。地方公共団体においても，社会インフラの維持管理体制の強化や技術者の確保と育成が急務になっている。

　社会インフラは，防災・減災対策やナショナル・レジリエンスの重要な柱であるため，災害時にも安全で，施設の機能を維持できるように必要な対策を行うことは喫緊の課題である。地域のニーズや時代の要請に即して社会インフラを適切に維持管理・更新していくためには，将来の劣化予測に基づいて予防的に保全を行うなど，総合的かつ戦略的な中・長期の維持管理計画に基づいて，効率的かつ効果的に施設の経営管理（アセットマネジメント）を行う必要がある。また，財政の逼迫や技術者の不足という状況のなかで，社会インフラの老朽化に適切に対処していくためには，インフラを効率的に維持管理できる新しい技

第7章　社会災害

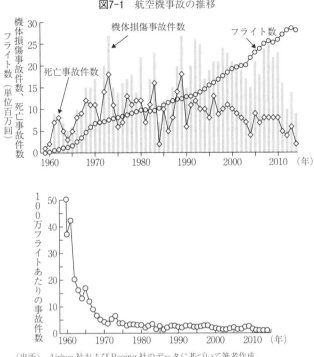

図7-1　航空機事故の推移

（出所）Airbus 社および Boeing 社のデータに基づいて筆者作成。

術の開発と活用を推進する必要がある。

2　工業製品に関わる事故の様相

　一口に工業製品と言っても，その大きさや用途は多岐にわたる。一般家庭用の湯沸器やエアコンはもちろん，工場で使用する旋盤などの工作機械，工場で組み立てられる自動車，鉄道車両，船舶，航空機などの輸送機器，発電用の原子炉やボイラー，タービンなどの大型装置，さらには，石油製品を生産する化学プラントなども工業製品に含まれる。以下では，最近50年余りの間で技術の進歩が極めて顕著であり，その製品が関係する事故について信頼できる統計データが得られる航空機を例に，工業製品に関わる事故の推移について説明する。

　図7-1に，過去55年間にわたる商用航空機のフライト数と事故件数の変化を

83

第Ⅱ部　人間と社会を脅かす事象

示す。図7-1の上のグラフからわかるように，1960年頃にはかなり少なかった
フライト数は，その後の経済発展や航空運賃の相対的な低下などを背景に，現
在までほぼ直線的に増加している。それに伴って，事故件数も1970年頃にかけ
て大幅に増加したが，その後は多少の変動はあるものの，概ね年間10〜25件の
範囲で推移している。一方，図7-1の下のグラフからわかるように，100万フラ
イトあたりの事故件数は，航空機の性能や運航管制システムが未熟であった
1960年頃には年間50件を数えた。しかし，1970年頃までに年間5件程度に急減
し，その後は非常に緩やかではあるものの，減少傾向を維持している。

　多数の事故を経験する中で，機体メーカや航空会社は多くの問題点を克服し
つつ，航空機の製造技術や運航管理システムを発展させてきた。なかでも，信
頼性の向上に大きく寄与したのは，コンピュータの導入である。それでもなお，
機器の老朽化やヒューマンファクターの問題は厳然として存在するため，事故
件数が0になることはない。こうした傾向は，航空機のみならず，工業製品が
関わる事故全体に共通する特徴である。

3　自動車事故

　わが国では，第二次世界大戦後の高度経済成長期に乗用車が普及したことに
伴って，自動車の保有台数が激増した。一方，歩道や信号機などのインフラ整
備や法令違反の取り締まりが十分に行われなかったために自動車事故が増加し，
1970年には自動車事故による死者数が1万6765人にのぼった（第一次交通戦争）。
当時の犠牲者の多くは，歩行者，とくに幼児と児童であった。

　陸上・海上・航空の各分野にわたって計画的かつ総合的な安全対策を推進す
るため，1970年に交通安全対策基本法が制定された。同法の施行を契機に，歩
行者や自転車利用者を保護することを目的として，歩道・横断歩道橋・ガード
レールなどのインフラ整備が進められた。さらに，交通安全教育が推進され，
交通安全運動の充実も図られたため，自動車事故発生件数や事故による負傷者
数，死者数はいったん減少した。

　その後も，自動車は社会にますます普及していくが，法令違反を取り締まる
警察官の増員や安全施設などの交通インフラの整備に要する予算が十分に確保
できなかったため，1980年には自動車事故による死者数が再び増加に転じた。

とくに，1988年から1995年にかけては，死者数が毎年1万人を超える状態で推移する（第二次交通戦争）。この時期は，若年運転者の事故が急増し，死者のなかで自動車乗車中の人の割合が最も高くなったことも大きな特徴の一つである。

1996年になると，自動車事故による死者数は1万人を下回り，減少傾向になる。この時期から2004年頃にかけては，自動車交通量の増大を背景に，事故の発生件数と負傷者数はいずれも増加している。しかし，衝突安全技術の開発，エアバッグ，アンチロック・ブレーキ・システムの普及などにより車両の安全対策が向上するとともに，一般道における前席のシートベルトの着用義務化（1992年），チャイルドシートの使用義務化（2000年）などの法規制の強化によって死亡事故の件数が減少したため，事故件数は増えたが死者数は減少した。その後も，飲酒運転に対する罰則強化や危険運転致死傷罪の新設（2001年）など規制が強化されるとともに，自動車安全技術の改良などが継続して推進された結果，2004年以降，自動車事故の発生件数，負傷者数，死者数はいずれも減少傾向を示している。

しかしながら，高齢化社会の急速な進展に伴って，2010年頃からは自動車事故による死者の半分以上を65歳以上の高齢者が占めるようになった。今後も，高齢者の割合が一層増加することによって，自動車事故の発生傾向に影響が出ることはほぼ間違いないため，さらなる事故防止対策を推進する必要がある。

ところで，自動車が実用的な道具として用いられるようになったのは，20世紀前半以降である。当時から，事故はいうまでもなく，交通マナーや騒音などが社会的問題として認識され，問題解決の取り組みも行われてきた。安全性を含めた車両性能の向上，道路交通システムに関わるインフラの整備と技術開発，交通ルールなどの法的整備と運用，運転者をはじめとする交通参加者に対する訓練や教育など，その内容は多岐にわたる。

近年は，各種センサーやカメラ技術の進展に伴って，被害低減ブレーキなどの自動車安全技術の開発と普及が進み，ITS（高度道路交通システム）に代表される情報・通信技術を併用することによって，運転者の操作に依存しない「自動運転」も現実のものになりつつある。しかし，運転支援装置が作動するには一定の条件が満たされる必要があることや，装置の支援による運転中に事故が発生した場合には責任の所在が明確でないことなど，多くの課題が残されてい

第Ⅱ部　人間と社会を脅かす事象

る。

⎡4⎤　薬害と医療の安全

　人間の歴史において，薬は古代から病気の治療手段として用いられてきた。とくに20世紀以降，化学や医学の発達を背景に，工業製品として生産された医薬品が大量に使用されるようになった。医薬品は多くの人間の命を救ってきたが，一方で，いわゆる薬害も発生させてきた。

　一般語としての薬害は，文字通り「薬による被害」を指す広い意味の言葉であるが，医学・薬学の領域では「医薬品の有害な副作用による被害」という狭い意味で用いる。ただし，医薬品の有害な副作用によって発生した被害をすべて薬害と呼ぶわけではない。これには，医薬品の特殊な用い方が深く関係している。

　医薬品は，治療効果を期待すると同時に，人体に不都合な副作用が現れる可能性のある製品として取り扱うことを原則としている。人体は極めて複雑な仕組みをもつため，それは期待する効果（主作用）のほかに，多くの副作用をもつのが一般的である。副作用の中には，人体に有益な作用もあれば有害な作用もある。医薬品は，目的とする効果と，それに伴って発生する副作用，とくに，有害な副作用の双方について十分に理解した上で，必要な量と使用するタイミングを慎重に判断して用いるべき製品である。したがって，投薬ミスなどによる被害は，薬害ではなく医療事故として扱われる。一方，医薬品の有害作用を発見する努力を怠った場合や，発見した有害作用を隠したり誤魔化したりすることによって，対応を大幅に遅らせたために被害が拡大・重篤化した場合なども薬害と言う。日本におけるこれまでの主な薬害を**図7-2**に示しておく。

　ところで，医薬品の品質は生命の安全に直結するため，現代の医薬品工業分野では，適正研究規範（GLP），適正製造規範（GMP），適正臨床研究規範（GCP）などを整備して，他の工業製品には例をみない厳しい基準に基づいた質の高い安全性評価制度を構築している。しかし，医薬品の安全性評価には専門的知識が必要であるため，研究活動などに製薬企業が直接，間接に関与する機会も多く，医療施設や医学研究機関，学術団体などとの間で利益相反問題を起こしやすい。そのため，専門的判断が歪められて不公正な評価が行われている

86

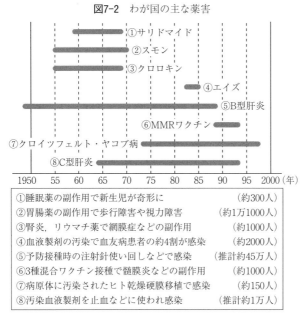

のではないかという社会的不安や不信が広がると，混乱を招きかねないという問題を抱えている。

　2012年に社会問題化したディオバン事件は，その典型的な例である。この事件では，製薬会社の社員が自社の新薬の臨床研究に関与し，不公正にねつ造したデータを医師とともに論文として発表した。結果として，その新薬は競合する医薬品の中から抜け出してブロックバスター（1剤で1000億円以上を稼ぎ出す新薬を指す業界用語）になり，莫大な利益上げたというものである。

　医療分野では，薬害はもとより，医療機器の安全問題や，公正公平な医薬品商取引に係る安全問題など，新たな課題への対応が迫られている。さらに，2014年6月に改正された医療法に規定され，2015年10月1日に実施された医療事故調査制度も，まだ緒についたばかりである。これらの問題への対応は，市民の安全・安心を考える上で，従来の問題に勝るとも劣らぬ重要な問題になっ

第Ⅱ部　人間と社会を脅かす事象

てきている。

2　ヒューマンエラーと事故

［1］ハザードとしてのヒューマンエラー

　人間は，与えられた情報が不十分な場合や，未知の条件，未経験の状況のもとでも，過去の経験や知識を用いて柔軟に課題の遂行や問題の解決にあたることができる。しかし，何らかの課題を継続的に遂行しなければならない場合には，どれほど真摯に取り組もうとしても，長時間にわたって間違えることなく正確に作業を実行し続けることは不可能である。一方，機械は，設計・仕様に適合した課題であれば，複雑で負荷のかかる作業であっても，長時間にわたって寸分違わず正確に実行し続けることができる。しかし，必要な情報が不足している場合や，設計・仕様とは異なる要求がなされた場合は課題を遂行できない。また，想定外の状況が発生すれば，作業を中断せざるを得なくなる。

　人間は，さまざまな状況に対して柔軟に対応でき，また，冗長な行動をとることができる。つまり，機械と比較すると，人間は柔軟性・冗長性・多様性という特性をもつ。一方，機械に対して状況に応じた柔軟な判断を求めても，対応できる範囲には一定の技術的限界があるため，それは不可能である。ただし，最近の人工知能技術の発展に伴って，人間と同様の柔軟性・冗長性・多様性をもつ機械が徐々に実現しつつあることも事実である。

　人間は機械に信頼性・正確性・反復性という特性を要求し，科学技術を用いてこれを実現してきた。正しい仕様のもとで設計，組立を行い，適切にメンテナンスを実施すれば，機械は高い信頼性をもって与えられた課題を正確に遂行し続けることができる。人間においても，いわゆる職人技のように機械をはるかに凌ぐ能力が発揮される事例も例外的には存在する。しかし，人間の能力には質的にも量的にも限界があり，正確な作業を繰り返し実行することを求めても，多くの場合何らかの変動が伴う。

　産業革命以降，人間は自らに備わっていない特性を補うために機械を開発・利用し，多種多様な技術を発展させてきた。技術の発展は，人々の暮らしを快適かつ効率的にすることに貢献している。人間と機械が，それぞれのもつ特性

第7章　社会災害

を補完するだけで十分である間は，大きな問題は起きなかった。しかし，効率化と生産性に対する社会的要求がこれまでにないほど高まり，人間固有の特性を備えた人工知能まで登場するようになると，人間に対しても機械と同等，あるいは，それ以上の信頼性・正確性・反復性を求める風潮が強まってきた。

　科学技術の進歩は，人間による問題解決を支援する手法の開発・改善や，課題遂行能力を向上するための教育・訓練にも向けられている。しかし，人間のもつ特性は，人類の誕生以来，それほど大きくは変化していない。それゆえ，要求された課題の難易度が人間の限界を超えるものであったり，与えられた課題に対して人間の能力が不十分あるいは不適切であったりすれば，インシデントや事故の発生する可能性が高まる。ヒューマンエラーという概念は，人間の能力不足や不適切な対応により与えられた課題を完遂できないことを人間の過誤と見なすことに由来している。

　2　ヒューマンエラーと事故

　人間は「誰でも何らかの間違いをする」ことは広く認識されている。実際，「不注意」や「ど忘れ」などは誰にでも起こりうる現象であり，人間である限りこれらの現象をなくすことは不可能である。

　科学技術の高度化・複雑化は，人間に対してその能力を超えるような高い水準の作業を要求するようになり，些細な過ちが前例のない大事故やトラブルに発展する事例も少なからず発生するようになった。人間が犯す過誤は，社会に対して質的にも量的にも大きな影響を及ぼす場合があることで注目を集めるようになり，ヒューマンエラーという用語で表されるようなった。それと同時に，「ヒューマンエラーを排除すれば事故やトラブルの再発を防止できる」という考え方が，次第に広まってきた。

　以前から，事業場の一角に「安全第一」という標語を掲げる企業は多い。最近では，その隣に「ヒューマンエラー撲滅」という標語が並ぶことも少なくない。ヒューマンエラーをなくそうという取り組みは1980年代から継続的に行われており，すでに相当の労力が費やされている。しかし，これまでにヒューマンエラーの撲滅に成功した事例はなく，以下に述べるように，今後も成功することは期待できない。

89

第Ⅱ部　人間と社会を脅かす事象

　「ヒューマンエラー撲滅」という目標を掲げるのは，ヒューマンエラーがインシデントや事故の原因であり，原因であるヒューマンエラーを排除すれば結果としての事故も防止できると考えられているからである。しかし，人間の「不注意」や「ど忘れ」などがヒューマンエラーであるとするならば，ヒューマンエラーは決して撲滅できない。なぜなら，これらの現象は，生物体としての人間がもつ仕様の一部であり，人間の仕様を変更しない限りなくすことはできないからである。さらに，ヒューマンエラーが事故の原因であるという考え方に立つのであれば，事故の当事者にヒューマンエラーが見出されれば事故の原因は解明できたことになり，それ以上の追及は行われない。したがって，原因を排除することはできなくなり，事故はなくならないことになる。

　「ヒューマンエラー撲滅」の取り組みが事故防止につながらないことが明らかになる中で，近年は，ヒューマンエラーを結果と考え，背後に存在する真の原因を明らかにして事故防止対策を検討する方向に移行しつつある。しかし，ヒューマンエラーが事故の原因であるという考え方が先に一般化した影響により，今なお「ヒューマンエラー撲滅」を目標に掲げて，多大な労力を費やしている取り組み例も少なくない。

［ 3 ］ ヒューマンエラーと事故防止

　安全行動学を研究する臼井伸之介は，「同じ形態の行動であっても，システムが許容する範囲によっては，結果的にヒューマンエラーになる場合もならない場合もある」としている（臼井，1995）。さらに，臼井は，「ある行動をそこでの外部環境や状況に求められる基準と照合し，許容範囲から外れていた場合に命名される結果としての名称」がヒューマンエラーであり，「何も特別で異常な性質を持った行動を意味しているわけではない」と主張している（臼井，2000）。また，航空・宇宙医学者の黒田勲は，ヒューマンエラーを「達成しようとした目標から，意図せずに逸脱することになった，期待に反した人間の行動」と定義している（黒田，2001）。これらはいずれも，ヒューマンエラーが結果であるという観点に基づいており，ヒューマンエラーは「意図せずに逸脱した結果」「許容範囲から逸脱した結果」あるいは「期待に反した結果」であると整理できる。

90

第7章　社会災害

　これらの考え方に基づけば，「行為者の当時の意図や行動の目標は何であったのか」「当時の外部環境や状況において行動の許容範囲はどの程度であったのか」「期待されていた結果と実際の行動の結果にはどの程度の開き（ズレ）があったのか」を分析して初めて，何をヒューマンエラーと捉えるべきかが決まることになる。さらに，一連の行動のどの時点，どのレベルを対象とするかによって，ヒューマンエラーと解釈する行動は異なるものになるため，取るべき対策の内容も変化することになる。

　デッカー（S. Dekker）は，ヒューマンエラーの問題を解決するには，当事者の行動が外部環境や期待されていた結果とどのような系統的つながりをもっていたかを把握することが第1であり，当事者の判断や行動に内在する局所的合理性を彼らの立場で理解することが重要であるとしている（デッカー，2010）。ヒューマンエラーを理解しようとする場合はもちろん，事故原因を探ろうとする場合や，事故防止を図ろうとする際には，局所的合理性を念頭におく必要がある。さらに，人間の特性を踏まえつつ，要求される課題の内容や難易度の妥当性を判断する能力，エラー・パターンを理解して発生するエラーを的確に検出できる能力，システム全体の防護の強化・拡張・改善に継続的に取り組む仕組みが必要である。

3　主な社会災害とその対策の歴史

1　社会災害・事故の歴史的推移
　人間は，自然との間で物質代謝を行う。その過程は，①自然に働きかけて資源を得る，②獲得した資源に労働を加えて人工物にする，③資源や人工物を消費しつつ生活する，④消費し尽くした資源や人工物を廃棄して自然に戻す，という四つの段階に整理できる。一連の過程は，生命の維持に必要な資源や人工物を "goods"（財）として獲得し，消費することを目的としている。しかし，その過程で思わぬ "bads"（悪い財）が発生することも少なくない。社会災害を最も広くとらえると，物質代謝の過程で生じる bads とみなすことができる。例えば，産業災害は①および②の過程で発生する bads であり，製品事故，装置事故，インフラ事故等は③の過程で発生する bads である。また，環境破壊は

91

第Ⅱ部　人間と社会を脅かす事象

①～④のすべての段階で発生し得る bads である。

　現代社会における産業災害は，被害の現れ方によって２種類に分けられる。一つは悪影響が産業の現場にとどまる災害であり，もう一つは悪影響が地域や社会にまで広がる災害である。以下では，歴史的推移をみながら，その様相を概観してみよう。

　鉱山や工場，建設現場での事故等のように，被害が産業現場だけにとどまる産業災害において，人的被害は労働災害として扱われる。炭鉱を含む鉱山では，爆発・火災のほか，落盤，出水等に伴う大小の事故が繰り返されてきた。わが国における戦後最大の炭鉱事故は，死者458人，負傷者555人を数えた1963年の三井三池炭鉱における坑内爆発である。この事故では，839人が一酸化炭素中毒になり，その大半に後遺症が残った。その後も，多くの大事故が発生している。

　工場においても大きな被害を伴う火災や爆発があった。1892年大阪紡績工場火災（死者85人）や，1905年東京砲兵工廠爆発（死者26人）などである。しかし，その後はさほど大きな人的被害は発生していない。1970年の三菱重工長崎造船所ボイラー爆発事故（50トンものタービンローターが破裂，死者４人，重軽傷者54人）は例外的である。

　製造業における労働災害は日常作業中の事故が中心であるが，事故の絶対数は1960年前後をピークに年々減少している。だが近年は，被害の発現が遅れる事故への注意も必要である。労働現場には多様な化学物質が存在し，危険物と認識せずに被曝すれば後々重篤な症状をもたらす。印刷労働者の胆管がん発症は最近のことだが，過去にもベンジン中毒や塩ビモノマーの発がん性等が問題になった。アスベストによる健康被害は古くから知られているが，一般に注目されるようになったのは比較的最近のことである。

　被害が地域や社会にまで広がる産業災害には，事故が原因になる場合と，日々の操業そのものが原因になる場合がある。前者の典型事例は，1984年にインドのボパールで発生したユニオンカーバイド社の農薬工場における事故である。この事故では，有毒ガスが工場から５マイルの一帯に漏出して，翌日には死者が2000人以上，負傷者が30万人に達した。壊滅的被害を受けた地域では，その後も死者が増え，健康被害は今なお続いている。一方，後者の典型的な事

92

例は，工場が排出する煤煙や廃水が大気や水質を汚染する公害である。古くは，明治時代に発生した足尾銅山における鉱毒事件や日立鉱山における煙害等がある。その後も，イタイイタイ病（カドミウム汚染），水俣病（有機水銀汚染），四日市ぜんそく（コンビナートの煤煙による大気汚染）などが発生し，日本の公害は経済成長の負の側面として広く世界に知られるようになった。

　生産された製品やサービスに伴う事故・災害も，大規模になってきている。最も顕著な例は，自動車事故である。WHOは，2013年の世界の自動車事故死者数を約125万人と発表している。日本の自動車事故による死者数も累計で60万人を超え，負傷者数も5000万人に達しようとしている。自動車に比べればはるかに安全な鉄道や航空においても昔から事故はある。いったん事故が起きれば大惨事になることも多い。比較的新しい鉄道事故をあげると，1998年のドイツ高速列車 ICE 脱線転覆事故（死者101人），2005年の JR 福知山線事故（死者107人）等がある。航空事故では，1977年のスペイン・テネリフェ空港におけるジャンボ機衝突事故（死者583人），1985年の日航機墜落事故（死者520人）等がある。船舶事故やバス事故も同様であり，修学旅行中の高校生らが犠牲になった2014年の韓国セウォル号事故（死者・行方不明304人）や，2016年の軽井沢におけるスキーバス事故（死者15人）は記憶に新しい。

　装置事故やインフラストラクチャー事故も，製造された人工物を使用・供用中に発生する社会災害である。この種の社会災害には，身近なエスカレータやエレベータ，回転ドア等の事故や，建造物の構造的欠陥に伴う事故が含まれる。1995年に発生した韓国三豊百貨店の崩落事故や，2017年のロンドンにおける高層住宅火災等がその例である。原子力発電所の事故も，装置事故の一つである。1986年に発生したチェルノブイリ原子力発電所事故や，2011年の福島第一原子力発電所事故に見るように，事故の影響は一地域にとどまらず全世界に及び，事故時点だけではなく長期の対応を余儀なくされる。また，発電所から出る放射性廃棄物の最終処分場は万年単位で維持管理しなければならないが，人類にその能力があることは誰も保証できない（ベック，2010，25頁）。

［ 2 ］ 社会災害への主要な対策についての概観

　J. K. ミッチェルは，事故を「日常」（routine）災害と「驚愕」（surprise）災害

に分類している。日常災害は，すでに専門家が十分に理解しており，長い間に培われた原理や慣行を用いて容易に管理できる。一方，驚愕災害は，空間的・時間的に広範囲な大災害になるにもかかわらず，前例がないため専門家も予測できず，個々に学ぶ必要があると論じる（ミッチェル，1999，15-16頁）。

　だが，管理が容易とされる日常災害でも，その対策が順調に進んできたわけではなかった。日常災害の原因は，まず技術上の問題と考えられた。したがって，その対策は，技術の向上と社会的な措置になる。しかし，歴史を振り返って見ると，安全対策に費用をかけることを嫌がる経営者たちが，労働者を危険にさらすことも少なくなかった。

　つぎに注目されたのは，ヒューマンエラーである。技術的な対策が進んで機械の故障は少なくなったが，人間がコントロールできるエネルギー量が大きくなったために，些細なミスでも大惨事を招くようになった。また，経営者側には，ヒューマンエラーを強調すれば，費用がかかる作業設備や作業環境の改善に手をつけないで済むという思惑もあった（芳賀，2003，12-15頁）。しかし，その後のヒューマンファクター研究において，エラーを原因と見るよりも，症状と考えて対策を採る方が安全性の向上につながることが明らかになる。その結果，前節でも触れたように，エラーに結びつく一つ一つの要素に対して，発生を防止する対策が講じられるようになった。

　近年は，組織における安全マネジメントにも注目が集まっている。1986年に発生したスペースシャトル「チャレンジャー号」爆発事故とチェルノブイリ原子力発電所事故は，ヒューマンファクターに加えて組織についても考慮しなければ事故はなくならないことを明らかにした。ジェームズ・リーズンは，スイスチーズモデルを用いて，いくつかの防御策の弱点が重なったところに能動的失敗が加わると事故になると論じた（リーズン，1999，11頁）。さらに，彼はそのようにして起きた事故を「人，技術および組織要因が結びついて発生する組織事故」と命名し，それを防ぐために，組織の文化や経営のあり方を問題にした。

　以上のように，私たちは，社会災害の原因を技術，ヒューマンファクター，組織や文化にあると見てきた。さらに，それぞれから危険やリスクにつながる要因を除去すれば高いレベルの安全が実現できると考え，技術の向上と社会的

な規制の強化、ヒューマンエラーの防止、安全マネジメント等の対策を講じてきた。その結果、業務量に対する事故の発生率は激減した。しかし、エリック・ホルナゲルは、今後は必ずしも原因が特定できない事故にも対処できるようにしなければならなくなると論じている。彼は、これまでの対処を"Safety-Ⅰ"と名づけ、これから必要になるのは"Safety-Ⅱ"、すなわち、能動的な安全マネジメントであると主張する（ホルナゲル、2015）。

　Safety-Ⅱの考え方を導入した典型的な事例が、ボーイング787型機の問題である。同機は2011年から商業運航を開始したが、相次ぐバッテリーの破損・発火により、2013年1月に運航が停止される。原因は徹底的に調査されたが、現時点でも特定できていない。しかし、発火しても安全な対策がとられたとして、同年5月に運航が再開された。これは、従来のSafety-Ⅰ的な考え方によるものではないため、リスクにつながる要因を除去できていないとして不安視する声もある。

　ウルリッヒ・ベックは、現代社会を「富の生産が危険の生産に転化した産業社会段階」と特徴づけ、「リスク社会」と命名した（ベック、1998）。goodsと思っていたものが、いつbadsに転化するか分からなくなっている現代社会においては、コンピュータソフトがたえず改訂されるように、人間の日常的な監視・監督およびIoTによる故障や事故の兆候把握等を通じた能動的な安全確保、すなわち、Safety-Ⅱ的な対策を追加することが不可欠になっている。

引用・参考文献

臼井伸之介（1995）「産業安全とヒューマンファクター（1）——ヒューマンファクターとは何か」『クレーン』第33巻第8号。

臼井伸之介（2000）「人間工学の設備・環境改善への適用」中央労働災害防止協会編『新産業安全ハンドブック』中央労働災害防止協会。

黒田勲（2001）『「信じられないミス」はなぜ起こる——ヒューマンファクターの分析』中央労働災害防止協会。

ゲロー、D./清水保俊訳（1997）『航空事故』イカロス出版。

国土交通省（2014）『平成25年度　国土交通白書』。

国土交通省「道路の老朽化対策〜老朽化対策の取組み」（http://www.mlit.go.jp/road/

第Ⅱ部　人間と社会を脅かす事象

sisaku/yobohozen/torikumi.pdf　2017年9月27日アクセス）

国土交通省国土技術政策総合研究所（2012）「下水道管路施設に起因する道路陥没の現状（2006-2009年度）」国土技術政策総合研究所資料，No. 668。

チョート，P.・ウォルター，S.／古賀一成訳（1982）『荒廃するアメリカ』開発問題研究所。

デッカー，S.／小松原明哲・十亀洋監訳（2010）『ヒューマンエラーを理解する——実務者のためのフィールドガイド』海文堂。

日外アソシエーツ編集部（2010）『産業災害全史』日外アソシエーツ。

芳賀繁（2003）『失敗のメカニズム』角川書店。

ベック，U.／東廉・伊藤美登里訳（1998）『危険社会——新しい近代への道』法政大学出版局。

ベック，U.／島村賢一訳（2010）『世界リスク社会論』ちくま学芸文庫。

ホルナゲル，E.／北村正晴・小松原明哲訳（2015）『Safety-Ⅰ & Safety-Ⅱ　安全マネジメントの過去と未来』海文堂。

ミッチェル，J. K.／松崎早苗訳（1999）『七つの巨大事故』創芸出版。

リーズン，J.／塩見弘監訳（1999）『組織事故』日科技連。

Airbus S. A. S（2015）Commercial Aviation Accidents 1959-2014, A Statistical Analysis.

Boeing Commercial Airplanes（2014）Statistical Summary of Commercial Jet Airplane Accidents Worldwide Operations 1959-2014.

さらに学ぶための基本図書

医薬品医療機器レギュラトリーサイエンス財団編（2012）『知っておきたい薬害の教訓』薬事日報社。

大阪交通科学研究会編（2000）『交通安全学』企業開発センター交通問題研究室。

小松原明哲（2008）『ヒューマンエラー』丸善出版。

デッカー，S.／芳賀繁監訳（2009）『ヒューマンエラーは裁けるか』東京大学出版会。

久谷與四郎（2008）『事故と災害の歴史館——“あの時”から何を学ぶか』中災防新書。

第8章	環境リスク

　　生産や消費などの人間の活動は，地球の生態系にさまざまな環境負荷を与えている。環境汚染によって人間の健康に被害が生じる危険性を及ぼす恐れを，一般に環境リスクという。気候変動や，新型インフルエンザなどの感染症も，人間のグローバルな活動が地球環境や生態系に影響を及ぼすことにより発生すると考えられるため，広い意味で環境リスクに含める場合がある。この章では，それぞれのリスクとそれらのリスクへの対策の特徴について順次解説する。

Keyword▶ 感染症，パンデミック，地球温暖化，気候変動リスク，環境リスク，
　　　　化学物質のリスク

1　生態系の変化と感染症のリスク

　感染症は，①感染源（病原体など），②感染経路，③感受性宿主（免疫力の弱い人間など）の3要素がそろうと流行する。気象変動や生態系の変化が感染症の流行に大きな影響を与えることも，歴史的に明らかになっている。

1　自然・生態系の変化と感染症のリスク

　自然・生態系の変化により，人類はさまざまな感染症のリスクにさらされてきた。代表的な感染症として，中世ヨーロッパで流行したペストがある。近年の地球温暖化により，熱帯地方の流行病であるデング熱が，日本でも流行することが懸念されている。以下では，ペストとデング熱を例に，自然・生態系の変化と感染症流行のリスクの関係について紹介する。

①中世ヨーロッパで大流行したペスト

ヨーロッパでは，ペストが繰り返し流行した。とくに，14世紀の流行では，

第Ⅱ部　人間と社会を脅かす事象

人口の3分の1が失われたと記録されている。ペストは，ペスト菌による感染症である。ペスト菌はネズミ等に感染して常在化し，その血を吸ったノミを介して人に感染する。ネコ，イヌなどのペットや，ブタ，ヒツジなどの家畜も，ペストを媒介することがある。中世ヨーロッパの大流行は，中央アジアの草原に生息するクマネズミやリス等の齧歯類に常在していたペスト菌が，それらの動物とともに何らかの理由でヨーロッパに侵入してきたことが原因であるとされている。アルプス以北は，中世まで森林に覆われていた。その森林が人間によって切り開かれ，農作物を育てるための畑や，豚等の家畜を飼うための草原に変えられた。自然・生態系の大きな変化は，森に住むキツネ，オオカミ，フクロウ，タカ等のネズミを捕食する野生動物を激減させた。また人間の生活圏に入ってきたネズミは，人間が出す食物残渣を餌にして爆発的に増殖した。さらに中世のヨーロッパは，気候変動が大きく，寒冷期には農作物が不作になり，人々の栄養状態は悪化した。さらに，地域間で人々の移動が活発化したことが重なって，ペストの大流行に至った。

　現在は，ペストは抗生物質により治療できる感染症である。しかし，今なお局地的に流行している国があり，毎年世界で2000人程度の患者が報告されている。

　②温暖化によるデング熱の流行ラインの北上と感染リスクの増大

　デング熱は，デング熱ウイルスによる感染症であり，ウイルスを媒介する蚊が生息する熱帯・亜熱帯地域，とくに，東南アジア，南アジア，中南米，カリブ海諸国の風土病である。近年，アフリカ，オーストラリア，中国，台湾においても患者が発生している。全世界では，1年間に約1億人がデング熱に感染し，約25万人が発症していると推定されている。緯度が高い日本では蚊が冬を越せないため，デング熱ウイルスが常在化するには至っていない。しかし，海外で感染し，帰国後発症する国内散発例（輸入症例）は増加している。年間の患者届出数は，1～3月を除く1999年に9例，2000年に18例，2010年に200例と増加してきている。2014年には，東京都の代々木公園を訪れた人からデング熱の感染者・患者が150例以上発生した。温暖化の影響により，デング熱ウイルスを媒介する（ヒトスジシマカ等の）蚊の生息域は青森付近まで北上しているため，ウイルスが常在化する可能性もあり，今後とも監視が必要である。

第8章 環境リスク

［2］ ライフスタイルの変化と感染症のリスク

ライフスタイルの変化とともに流行のリスクが変化する代表的な感染症として，コレラ，結核，および，エイズがある。

①19世紀のコレラの世界的流行

コレラは，コレラ菌に汚染された水や食物を摂取することにより感染・発病する経口感染症である。コレラの症状は，小腸下部に達したコレラ菌が産生する毒素により引き起こされる。19世紀には，世界的流行（パンデミック，pandemic）が7回発生した。第1次から第6次のパンデミックは，インドのベンガル地方で発生したコレラが世界に広がって起きたものであった。ヨーロッパにおける流行は，インド等の南アジアとの経済的，軍事的な活動の活発化の結びつきが関係している。19世紀になると，蒸気船が出現して船舶の性能は飛躍的に向上した。また，スエズ運河の開通等によりインドとヨーロッパの時間的な距離が縮まり，人とモノの移動は格段に活発化した。他方で，当時のロンドンやパリ等では，都市の人口急増に衛生環境の基盤整備が追いつかず，国内的にも流行が拡大する条件がそろっていたことが深く関係している。イギリス等の先進国の諸都市では，感染経路となる上下水道を公的に管理し，飲料水や食物，廃棄物に対する公衆衛生対策を整えられたことにより流行が終息化した。衛生環境が整っていない地域では，現在も流行が継続している。2015年の国際保健機関（WHO）による推定によると，全世界で毎年130万人から400万人のコレラ患者が発生し，死者は2万1000人から14万3000人に達している。

②日本人の国民病になった結核

結核は，結核菌によって起きる感染症である。結核菌は，人から人にしか伝播しない。しかし，ライフスタイルや栄養状態等の変化により，明治後期から昭和初期において結核は全国的に流行し，日本人の死亡原因の1位になった。結核が全国的な流行に至ったのは，労働者を保護する制度がなかったことによる。綿糸・綿布を生産する紡織業や，生糸を製造する製糸業等の振興を図る明治期の産業政策のもと，多くの若い女工たちが，故郷から遠く離れた紡績工場に隣接する寄宿舎で密集した生活をしながら，悪い労働条件で昼夜交替の労働に従事した。低栄養と劣悪な環境により，健康を損ない解雇された女工も少なくなかった。結核に罹患して帰郷した女工たちは，故郷で結核を拡げた。その

99

第Ⅱ部　人間と社会を脅かす事象

結果，都市，農村をとわず，全国的な流行となった。

　政府は，労働者を保護するために工場法を制定し，新たに保健所を設けて対応した。第二次世界大戦後になると，労働基準法や労働安全衛生法のもとで労働者を保護する法律が制定された。また，保健所が結核対策や結核患者の管理と支援を行う中心的な機関として整備された。その結果，日本の結核患者数が減少傾向となり低まん延国（人口10万人対10人以下の国）となろうとしている。しかし，世界には，結核菌の感染者が20〜30億人も存在し，2015年の新規患者数は約1040万人，死亡者数は約140万人にのぼっており，結核は今なお世界的には重要な感染症である。結核罹患率の低い先進国に，高まん延国からの移民や難民が流入し，結核患者が増加したこともあり，結核への警戒と対策に力を注ぎ続けなければならない状況にある。実際，ニューヨーク，サンフランシスコ，ロンドンなどの大都市では，1980年代より結核患者が再興し，結核対策の強化がなされている。日本においても，20歳代の外国籍者の割合は，すでに6割を超えている。外国人労働者の増加が今後も続けば，欧米諸国と同様に結核の再興が懸念され，結核対策の手を緩めるわけにはいかない。

　③流行し続けている HIV/AIDS

　1980年代に人間社会に登場した後天性免疫不全症候群（Acquired immune deficiency syndrome, AIDS, 通称エイズ）は，人間のライフスタイルの変化により，瞬く間に世界的な流行病になった。HIV（Human Immunodeficiency Virus, ヒト免疫不全ウイルス）の感染者が発病すると，AIDS 患者となる。日本では当初，AIDS は HIV に汚染された輸入血液製剤を投与された人が発病し，薬害問題としてはじまった。近年は男性同性間の感染者・発病者が大多数を占める性感染症（Sexually Transmitted Diseases, 通称 STD）となっている。ウイルスの増殖を抑える薬の登場により，AIDS は死病ではなくなったが，まだ治癒させることができない感染症である。日本では2007年以降，新規の HIV 感染者の報告数が年間1000件以上という状況が続いており，新たな AIDS 患者の報告数も2006年以降は年間400件以上を維持している。そのため，日本国内の累積感染者数は増加の一途をたどっている。全世界では，毎年新しく約210万人が感染し，約110万人が死亡している。また，感染者数は3000万人以上にのぼり，約1700万人が治療を受けている。AIDS は，WHO が取り組んでいる最大の感染

第8章 環境リスク

症である（2015年 UNAIDS）。

［3］ 新型インフルエンザ等の感染症によるパンデミックリスク

1980年5月，WHO からウイルス感染症である天然痘の根絶宣言が出され，人類は感染症との戦いに勝利したと思われた。しかし，その直後から，HIV，腸管出血性大腸菌 O157，ノロウイルスなどのそれまで知られていなかった病原体が次々に登場してきている。2003年には重症急性呼吸器症候群（Severe Acute Respiratory Syndrome：以下 SARS）の流行が中国南部からはじまり瞬く間に全世界に拡大した。さらに，2009年には，メキシコで流行した H1N1型の新型インフルエンザの感染者の発生が，米国を経て世界中に拡がった。日本でも，大阪と神戸の高校生の発症にはじまり全国的な流行に至った。100年前の1918～19年にかけて世界的に大流行したスペイン風邪のように新型インフルエンザの再来があり得るとして警戒体制が強化されている。スペイン風邪では感染者数は約5億人，死者数は5000万人以上に達していたと推定されている。今日，新型インフルエンザとして最も警戒されているのは，H5N1型のインフルエンザである。2009年に流行した新型インフルエンザは，H5N1型でなかったのが幸いであった。野鳥や家禽類等は，インフルエンザウイルスに感染しても，通常は症状が現れない。しかし，新型のインフルエンザが出現すると，家禽類が死に至ることがある。とくに，高病原性の H5N1型トリインフルエンザウイルスが出現すると，ヒトに感染する新型のインフルエンザウイルスに変異する可能性が高まる。そのため，同じ鶏舎内で飼育されている家禽類を，ウイルスもろとも殺処分する対応がとられている。

WHO は，2005年に改正・発効した国際保健規則（International Health Regulation: IHR2005）は，各加盟国が国内の感染症対策を強化することを求めている。また，新しい感染症が発生してもパンデミックに至ることがないよう国際社会が協働して対処することが求めている。日本では1998年に感染症法（正式名称は「感染症の予防及び感染症の患者に対する医療に関する法律」）が制定されているが，それに加えて2012年に「新型インフルエンザ等対策特別措置法」が制定され，パンデミックの発生時に社会全体で対処するための法制度が整えられた。この法律により新型インフルエンザ等緊急事態宣言が発令されると，内

101

第Ⅱ部　人間と社会を脅かす事象

閣総理大臣を対策本部長とし，国民に対して外出の自粛要請がなされるとともに，事業者に対しても交通機関の運行，興行や催物等の開催を制限するなどの要請・指示がなされる。新型インフルエンザ等の発生した場合に国民の生命および健康を保護し，ならびに国民生活および国民経済に及ぼす影響が最小となるようにするために政府，自治体が行動計画を策定している。

2　気候変動リスクとその対策

［1］気候変動のリスク

　大量生産・大量消費・大量廃棄を特徴とする現代社会は，地球環境に過大な負荷をかけ，温暖化，オゾン層の破壊，熱帯雨林・森林の減少等の深刻な地球環境問題を生じさせている。これらの問題群のうち，本節では，地球温暖化に代表される気候変動について考察する。

　1988年に設立された気候変動に関する政府間パネル（IPCC：Intergovernmental Panel on Climate Change）では，気候変動の評価と，それが私たちの生活や社会に及ぼす影響に関する議論を精力的に行っている。2007年の第4次評価報告書において，IPCCは世界の平均気温が21世紀末までに1.1〜6.4℃上昇すると予測している。同報告書は，不確実性はあるものの，温暖化の傾向が将来も続くことは疑いようもないため，地球温暖化を緩和するだけでなく，私たちの社会が気候変動に適応することが必要であると訴えている。さらに，2014年の第5次評価報告書第2部会報告書は，最新の科学的知見をもとに，気候変動が私たちの生活に与える影響として，以下の八つのリスクを提示している（IPCC，2014）。

　第1は，海面の上昇によって，沿岸部で高潮等の被害が発生するリスクである。温暖化によって氷河が融解したり，海洋表面の水温上昇によって海水が熱膨張すると，海面が上昇する。海面の上昇は，沿岸部における浸水リスクの増大に直結する。実際，日本近海で海面が1m上昇すると，平均潮位未満の低地に暮らす人々の数は200万人から420万人に倍増すると考えられている。多くの低地は堤防で守られているとはいえ，海面の上昇によって高潮や津波の潜在的なリスクが高まることは言うまでもない。

102

第8章　環境リスク

　海面の上昇は，生態系にも影響を与えると考えられている。海面が上昇すると，海水が河川の奥まで入り込むため，海水と真水の混じった汽水域が拡大する。魚類や貝類は，水環境の変化に応じて生息域を変えるため，これらを採取する漁民等の生計が立ち行かなくなる危険があることも指摘されている。

　第2は，大雨によって大都市部で洪水の被害が発生するリスクである。気温が上がると大気中に存在できる水蒸気の量が増えるため，温暖化に伴って雨の強さと強雨の発生頻度はいずれも増加すると考えられている。また，熱帯低気圧の発生総数は変わらないか減少するが，強い熱帯低気圧の発生数は増加する傾向にあるため，温暖化に伴って水害リスクは上昇すると予想されている。

　第3は，極端な気象現象によって，インフラ等が機能停止するリスクである。豪雨やそれに伴う土砂災害は，局地的な気象現象である。しかし，電力，水道，情報通信ネットワーク等のライフラインに被害が発生して供給が停止すれば，広い地域の社会経済システム全体に影響が及ぶことになる。

　第4は，熱波によって都市の弱者層が健康被害を受けるリスクである。地球規模の気候変動とヒートアイランド現象の相乗効果により，都市部において局地的な酷暑が発生する可能性が高まっている。極端な暑さは，とくに低所得者，高齢者等の弱者層や屋外労働者を直撃し，熱中症等による死亡や後遺障害のリスクを高めると考えられている。

　第5は，気温の上昇や干ばつ等によって，食料の安全保障が脅かされるリスクである。気温が上昇し降水が不安定になると，それまで生産していた作物が気候に適応できなくなり，農業生産高が低下する可能性がある。世界規模で食糧価格が上昇すれば，所得の低い人々は良質な食料を入手することが困難になる。

　第6は，水資源の不足や気候変動によって，農業従事者の生計が立ち行かなくなるリスクである。灌漑用水の枯渇や天候不順に伴って農作物の収穫量が落ち込めば，最低限の資本しか持たない農民や牧畜民の収入は大幅に減少する可能性がある。さらに，洪水等の自然災害が発生すれば，農地や農業機器，家畜等のわずかな生産手段も奪われて，所得の低い農民や牧畜民に多大な損失が発生する危険がある。

　第7は，海水温の上昇等によって，沿岸海域の生態系が破壊されるリスクで

103

第Ⅱ部　人間と社会を脅かす事象

ある。熱帯や亜熱帯の沿岸に分布するサンゴ礁はさまざまな生物の棲み家になっているだけでなく，水質を浄化する機能をもっている。海水温が上昇すると，サンゴは白化し，場合によっては死滅するため，沿岸海域の生態系が多大な影響を受ける危険性がある。沿岸に生息する海洋生物は，食料供給の観点から見ても極めて重要な経済的資源である。海洋生態系が破壊されれば，沿岸で生活する漁業者にも甚大な被害が発生する。

　第8は，気候変動によって，森林をはじめとする陸域や，河川，湖沼等の内水面の生態系がもつさまざまな機能や価値が失われていくリスクである。森林は，さまざまな動物の棲み家になっているだけでなく，酸素や木の実を供給する機能をもっている。温暖化によって森林の植生が変化すれば，そこに生息する動物の分布域も変化するため，近隣農地において獣害が増加して，農家の生計を支える経済的資源を失わせることになる。

〔2〕気候変動リスクへの国際的取り組み

　地球規模の環境変動リスクに対処するため，2015年12月にフランスのパリで気候変動枠組条約第21回締約国会議（COP21）が開催された。COP21では，条約に加盟する196の国と地域が参加して，2020年以降の温暖化対策に関する国際枠組み（いわゆる「パリ協定」）が正式に採択された。パリ協定には，平均気温の上昇を産業革命以前と比較して2.0℃未満に抑えるという国際社会の目標が明記され，その手段として市場メカニズムを活用すること等が盛り込まれた。史上初めて，先進国だけでなく途上国も含めたすべての加盟国が合意に達したことは，大きな前進と言える。しかし，協定が順守されても，私たちは2.0℃程度の気温上昇を受け入れなければならないため，さまざまな気候変動リスクに対してなお一層の適応策を進めていく必要がある。

3　環境リスクとその対策

〔1〕化学物質による環境リスク

　大量生産，大量消費を特徴とする現代社会における環境リスクの主なハザードは，工業製品として意図して生産された化学物質と，生産や廃棄の過程で意

図せずに生成される化学物質である。前者の例としてPCBやベンゼンなどがあり，後者の例として有機水銀やダイオキシン，硫黄酸化物などがあげられる。これらの化学物質が，生産・消費・廃棄のいずれかの段階で大気・水・土壌に排出されれば，環境を汚染する。

有害な化学物質は，環境中に存在する量が微量であっても，日常生活において空気や水，食物などを通じて長期間にわたって摂取し続ければ，ガンになるなど健康を害するおそれがある。水俣病やイタイイタイ病，四日市ぜんそくなどの公害は，特定の地域に大量に排出された有害な化学物質に曝露された住民に，深刻な健康被害が発生した例である。

［2］ 環境リスクへの関心の高まりと対策の推移

人々の環境リスクへの関心が高まるきっかけになったのは，重篤な健康被害をもたらした1960年代の四大公害である。第二次世界大戦後の経済成長の過程で各地に建設された大規模な工業コンビナートでは，工業生産に伴って発生した有害な化学物質が未処理のまま地域の大気・水・土壌に排出されたため，有害物質にさらされた地域住民が健康を損なうに至った。環境汚染による健康被害の実態や，被害者・支援者による訴訟や住民運動，そして，公害問題への国民の関心の高まりを背景に，1967年に公害対策基本法が制定される。その後も，大気汚染防止法，水質汚濁防止法，廃棄物処理法など，環境汚染の防止対策を推進するための法律が次々に制定された。

公害防止関連の法律が施行されたことに伴って，水銀やカドミウム，二酸化硫黄などの公害の原因物質については，工場からの排出基準や地域全体での環境基準が定められる。公害防止対策の実施によって，深刻な大気汚染や水質汚濁が徐々に改善される中で，環境汚染に対する人々の関心は，さまざまな化学物質に広がっていった。1962年にDDTなどの農薬散布によって野鳥などの生態系に被害が発生していることを訴えたレイチェル・カーソンの『沈黙の春』が出版され，世界的なベストセラーになった。1974年には，新聞に連載された有吉佐和子の『複合汚染』が，複数の化学物質による環境汚染への警鐘を鳴らした。その後も，環境問題に関する出版やマスメディアの報道が続き，身近な製品に含まれるさまざまな化学物質による生活環境の汚染や健康被害に，人々

第Ⅱ部　人間と社会を脅かす事象

は不安を感じるようになった。

　人々の関心は，合成洗剤を含む生活排水による琵琶湖などの水質汚濁や，プラスティック製品の焼却に伴うダイオキシンの発生などの生活環境問題にも広がっていく。消費や廃棄という消費者自身の行動によって環境が汚染され，健康被害が発生する恐れがあることが知られると，人々の間で環境に配慮したライフスタイルへの理解が深まっていった。

　1984年にインドのボパールにある農薬工場で起きたガス漏れ事故など，世界各地で化学物質による深刻な健康被害が発生した。これらの事故を契機に，アメリカやオランダでは，国民には有害な化学物質の使用や排出の実態を知る権利があると認識されるようになり，有害物質の排出目録を作成する制度が作られた。日本でも，1999年に，有害な化学物質を製造または使用している企業は，それらの物質を環境にどれだけ排出しているかを測定して行政に届け出るPRTR（化学物質排出移動量届出制度）が作られた。

　以上のような経緯で，多種多様な化学物質がどの程度のリスクをもつかを市民が知ることや，リスクを回避するために有効な管理を行うことが，社会全体にとって重要な課題であると認識されるようになった。その結果，20世紀末には，さまざまな化学物質に対するリスクマネジメントの方法が模索され，開発されるようになる。

3　環境リスクの管理

　つぎに，化学物質の環境リスクをどのように管理すればよいかについて考える。1997年に，アメリカの大統領・議会諮問委員会は，6段階のプロセスで環境リスクの管理を実施すべきであると提言した。具体的には，まず，化学物質の有害性に関する問題を明確にし，化学物質のリスクを分析する。つぎに，リスクに対処するさまざまな代替案を選択肢として検討し，最適な対策を選択する意思決定を行う。さらに，選択した対策を実施したあと，対策の効果を評価するというものである。このプロセスは，各国で新しい環境リスク管理の手法を検討する際にしばしば参考にされている。

　化学物質のリスクを分析する方法と手順が問題になる中で，多種多様な化学物質のそれぞれが，人間の健康をどの程度損なう恐れがあるかを共通の基準で

評価する環境リスクの研究が発展した。それぞれの化学物質がもつ環境リスクを評価できれば，どの化学物質のリスク管理を優先すべきか，さらに，そのリスクをどの程度低減しなければならないかを検討できるからである。

　化学物質の環境リスクの大きさは，その化学物質にさらされた場合の健康被害の大きさ（例えば，ベンゼンの曝露に伴って発症する白血病であれば，最悪の場合死亡）と，その物質を環境からどの程度摂取したか（例えば，生涯に摂取するベンゼンの量）に依存する。一般に，環境リスクの評価は，化学物質の有害性の確認，用量一反応関係の測定，曝露量の測定，リスクの判定という手順で行う（鈴木，2009）。すなわち，その化学物質が健康に有害であることを確認したあと，摂取量が増えると健康に対する有害性がどの程度高まるかを調べる。つぎに，人間が環境の中でその物質をどの程度摂取しているかを推定し，最後に，その曝露量であればどの程度の健康被害が発生する恐れがあるかを判定するのである。

　ベンゼンを例に，環境リスクを評価する四つの手順について内山（1996）に基づいてより具体的に説明しよう。ベンゼンは，合成樹脂などの原料として年間400万トン程度生産されている。ベンゼンを接着剤として使用している工場の労働者における白血病発症例に関する疫学調査や動物実験の結果から，ベンゼンは発がん性をもつ有害物質であることが確認されている。1立方メートルあたり1マイクログラムのベンゼンを生涯摂取した場合，白血病を発症するリスクがどの程度増えるかを，白血病の発症に関するベンゼンのユニットリスク（unit risk）という。用量一反応関係，すなわち，ベンゼンの摂取量と白血病の発症率の関係を分析した海外の疫学調査の結果によると，白血病に関するベンゼンのユニットリスクは，100万人あたり3〜7人と推定される。ベンゼンの実際の曝露量は，大気中のベンゼン濃度を測定することにより推定できる。ベンゼンのユニットリスク，大気中のベンゼン濃度，人口，平均寿命をもとにベンゼンの環境リスクを計算すると，日本では年間数十人が白血病を発症するリスクがあると判定される。

　4　化学物質の環境リスク管理の課題

　ベンゼンやダイオキシンなどの健康に有害な化学物質については，徐々に環

第Ⅱ部　人間と社会を脅かす事象

境リスクが評価されるようになってきた。しかし，現在世界にはおよそ10万種類の化学物質が，日本でもおよそ5万種類の化学物質が流通している。さらに，毎年新たに数百種類の化学物質が製造されているが，大多数の化学物質の環境リスクは正確にわかっていないのが現状である。

　環境リスクの大きさが科学的に評価された化学物質は，全体の一部にすぎない。化学物質審査規制法は，健康を害する恐れがある化学物質について，市場に製品を出荷する前にリスク評価を行うことを規定している。リスクが大きいと評価された化学物質は，製造が禁止されたり，使用が制限されたりすることになっている。しかし，実際に規制された化学物質は，すでに公害などにより被害が明らかになっているものや，製造現場で労働者の健康被害が確認されたものなど，ごく一部に過ぎない。

　ほとんどの化学物質は，まだ被害をもたらしてはいないものの，リスクの大きさは解明されていない。現在，環境リスクが大きいのではないかと心配されている化学物質として，ダイオキシン，PCB，DDTなどの残留性有機汚染物質がある。これらの化学物質は，自然には分解されにくいため残留性が高く，環境に排出されると地球上の広範囲に移動拡散する。さらに，生物が摂取すると体内に蓄積されるため，生態系への有害性が高い。そのため，ストックホルム条約などの国際的な取り決めによって，各国が排出の規制に協力することになっているが，地球規模でのリスク管理への取り組みは，これからの課題である。

引用・参考文献

内山巌雄（1996）「環境リスクの健康影響評価——特に有害大気汚染物質について」『公衆衛生研究』第45巻。

梅原猛・伊東俊太郎・安田喜憲（2008）『人口・疫病・災害，Ⅱ　疫病と文明』速水融・町田洋編「講座文明と環境」第7巻，朝倉書店。

籠山京（1970）『女工と結核』光生館。

鈴木規之（2009）『環境リスク再考——化学物質のリスクを制御する新体系』丸善出版。

立川昭二（1971）『病気の社会史』岩波書店。

見市雅俊（1994）『コレラの世界史』晶文社。

108

山本太郎（2011）『感染症と文明——共生への道』岩波書店。
リスク評価およびリスク管理に関する米国大統領・議会諮問委員会／佐藤雄也・山崎邦彦
　訳（1998）『環境リスク管理の新たな手法』化学工業日報社。
IPCC（2014）*Climate Change 2014: Impacts, Adaptation, and Vulnerability.*

さらに学ぶための基本図書

鬼頭昭雄（2015）『異常気象と地球温暖化——未来に何が待っているか』岩波書店。
中西準子（2004）『環境リスク学』日本評論社。
山本太郎（2011）『感染症と文明——共生への道』岩波書店。

第9章	戦争・犯罪・テロ

　事故や自然災害とは異なり，戦争や犯罪，テロリズム（以下，テロ
という）は，いずれも人間が特定の意図をもって引き起こす事象であ
る。しかしながら，事故や自然災害と同様に，これらの事象もまた，
科学技術の発達や政治的対立・経済的格差などの社会構造から大きな
影響を受けている。この章では，戦争や犯罪，テロの構造と特徴につ
いて概観する。

Keyword▶ 暴力，宗教，イデオロギー，国家，格差，社会的孤立

1　戦争・犯罪・テロと社会安全学

　戦争や犯罪，テロが，いずれも人間の生命や財産に対する脅威であることに
は，誰しも異論がないであろう。しかし，それらは，これまで本書で扱ってき
た事故や自然災害とはかなり様相が異なる問題群である。

　一般に，事故や自然災害は，人間に起因するか自然に起因するかという違い
はあるものの，誰かが故意に起こしたものではない。それに対して，戦争や犯
罪，テロは，必ずそれらを意図的に実行する個人やグループ，政府が存在して
いる。言い換えれば，事故や自然災害は，人間の社会的活動の結果として生じ
る事象であるのに対して，戦争や犯罪，テロは，人間がある意図や目的のもと
に引き起こす行為である。

　そのため，戦争や犯罪，テロから社会を守るための方策は，それらの実行主
体や動機をどのようにして制御するかという点が中心になる。以下では，四つ
のアプローチを紹介する。

　第1は，戦争や犯罪，テロの動機そのものをなくすアプローチである。例え
ば，テロや戦争が起きる根本的な理由の一つに，当該国家やグループ間の経済

的，宗教的あるいはイデオロギー的な対立がある。そのため，そのような対立を平和的手段により解決すれば，戦争やテロの発生を食い止めることができるはずである。また，犯罪発生率は，社会の経済的貧しさや経済的格差と高い相関をもつことが知られている。そのため，経済的発展と格差を解消すれば，犯罪そのものを減らすことができるはずである。しかしながら，これらのアプローチが実際に効果を上げるには，いずれも長い時間と膨大な努力が必要になる。

そこで，重要になるのが，戦争や犯罪，テロの主体を制御する第2のアプローチである。このアプローチでは，戦争や犯罪，テロなどの暴力的行為を企図する，または，企図する可能性が高い個人や組織を，社会的に排除または拘束する。例えば，アメリカが2003年にイラクに対して行った軍事攻撃や，ISIL（Islamic State in Iraq and the Levant, イスラム国）をテロ組織であると見なして，シリアやアフガニスタンにある活動拠点に対して行った空爆などはその典型的な例である。国内で行われた犯罪であれば，警察が法律を執行して容疑者を逮捕する。また，組織的な犯罪やテロ行為に対しては，違法行為があれば未然の段階で警察による捜索などが行われることもある。

第3は，戦争や犯罪，テロの結果を制御するアプローチである。軍事攻撃やテロ行為の被害者を救済するとともに，被害の拡大を抑止し，被害者のケアを行うことがこのアプローチに該当する。

第4は，戦争や犯罪，テロの動機を抑制するアプローチである。国際的なルールの整備と国際社会の協調により，戦争行為の政治的な代償を高める努力が，これまでも継続的に行われてきた。今後は，例えばテロリストとして過激化しそうな個人を社会的に包括するアプローチや，都市の物理的構造に着目して犯罪が起きにくいような環境を整備するアプローチなどが重要になると考えられる。

これらのアプローチの中で，第3と第4のアプローチは，単に戦争やテロ，犯罪の被害軽減につながるだけでなく，事故や自然災害による被害の軽減にもつながる可能性が極めて高いため，社会安全学の立場からも重要であると考えられる。ここでは，事故や自然災害への対処と共通点をもつ第4のアプローチについて，やや詳しく論じる。

まず，戦争やテロ，犯罪について，それぞれの定義を改めて確認しておく。

第Ⅱ部　人間と社会を脅かす事象

図9-1　戦争・テロ・犯罪の定義

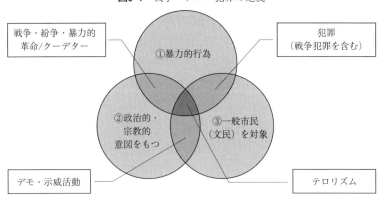

(出所)　Ganor (2002), Southers (2013) によるテロリズムの定義を参考に筆者作成。

どのような行為がテロと認定されるかは，国際社会における利害に関わる重大な問題であるため，テロの定義は，それだけで1冊の本が書けるほど多種多様である。しかしながら，多くの研究においておおよそ合意されていることは，①暴力的行為を行うこと，②政治的・宗教的な意図をもつこと，③一般市民を対象としていること，の3点である。この章では，これらの条件をすべて満たすものをテロと定義する。一般市民を対象とした暴力的行為であっても，政治的・宗教的な意図をもたないものは犯罪として取り扱い，詐欺などの非暴力的な行為については論じないことにする。また，図9-1に示すように，政治的な意図をもった暴力的行為であっても，一般市民を対象としたものではなく，国家の交戦権の行使として行われる暴力的行為は戦争と定義する。実際には，テロの中にも国家が関与しているものがあり，戦争とテロの境界は必ずしも明確ではないが，本書ではこの点に詳細には立ち入らないことにする。上記のように考えれば，この章で考察の対象にする戦争や犯罪，テロについては，人間が意図的に行う暴力的行為であるという点において，共通の理解が可能になる。

2　戦争による被害とその要因

まず，戦争がどの程度のリスクを私たちの生命財産に及ぼすかについて考え

る。15世紀以降の人類の歴史を見ると，戦争による年間の死者数は必ずしも増えているとは言えず，むしろ世界において戦争は減少しているという見方が示されている（Pinker, 2013）。しかし，2度の世界大戦をはじめとして，1回の戦争に伴って発生する死者数は，20世紀以降多くなっている。例えばわが国についてみると，第二次世界大戦において320万人もの犠牲者を出している。日清戦争や日露戦争と比較しても，桁違いに大きな数字である。世界規模で見ても，第一次世界大戦において853万人，第二次世界大戦において5000万人というように，1回の戦争で発生する犠牲者の数は急激に増加していることがわかる。

　近年の戦争における犠牲者の急増を理解するためには，二つの視点から説明する必要がある（木畑, 2004, 16頁）。第1は，戦争の性質の変化である。18世紀までの戦争は，騎士または傭兵によるものであり，戦争は王と王の闘いという性格が濃かった。しかし，徴兵制による国民的軍隊の創設により，戦争は国民を巻き込むものになった。20世紀に勃発した2度の世界大戦はその典型的な例であり，いずれも総力戦という性格を帯びたものであった。総力戦においては，国家の多くの経済的資源が戦争に投入されるとともに，国民の多くが直接的に戦闘に巻き込まれることになる。そのため，被害は未曽有の規模に達した。

　第2は，戦争の技術の変化である。科学技術の進歩によって，新たに開発された武器の殺傷能力は飛躍的に増大することになった。とりわけ，核兵器や生物兵器，化学兵器は，人類を破滅に導きかねないほどの破壊力を有するまでになった。

　戦争は甚大な被害をもたらす可能性があるという認識は，世界の戦争に対する考え方を大きく変化させることになった。戦争が王と王の闘いであった時代には，戦争も国際関係の中で許容できる手段の一つと考えられていた。しかし，第一次世界大戦を経験した国際社会は，戦争を「平和に対する罪」として捉えるようになった。第二次世界大戦後に設立された国際連合においては，集団的安全保障の概念を強化して，平和を脅かす武力的行為に対しては，国際社会が制裁を発動することもやむを得ないという考え方が一般化することになった。

　その結果，戦争そのものによる被害は世界的に見てしだいに減少する傾向にあるが，依然として小規模な武力対立が頻発している。一方，2001年にアメリカで発生した同時多発テロは，国家間の武力衝突としての戦争のほかに，一部

第Ⅱ部　人間と社会を脅かす事象

の過激なグループと国際秩序の間での戦争という新たな形態を生み出し，現在に至っている。

3　犯罪による被害

［1］国際的な犯罪比較

　暴力的行為と見なせる典型的な犯罪の一つに，殺人がある。意図的に殺害した場合だけを殺人とするか，ある行為の結果として殺害に至った場合も殺人とするかは，各国の司法当局において定義が異なるため，犯罪の被害を国際的に比較することは必ずしも容易ではない。

　国連薬物・犯罪局（UNODC：United Nations Office on Drugs and Crime）のレポートによれば，2004年の全世界における殺人被害者の数は49万人であるとされる。人口10万人あたりに換算すると，7.6人という数値になる。南アメリカ，中央アメリカ，カリブ海諸国，南アフリカなどではこの値は20人を超えるが，ヨーロッパ，オセアニア諸国，東アジア諸国などは5人にも満たない（Steven, 2010, p.9）。なお，司法当局が公表した値を取るか，保健当局が公表した値を取るかによって，数値にかなりの差があることに留意する必要がある。

　国ごとの犯罪被害者数の差は，その社会が犯罪抑止の対策にどの程度のコストをかけているかによって，ある程度説明ができると考えられる。例えば，アジアやヨーロッパなど人口あたりの警官数が多い地域では殺人の被害が少なく，警官数が少ないラテンアメリカ諸国やアフリカでは殺人の被害が多くなっている。ただし，社会経済的な要因や文化的な要因も大きな影響を与えており，南アジア諸国のように，人口あたりの警官数が少なくても殺人の被害が少ない地域もある。この点に関連して，ハーシ（Travis Hirschi）は，「愛着」「コミットメント」「忙殺」「信念」という四つの概念で構成される社会的なつながりが弱まるほど，人は非行行動を起こしやすくなるとしている（森山・小林, 2016, 114頁）。

　また，近年発達をみている環境犯罪学という学問領域では，犯罪の発生を，社会を取り巻く環境によって説明しようとする。その理論の一つである日常活動理論によれば，「犯罪可能者」「格好の標的」「監視可能者の不在」という三つ

第9章　戦争・犯罪・テロ

の要件がそろったときに犯罪が起きることが示されている。すなわち，警察などの監視可能者がいないことは，犯罪が発生する要件の一つであるが，犯罪を起こしやすい傾向のある個人や，狙われやすい対象が存在していることなども，同じ程度に重要な要素であるとされている（森山・小林，2016，165頁）。

［ 2 ］ 日本における犯罪傾向

　日本は，世界的に見てもかなり治安のよい国として知られている。しかし，昔からそうであったわけではない。**図9-2**は，日本の一般刑法犯発生件数（対人口10万人）と，犯罪検挙率の推移を表したグラフである。人口10万人あたりの犯罪認知件数は，第二次世界大戦後しばらくの間増加し，1950年代後半にピークを迎えている。ちなみに，1952年の殺人事件発生件数は人口10万人あたり3.49件であるが，この数値は，2008年における台湾の3.5件や，ネパールの3.2件とほぼ同じ程度である。

　その後，犯罪発生件数はわが国の高度経済成長とともに減少を見せたものの，1997年以降の金融危機による構造的不況の中で犯罪件数は激増し，2002年にピークを迎えた。しかし，それ以降は大きく減少している。凶悪犯罪や粗暴犯罪も，ほぼ同じ傾向である。

　なお，犯罪認知件数に対する検挙数の割合として定義される検挙率は，犯罪発生件数とは逆の動きを見せている。警察力が一定であれば検挙数もほぼ一定になると考えられるため，犯罪件数が増えるほど検挙率は下がることになる。それでも，殺人，強盗，放火，強姦などの凶悪犯罪の検挙率は，全体の検挙率よりも高い状態が続いている。これは，凶悪犯罪の捜査に，より重点が置かれていることを意味している。

　検挙率が減少傾向にある主な理由として，岡田はつぎの三つの点を指摘している。第1に，社会における人間関係が希薄化したことによって，軽微な犯罪の抑止力が低下する一方で，従来は犯罪とみなされなかった軽微な問題についても警察に通報されて事件化し，認知件数が上昇したことである。第2に，ストーカー，DV，サイバー犯罪など犯罪形態が多様化することによって犯罪捜査が複雑化・多様化するとともに，取り調べ手続きの厳密化により犯罪捜査のリソースを消耗しているため，検挙率が低下しているという点である。第3に，

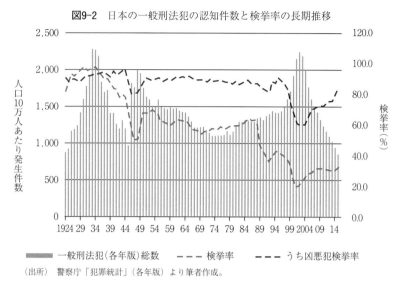

図9-2 日本の一般刑法犯の認知件数と検挙率の長期推移

■■■ 一般刑法犯(各年版)総数　- - - 検挙率　- - - うち凶悪犯検挙率

(出所) 警察庁「犯罪統計」(各年版)より筆者作成。

余罪捜査が困難になっていることである(岡田, 2006, 12頁)。

4　テロリズム

1　テロリズムの傾向

　テロの歴史は古く，国際的なテロに関するデータベース (GTD: Global Terrorism Database) には，1970年以降に発生したテロ事件の記録が収められている。これをもとに，全世界におけるテロ事件の件数と死者数の推移を示したものが図9-3である。この図より，テロについてつぎの二つの特徴を認めることができる。第1は，1980年代以降のグローバル化の進展とともに，テロの件数が拡大していることである。第2は，2001年のアメリカ同時多発テロの発生を契機とする対テロ戦争の過程で，ますますテロによる犠牲者が増大していることである。とくに，近年は，年間4万人前後がテロの犠牲になっていることがわかる。

　わが国はテロに縁がない国と思われがちであるが，国際的に見れば決してそのようなことはない。例えば，共産主義思想に基づいて世界革命を志向してい

図9-3 世界のテロ件数とテロによる犠牲者数の推移

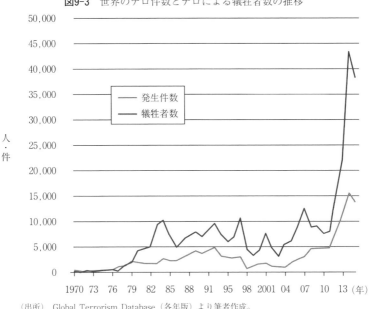

(出所) Global Terrorism Database(各年版)より筆者作成。

た日本赤軍は，1970年に航空機をハイジャックして，実行犯の7人が北朝鮮に亡命するというテロ事件を起こした。日本赤軍は，1972年にもイスラエルのロッド空港のロビー内において銃の乱射や手榴弾の爆破によって32人を殺傷する事件を起こしている。こうした日本赤軍の活動は，国際的なテロ活動の先駆事例であり，無差別殺傷テロの端緒と位置づけられている（金，2016, 28頁）。

政治的・宗教的な要求は，本来，政治活動や言論活動，社会運動などの平和的な手段によって実現を図るべきであり，少なくともテロに悩む欧米諸国では，そのような権利は万人に保障されている。また，テロリストらと同じ思想的背景をもっていたとしても，圧倒的多数の人々や団体は，平和的な運動を志向していることも厳然たる事実である。アメリカのテロ研究者であるリチャードソンは，テロリストが暴力的な行為を選択する根本的な原因として，以下の四つを指摘している（Richardson, 2006, 69頁）。

①テロリストは，常にマイノリティである。すなわち，自分たちが体制から疎外されているという感覚をもった人たちが，それを変革したいという欲求を

第Ⅱ部　人間と社会を脅かす事象

もったときにテロが発生する。②自分たちが不当に扱われているという感覚をもつ人たちが，その感覚に合理的根拠を与えるリーダーによって効果的に組織されたとき，テロが発生する。③人々を大義に駆り立て，暴力を正当化してでも実際の行動へと駆り立てる哲学や，宗教的あるいは非宗教的イデオロギーが存在するとき，テロが発生する。④テロリストの主張に共感を示すような環境があるときに，テロが発生する。

　社会のグローバル化は，それぞれの国家におけるマイノリティが国境を越えて通じ合うことを可能にした。彼らのネットワークが社会変革や体制転換のイデオロギーを共有し，そのイデオロギーが暴力を正当化する思想と結びついたとき，彼らはテロリストとして過激化していくのである。そのような傾向をいち早く示した国際的にも有名なテロリスト集団として，オウム真理教がある。同教団は，活動拠点周辺の住民とのトラブルの中で社会における疎外感を感じていた。また，1990年の衆議院議員総選挙において候補者を大量に擁立するが惨敗した。このような経験から，社会から迫害されたかのような被害妄想をもつようになり，自衛手段，抑止手段として生物兵器の開発を最終目標とするに至った。同教団の松本支部の立ち退きに関する裁判が敗色濃厚であったため，1994年には長野地裁松本支部官舎を狙って猛毒のサリンを撒き，8人を死亡させる松本サリン事件を起こした。さらに，全国一斉に捜索が行われるとの情報を得た教団は，捜査の攪乱を目的として1995年3月に霞ヶ関駅付近を通過する複数の地下鉄車両内に猛毒サリンを撒き，12人を殺害する地下鉄サリン事件を起こした。とくに世間を驚かせたのは，教団の中に多くの高学歴者が含まれていたという点である。オウム真理教には，高学歴の知識階層を暴力に駆り立てるような教義があり，教祖の麻原彰晃もカリスマ性があった。豊富な科学的知識をもつ信者が存在することによって，化学兵器の開発や周到なテロの計画が可能になったという点は，現代のテロリストの多くに共通する特徴である。

2　テロの変化

　これまで，多くの先進国にとって，テロの脅威のほとんどは海外勢力のものであった。世界を震撼させた2001年のアメリカ同時多発テロ事件は，アルカイダというイスラム過激主義思想を背景とする組織により企てられたものであっ

た。実行犯とされる17名は，いずれもビザでアメリカに入国しており，一部の実行犯はビザの期限が切れた違法滞在状態であった。こうした現実を背景に，アメリカにおけるテロ対策は，テロリストの入国を防ぐ点に大きな努力が注がれている。また，国土安全保障省（DHS）の設立に象徴されるように，いかにテロリストの脅威から国土を守るかが主要な関心になっている。

　しかしながら，ここ10年程のうちにテロの傾向は変化し，上記のようなテロ対策は有効性を失いつつある。第1の変化は，テロリストの中に，その国の市民権をもち，その国で教育を受け，その国で労働しているホームグロウン・テロリストと呼ばれる人々が含まれるようになったことである。第2の変化は，テロ集団と組織的なつながりをもたず，インターネットなどで入手した情報をもとに，単独でテロを企画するローンウルフと呼ばれるテロリストが頻出するようになったことである。第3の変化は，テロのターゲットが，かつては大規模な政治的イベントや重要施設などであったのに対して，最近では警備が手薄なコンサートやイベント会場，地域の集会所，レストランなど，いわゆるソフトターゲットと呼ばれるものが増えてきたことである。

　このようなテロ活動の質的変化を象徴するのが，2015年12月にアメリカ・カリフォルニア州サンバルナジーノで発生した，銃を乱射して福祉施設の入居者14人を殺害した事件である。実行犯の1人であるリズワン・ファルクは，事件が起きた福祉施設に勤務する職員であった。彼の両親はパキスタンからの移民であったが，本人はアメリカで生まれて教育も受け，アメリカの市民権をもっていた。もう1人の実行犯で，ファルクの妻であるタジフェン・マリクはパキスタン生まれで，リズワン・ファルクとインターネットを通じて知り合い，2014年に結婚して渡米している。この夫妻には犯罪歴もなく，危険人物のデータベースにも登録されていなかった。

　このようなテロは，地域社会に大きな脅威である。地域社会は，隣人がいつテロリストとして牙をむくかわからないという脅威に直面することになり，これからのテロ対策には地域コミュニティも関与することが否応なしに求められている。

　また，警察などの国家権力がコミュニティに関与することも必要になってくる。その場合，警察権力の説明責任をどう確保するかも問題になる。例えば，

第Ⅱ部　人間と社会を脅かす事象

2015年9月に，テキサス州に住む14歳のイスラム教徒の高校生が，テロリストであると疑われて逮捕され身柄を拘束されるという事件があった。その発端は，彼が自宅で廃物を利用した時計を作成し，高校に持参したことである。それが爆弾そっくりに見えたことから，教師が警察に通報し，逮捕に至ったのである。結局は問題なしということで釈放に至ったが，両親が学校を提訴したことから社会問題化した。当時のオバマ大統領は，この少年をホワイトハウスに招いて謝罪することで事態の収拾に動いた。このような事件は，テロそのものだけでなく，テロ対策が地域社会に深刻な分断をもたらしかねないことを示唆している。

［3］ テロ予防対策：イギリスの事例

　ホームグロウン・テロの問題は，決してアメリカだけの問題ではない。カナダの日刊紙 *The Telegram* が報じたところによれば，2011年から2016年までの間に ISIL の戦闘員としてシリアやイラクに渡った外国人は2万7000〜3万1000人程度であると推計され，そのうち6000人程度が欧米諸国の出身であったと言われている（Kirk, 2016）。本書を執筆している2017年7月時点で ISIL の勢力は大きく衰えたため，シリアをめざす若者の数は大きく減っているように思われるが，グローバル化によって国境を越えてテロリストが育成される可能性は，今後も否定できない。

　イギリスは，2012年から，チャネル（Channel）というプログラムによって，自国民がテロリストとして過激化することを未然に予防するための対策を行っている。チャネルは，過激化のリスクのある個人を特定し，そのリスクの程度をチェックリストによって評価するとともに，その個人が過激化するのを防ぐために適切な支援を提供するというプログラムである。このプログラムの最前線に立ち，過激化するおそれのある個人を特定する役割は，適切な研修を受けて地域で活躍する約7万人の教師，保健師，医師が担っている。

　チャネルのようなプログラムは，その内容からもわかるように，警察などの公権力を背景にもつ組織を地域社会に介入させるのとは異なったアプローチである。むしろ，地域医療や地域福祉，社会教育などの延長線上にテロ対策を据えることによって，安全な地域コミュニティを実現しようとするアプローチで

あり，地域防災との親和性すら感じさせる。このようなアプローチがシリアに渡航する若者を劇的に減らしたという評価がある一方で，シリアへの渡航者が減ったのは，単に ISIL の勢力が衰えた結果であり，プログラムとしての効果は限定的であるという厳しい見方もある。また，チャネルのアプローチは，マニュアルに従って過激化しそうな個人を特定するだけであり，社会的包摂の理念とはかけ離れたものであるという指摘もある。いずれにせよ，テロリスト予備軍への対症療法的な対応にとどまっていることは間違いなく，テロの根本的な原因，すなわち，社会の中で差別されて孤立し，そのことに不当な感情を抱くマイノリティの存在を解消したわけではない。こうしたマイノリティを社会でどのように受け止め，包み込んでいくかということは，一般に福祉の問題であると捉えられているが，実はテロ対策としても重要な課題である。先に犯罪が増加する背景には，地域社会における人間関係の希薄化があると述べたが，テロの背景とも共通している。

［ 4 ］ 日本におけるテロ対策の現状と課題

すでに見たように，わが国もテロとは無縁でない。2013年には，アルジェリアに在留する日本人がアルカイダ系テロリストらに人質に取られ，日本人10名を含む40名が殺害されるテロ事件が発生し，日本人が海外でテロの標的にされるリスクが現実のものになってきた。また，アルカイダや ISIL などが，テロの対象として日本を繰り返し名指ししており，実際に国際テロ組織の関係者が日本に入出国を繰り返していることも明らかになっている。2020年に東京オリンピックの開催を控え，日本においてもテロの脅威は年々高まっている。

このような状況の中，テロなどの組織犯罪を未然に防止するためには，国際的な協力が不可欠になっている。2003年には，国際的な組織犯罪の防止に関する国際連合条約（TOC 条約：United Nations Convention against Transnational Organized Crime）が発効した。同条約には，国際的な犯罪組織に参加することや，犯罪収益の洗浄（マネーロンダリング）を犯罪化することなどが含まれている。

TOC 条約は，締約国に対して，「重大な犯罪を行うことの合意」または「組織的な犯罪集団の活動への参加」を，未遂罪や既遂罪とは別個の犯罪として処

第Ⅱ部　人間と社会を脅かす事象

罰できるようにすることを義務づけていたため，わが国は長らくTOC条約を批准していなかった。2017年に第二次安倍内閣は，テロなどの凶悪犯罪を準備段階で処罰できる「テロ等準備罪」などを追加した組織的犯罪処罰法改正案を国会に提出した。この法案は，広範な犯罪を具体的に着手する以前の段階で国家が処罰することを認める内容になっていたため，国家権力の暴走を招きかねないとして野党や国民の反発を招いた。しかし，最終的には与党が強行採決する形で法案は成立し，その後政府はTOC条約を批准した。同条約の批准によって，わが国のテロ対策が進展することは評価できるが，テロを防ぐためにどこまで国家権力の拡大を許容できるか，そして，その権力にどのように歯止めをかけられるかという根本的な問題を浮き彫りにした。

　テロ対策を強化すればするほど，草の根の捜査情報はより重要性を増し，長期的には地域社会の関与が一層求められることになる。そのことが地域社会の分断を招くことがないか，外国人や特定の思想信条をもつ人々への人権侵害が起きないようにするにはどのようにすれば良いか，住民相互が過度に監視しあう社会に陥る危険性をどのようにして回避するかなど，なお多くの課題が残されている。これらもまた，社会安全学が取り組むべき課題である。

引用・参考文献

岡田薫（2006）「日本の犯罪現象──昭和30年以降の刑法犯を中心に」レファレンス。

木畑洋一編（2004）『20世紀の戦争とは何であったか』大月書店。

金惠京（2016）『無差別テロ──国際社会はどう対処すればいいか』岩波書店。

Baten, J., Bierman, W., Foldvari, P. and van Zanden, J. L. (2014) "Chapter 8: Personal security since 1820", Jan Luiten van Zanden et al., eds., *How Was Life? Global Well-being since 1820*, OECD.

Kirk, A. (2016) "Iraq and Syria: How many foreign fighters are fighting for Isil?", *The Telegraph*, 24 March.

Malby, S. (2010) "Chapter 1-Homicide," Harrendorf, S., Heiskanen, M. and Malby, S. eds., *International Statistics on Crime and Criminal Justice*, HEUNI Publication Series, No. 64.

Pinker, S. (2013) "The Decline of War and Conceptions of Human Nature", *International Studies Review* 15, No. 3.

Richardson, L. (2006) What Terrorists want: Understanding the enemy, containing the threat, A random house trade Paperback.

さらに学ぶための基本図書

木畑洋一編（2004）『20世紀の戦争とは何であったか』大月書店。
金惠京（2016）『無差別テロ──国際社会はどう対処すればいいか』岩波書店。
守山正・小林寿一編（2016）『ビギナーズ犯罪学』成文堂。

第Ⅲ部

リスクの分析とマネジメント

| 第10章 | リスク分析の方法 |

　　災害や事故などの事象から生命や財産を守るためには，私たちの外部に存在する危険源を同定するとともに，社会や私たち自身がもつ脆弱性を認識し，普段からハード面，ソフト面からの対策を万全にする必要がある。事象が発生する可能性は，確率を用いて評価することが少なくないため，リスクに関する評価値のもつ意味を正しく理解するには，最低限の数学的な知識が欠かせない。この章では，私たちに被害を及ぼす事象が発生する可能性とそれによる損失の大きさを定量的に評価する指標について考えたあと，その指標を用いてリスクを分析・予測する方法を学ぶ。最後に，リスクを最小化する最適な対策を求めるための意思決定手法について述べる。

Keyword▶ 確率変数，信頼区間，リスク比，一般化線形モデル，数理計画法

1　リスクの評価と確率

　洪水や地震などの自然災害や，物理・化学現象に基づく事故においては，環境要因や偶然性により，事象の発現形態が大きく変化する。災害や事故などの不確実性を伴う事象を定量的に評価する際には，注目する結果の集合にその「大きさ」を表す非負の実数値を対応づける測度と呼ばれる関数を導入するのが一般的である。発生し得る結果全体を表す集合を Ω と書き，E_1，E_2 を Ω の部分集合とするとき，条件

$$\mu(\phi) = 0,$$
$$\mu(\Omega) = 1,$$
$$E_1 \subseteqq E_2 \Rightarrow \mu(E_1) \leqq \mu(E_2)$$

を満たす関数 μ をファジィ測度という。最初の二つの条件から，ファジィ測度

127

第Ⅲ部　リスクの分析とマネジメント

は起き得るすべての結果を集めた集合の大きさを 1 とするとき，注目する結果がどれくらいの割合を占めているかを表す関数であることがわかる。第 3 式は単調性と呼ばれる条件であり，より多くの結果に注目すると評価値も上がることを表している。

　測度のもつ性質は，合併集合の測度をどのように定義するかで特徴づけられる。パラメータ λ を -1 より大きい実数とするとき，つぎの性質を満たすファジィ測度を λ-ファジィ測度という。

$$E_1 \cap E_2 = \phi \Rightarrow \mu\,(E_1 \cup E_2) = \mu\,(E_1) + \mu\,(E_2) + \lambda\,\mu\,(E_1)\,\mu\,(E_2)$$

私たちが最もよく親しんでいる確率は，λ-ファジィ測度において $\lambda = 0$ とおいたものに他ならない。確率は式

$$E_1 \cap E_2 = \phi \Rightarrow \mu\,(E_1 \cup E_2) = \mu\,(E_1) + \mu\,(E_2)$$

で示される完全加法性と呼ばれる性質をもつ。完全加法性は，確率に関するさまざまな性質を導くための基礎をなす性質であり，リスクの分析や予測を容易にする重要な性質であるが，不確実性を回避したいという人間の心理には適合しない場合も少なくない。λ-ファジィ測度は，確率に要求される完全加法性を一般化した測度である。実際，パラメータ λ を正の値に選べば相乗効果を表す優加法性と呼ばれる性質

$$E_1 \cap E_2 = \phi \Rightarrow \mu\,(E_1 \cup E_2) > \mu\,(E_1) + \mu\,(E_2)$$

をもち，パラメータ λ を負の値に選べば，相乗干渉を表す劣加法性と呼ばれる性質

$$E_1 \cap E_2 = \phi \Rightarrow \mu\,(E_1 \cup E_2) < \mu\,(E_1) + \mu\,(E_2)$$

をもつことがわかる。

　古典的な確率論では，試行によって起き得る場合が N 通りあり，それらが同等に確からしいと仮定できるとき，注目する事象が起きる場合の数が r であるならば，その事象の生起確率を r/N と定義する。例えば，1 個のサイコロを振って出る目を記録するという試行の結果は 6 通りあるが，正しいサイコロであればどの目が出る可能性も同等に確からしいと仮定できるため，1 の目が出る確率は 1/6 と定められる。ある事象の生起確率は，試行を独立に無限回繰り返したときにその事象が発生する相対度数に等しい。ただし，降水や地震をはじめとする多くの自然現象は，複数の事象が連動して発生する場合や，事象の発

生が過去の履歴に依存する場合も少なくないため，確率モデルを用いてリスクを評価することが適切であるか，慎重に検討する必要がある。

　毎日飛行機に乗り続ける人が事故に遭う確率は，高等学校の数学で学ぶ「余事象の確率」の考え方を用いて比較的簡単に計算できる。1回のフライトで事故が発生する確率を p，飛行機に乗る回数を n としよう。1回のフライトで事故が発生しない確率は $1-p$ であるから，n 回飛行機に乗って1度も事故に遭わない確率は $(1-p)^n$ である。これを全確率1から引けば，少なくとも1度事故に遭う確率は $1-(1-p)^n$ であることがわかる。現在では実際の飛行機事故の発生頻度は100万フライトに対して0.3回程度であるから，80年間毎日1回飛行機に乗り続けると仮定すると，求める確率は

$$1-\left(1-\frac{0.3}{1,000,000}\right)^{365\times80} \approx 0.0087,$$

すなわち，0.87％程度であると評価できる。

　実現値が確率的に変動する変数を確率変数と言い，時刻によって取り得る値が変動する確率変数を確率過程という。降水量や地震のマグニチュードのように，確率変数の取り得る値の集合が実数値の連続した区間になる場合には，実現値がある値以下になる確率を定義する分布関数や，その導関数である確率密度関数を用いて確率変数を特徴づける。互いに独立な多数の確率変数の和は，正規分布と呼ばれる特徴的な分布に従う。正規分布は，測定における誤差のように，偶発的要因で発生する確率的現象のモデル化によく用いられる。正規分布の確率密度関数は平均値を中心に左右対称であり，正規分布に従う確率変数は，平均値付近の値をとる確率が最も高く，平均値から離れるにつれてその値を取り得る可能性は減少する。一方，機器の故障のように，事象の発生確率が時間とともに増加する確率過程において，機器の寿命や故障が発生するまでの時間を表す確率変数は，ワイブル分布と呼ばれる分布に従うことが知られている。分布関数や確率密度関数が既知であれば，現象を無限回観測しなくても，平均値や分散など確率変数の特性値に関する信頼区間を求めることができる。

　事象の起こりやすさを比較するときによく用いられる尺度の一つに，オッズがある。オッズは，その事象が起きていることを表す場合の数を起きていないことを表す場合の数で割ることによって求められる。ある事象の生起確率がわ

第Ⅲ部　リスクの分析とマネジメント

かっているならば，その事象のオッズはその事象が起きる確率を起きない確率
で割った値に等しい。例えば，ある病気に関する検査が 10 項目あり，Aさん
はそのうち 5 項目が陽性，Bさんはそのうち 8 項目が陽性であったとする。そ
のとき，Aさんのオッズは $5/(10-5)=1$，Bさんのオッズは $8/(10-8)=4$ に
なる。BさんのオッズはAさんのオッズの 4 倍であるから，BさんはAさんに
比べてその病気である可能性が 4 倍であると評価される。一般に，ある対象物
のオッズを比較する対象物のオッズで割った値をオッ・ズ・比・という。次節で述べ
るように，オッズ比は，ある事象がもつリスクの大きさを統計的に推測する場
合にもよく用いられる。

　リスクを定量的に評価する場合には，被害の大きさをどのようにして算定す
るかも問題になる。所得税の申告における雑損控除の計算では，災害等により
被害を受けた資産の損失額を，その現在価値に基づいて式
　　　損失額＝（取得価額－取得から損失を受けた時までの減価償却費）×被害割合
により算定することが合理的とされている。一方，施設や建物の被害について
は，復興に必要な費用をあらかじめ算定する必要があるため，損失額を式
　　　損失額＝再調達価額×損失率
で計算することが多い。大規模な災害により交通機関に被害が発生した場合に
は，復旧に要する直接的な費用のほかに，当該交通機関を利用できなかったこ
とによる機会損失を，社会的な被害として算定することがある。

　津波や火災などで滅失する可能性があるものの中には，「思い出のアルバム」
のように金銭的な評価は困難なものの，それが失われることが大きな精神的苦
痛をもたらすものも少なくない。ある資産の絶対的価値を直接算定することが
困難である場合には，他の資産に対する相対的価値の評価結果を組合せること
によって絶対的価値を算出することができる。容易に確かめられるように，資
産 $1, \cdots, n$ の価値が $w_1, \cdots, w_n$ であるとき，w_i/w_j を i 行 j 列成分とする $n \times n$
行列の最大固有値は n であり，対応する固有ベクトルは $(w_1, \cdots, w_n)^{\top}$ になる。
そこで，集合 $\{1, \cdots, n\}$ から選んだ異なる i と j の値の組 (i, j) に対して，資産 i
が資産 j に比べて何倍価値があるかを所有者に対してヒアリングしてその値を
a_{ij} とおけば，i 行 j 列成分を a_{ij}，対角成分を 1 とする行列の最大固有値に対す
る固有ベクトルは，資産 $1, \cdots, n$ の絶対価値から成るベクトル $(w_1, \cdots, w_n)^{\top}$ の

定数倍になる。

2　リスクの分析・予測モデル

　独立に発生する事象の生起確率は，試行を多数回繰り返して注目する事象が何回発生するかをカウントすることにより推定することができる。実際，試行を N 回繰り返して注目する事象が X 回発生したとき，N が十分大きく X/N が適度な大きさであれば，注目する事象の生起確率 p は95％の確率で区間

$$\frac{X}{N} - 1.96s \le p \le \frac{X}{N} + 1.96s$$

に含まれる。ただし，s は標準誤差であり，次式で定義される。

$$s = \sqrt{\frac{X(N-X)}{N^3}} = \sqrt{\frac{\frac{X}{N}\left(1 - \frac{X}{N}\right)}{N}}$$

例えば，試行を独立に380回繰り返してある事象が38回観測されたとき，注目する事象の生起確率の95％信頼区間は 0.07〜0.13 と評価される。標準誤差の定義からわかるように，生起確率 p の信頼区間の幅を半分にするためには，試行回数 N を 4 倍にすればよい。

　災害や事故のように発生確率が非常に小さい現象においては，試行を何度も繰り返し実行したときに注目する事象が何回程度発生するかに興味がある。一般に，ある事象が確率 p で生起する試行を独立に n 回繰り返したとき，注目する事象が k 回起きる確率は，二・項・分・布・

$$B_{n,p}(k) = {}_nC_k\, p^k (1-p)^{n-k} = \frac{n!}{k!\,(n-k)!}\, p^k (1-p)^{n-k}$$

により計算できる。例えば，サイコロを 1 回振って 1 の目が出る確率を p とおくと $p = 1/6$ であるから，サイコロを 6 回振れば，1 の目は 1 回出ると期待される。しかし，1 の目がちょうど 1 回出る確率は $B_{6,1/6}(1) \fallingdotseq 0.402$ にすぎず，2 回出る確率は $B_{6,1/6}(2) \fallingdotseq 0.201$，1 回も出ない確率は $B_{6,1/6}(0) \fallingdotseq 0.335$ であることがわかる。

　一方，n が十分大きく p が十分小さい場合には，注目する事象が k 回起きる確率は，ポ・ア・ソ・ン・分・布・

第Ⅲ部　リスクの分析とマネジメント

$$P_\lambda(k) = \frac{\lambda^k}{k!} e^{-\lambda}$$

により近似できる。ただし，パラメータ λ は注目する事象が起きる回数の期待値であり，$\lambda = np$ で定められる。また，e はネイピア数とよばれる定数であり，$e \fallingdotseq 2.72$ である。例えば，500個に1個の割合で不良品が発生する機械により製造された製品1000個を調べたとき，その中に不良品が少なくとも1個含まれている確率は

$$1 - P_{1000/500}(0) = 1 - \frac{1}{e^2} \fallingdotseq 0.865$$

である。

　一般に，被害を及ぼす結果を引き起こす要因は複数存在し，それぞれの要因がもつリスクの大きさには差がある場合が少なくない。要因Aをもつ対象物のグループと要因Aをもたない対象物のグループを継続的に観察し，それぞれのグループにおいて被害を及ぼす結果Bが起きる対象物の数を比較すれば，要因Aをもつことが結果Bの発生にどの程度影響があるかを統計的に評価できる。観測結果が**表10-1**のようにまとめられるとき，要因Aがある場合に結果Bが発生するリスクは a/l，要因Aがない場合に結果Bが発生するリスクは $c/(n-l)$ と評価できるから，要因Aをもつ対象物は要因Aをもたない対象物に比べて結果Bを引き起こすリスクが

$$q = \frac{a}{l} \div \frac{c}{n-l} = \frac{a(c+d)}{c(a+b)}$$

倍であると評価できる。一般に，値 q は相対危険度またはリスク比と呼ばれる。

　結果Bが起きるか否かを見極めるまでに多大な時間がかかる場合には，結果Bが発生している対象物のグループと結果Bが発生していない対象物のグループのそれぞれについて，要因Aをもつ対象物の数を比較することによって，リスク比を推定できる場合がある。観測結果が表10-1のようにまとめられるとき，結果Bが起きているグループにおける要因Aのオッズは a/c，結果Bが起きていないグループにおける要因Aのオッズは b/d であるから，前者の後者に対するオッズ比は

$$r = \frac{a}{c} \div \frac{b}{d} = \frac{ad}{bc}$$

第10章　リスク分析の方法

表10-1　因果関係のクロス集計表

		結果B		計
		あり	なし	
要因A	あり	a	b	l
	なし	c	d	$n-l$
計		m	$n-m$	n

である。結果Bの起きる可能性が非常に低い場合，すなわち，条件 $a \ll b$，$c \ll d$
が成り立つならば，オッズ比 r はリスク比 q のよい近似になる。

　表10-1が調査対象物全体に対する観測結果ではなく，母集団から無作為抽出
された n 件の標本に対する観測結果である場合には，オッズ比 r は95％の確率
で区間

$$\frac{ad}{bc} \div e^{1.96s} \leq r \leq \frac{ad}{bc} \times e^{1.96s}$$

に含まれる。ただし，s は標準誤差であり，次式で定義される。

$$s = \sqrt{\frac{1}{a} + \frac{1}{b} + \frac{1}{c} + \frac{1}{d}}$$

例えば，$a=b=c=d=460$ のとき $e^{1.96s} \fallingdotseq 1.2$ であるから，オッズ比を精度よく
推定するには，相当数の標本を調査する必要がある。

　被害を及ぼす結果を引き起こす要因のなかに量的データで測定されるものが
含まれる場合には，一般化線形モデルを用いてリスクを分析することができる。
一般化線形モデルは，要因 A_1, …, A_n の観測値 x_1, …, x_n をもとに，結果Bの生
起確率 p を式

$$p = \frac{1}{1+e^{-z}}, \quad z = a_1 x_1 + \cdots + a_n x_n + h$$

により予測するモデルであり，結果Bが起きた場合の要因 A_1, …, A_n の観測値
と結果Bが起きなかった場合の要因 A_1, …, A_n の観測値から係数 a_1, …, a_n と
定数 h の値を定める計算は，ロジスティック回帰分析と呼ばれる。一般化線形
モデルにおいて，結果Bのオッズは $p/(1-p) = e^z$ であるから，要因 A_i の値が
1単位増えたとき，結果Bの起きるリスクはオッズ比の意味で e^{a_i} 倍になる。

第Ⅲ部　リスクの分析とマネジメント

3　リスクを最小化するための意思決定手法

　自然科学，社会科学のさまざまな分野で発生する意思決定問題を合理的に解決するために用いられる方法論の一つに，数理計画法がある。数理計画法では，解くべき意思決定問題を，いくつかの制約条件を満たす変数の組のなかで目的関数の値を最大または最小にするものを求める最適化問題として定式化し，数学的に厳密なアルゴリズムを用いてこれを解く。したがって，防災・減災や事故防止のための政策を決定変数，その政策が支配される物理的あるいは社会的条件を制約条件，その政策のもとで予想されるリスクの大きさを目的関数とする最適化問題を構成すれば，リスクを最小化する政策を求める意思決定問題を数理計画法の枠組みで解くことができる。

　目的関数が1次関数，制約条件が連立1次方程式または不等式である最適化問題は線形計画問題と呼ばれ，つぎのような数式で記述される。

　　目的関数：$c^\top x \to$最小

　　制約条件：$Ax = b,\ x \geqq 0$

ここで，xは決定変数のベクトル，Aはパラメータの行列，b，cはパラメータのベクトルである。事故や災害に伴うリスクはその大きさをあらかじめ特定することが困難であるため，パラメータA，b，cは不確実性を伴う。とくに，パラメータA，bに不確実性が含まれる場合には，式$Ax = b$の両辺の値がいずれも不確実になるため，それらが等しいことを要求する制約条件の解釈を明確にしなければ線形計画問題を解くことができない。そこで，等式$Ax = b$の成り立つ確率，あるいは，ファジィ測度がある一定の水準以上であるという制約条件のもとで，目的関数$c^\top x$の値を最小にする決定変数xの値を求める問題（機会制約問題）や，等式$Ax = b$の代わりに残差$Ax - b$の大きさを目的関数に加えた問題（リコース問題）を解くというアプローチをとる必要がある。

　パラメータA，bの取り得る値の範囲がわかっている場合には，A，bがどのような値をとっても式$Ax = b$が成り立つようなxの中で，目的関数$c^\top x$の値を最小にする決定変数xの値を求めるアプローチ（ロバスト最適化）も有効である。また，リスク対策の有効性を検討する場合には，パラメータA，bの可能

な組み合わせごとに線形計画問題の最適解を求め，その中で目的関数 $c^{\top}x$ の値が最大になるケースを明らかにする最悪状況解析を行うことも少なくない。最悪状況解析を行うためには，もとの線形計画問題を下位レベル問題にもつ 2 レベル数理計画問題を解く必要がある。

さらに学ぶための基本図書

木下栄蔵・大屋隆生（2007）『戦略的意思決定手法 AHP』朝倉書店。

菅野道夫・室伏俊明（1993）『ファジィ測度』日刊工業新聞社。

ドブソン，A. J.／田中豊・森川敏彦・山中竹春・冨田誠訳（2008）『一般化線形モデル入門』共立出版。

西田俊夫（1973）『応用確率論』培風館。

福島雅夫（2001）『非線形最適化の基礎』朝倉書店。

第11章	リスクマネジメント

　リスクを網羅的に把握し，その影響を評価して損失を低減または回避するための一連の取り組みを，リスクマネジメントと言う。リスクマネジメントという用語は，ファイナンス，企業経営，機械システムの安全，事故防止，自然災害などさまざまな分野で用いられるが，リスクに対する認識や制御可能性などに大きな差があるため，それが意味する内容は必ずしも同一ではない。多くの分野では，リスクはマイナスの影響のみを与える純粋リスクとして取り扱われるが，マイナスとプラス双方の影響がありうる投機的リスクの検討が重要になる場合もある。

Keyword▶ 純粋リスク，投機的リスク，リスクアセスメント，リスクトリートメント

1　リスクマネジメントとは何か

1　リスクマネジメントの本質

　他の章でもたびたび言及されているように，2009年に発行され，2018年に改訂された国際規格である ISO 31000：2018「リスクマネジメント――原則及び指針」（Risk management-Principles and guideline）は，リスクを「目的に対する不確かさの影響」，リスクマネジメントを「リスクについて，組織を指揮統制するための調整された活動」と定義している（ISO 31000：2018, 23-25頁）。

　リスクマネジメントの概念には，複数の流れがある。リスクマネジメントは，経営学的なアプローチと保険を中心とするファイナンス的なアプローチを第1の流れとして，また，安全工学的なアプローチを第2の流れとして発展してきた。そのほかにも，第3，第4の流れとして，防災・減災科学的なアプローチや法学的なアプローチが存在する。リスクマネジメントの考え方は，企業だけ

でなく，国家，行政，地域社会，教育機関，医療機関，家庭，個人などに適用され，さまざまな分野に広がりを見せている。

　経営学の分野において最初にリスクマネジメントの重要性を指摘したのは，フランスのファヨール（J. H. Fayol）である。彼は，1916年の論文「産業ならびに一般の管理」の中で，企業活動の一つとして保全的職能（Security Function）を取り上げ，それを「資産と従業員の保護」であると規定した（Fayol, 1999, p. 7）。同論文以降，リスクマネジメントは，リスクを克服するためのマネジメント，ノウハウ，システム，対策などを意味するようになった。

　一方，アメリカでは1950年代に保険管理型のリスクマネジメントが定着した。関係する代表的な論文として，ギャラガー（R. B. Gallagher）が1956年に発表した「リスクマネジメント―コスト管理の新局面」がある。同論文は，「安全管理やリスク管理にどこまでコストをかけるか」という現代にも通じる重要な視点を示した。その後，1970年代から1980年代にかけて，アメリカの保険管理型のリスクマネジメント理論が続々と日本に紹介された。

　安全工学の分野においてリスクマネジメント的なアプローチがはじまったのは，1960年代になってからである（関根ほか，2008，13頁）。その大きな理由は，この頃から機械システムが急速に複雑になりはじめ，リスクを解析する手法が必要になったためである。例えば，具体的な技術システムを想定して，原因になる事象や信頼性のデータをもとに機能が喪失する確率を推定するフォールトツリー解析や，システムの事象展開を解析するイベントツリー解析などの手法が開発された。

　1979年に発生したアメリカ・スリーマイル島における原子力発電所の事故を契機に，1980年代前半頃からリスクマネジメントに関する手法はさらに発展をみせる。スリーマイル島の事故では，ヒューマンファクターおよびヒューマンエラーがシステムの安全性に重大な影響を与えることが明らかになった。そのため，リスクアセスメントや事故調査を行う際には，機械システムを技術的，工学的な領域だけでなく，関係する人間や組織も含めた一体的なシステムとして評価するようになった。

　近年の機械システムは，複数の機能が複雑に入り組んでいると同時に，ネットワーク技術を用いて広範囲に機能を分散させていることが大きな特徴である。

第Ⅲ部　リスクの分析とマネジメント

機械技術や情報通信技術の発達に伴って，リスクマネジメント手法の開発や研究も盛んになり，リスクマネジメントはレジリエンス工学の中核的な部分を占めるようになった。

　リスクマネジメントは，もともと人為的な災害を対象に発展した分野であるため，自然災害に対するリスクマネジメントの歴史は比較的新しい。自然災害の原因になる自然現象は，人間による制御が困難である。また，地震や火山噴火などの自然災害は発生頻度が低く，1980年代になっても，外力の強さを評価するために必要なメカニズムが十分に解明されていなかった。そのため，これらの自然災害に備える防災の分野では，過去の観測記録のなかの最大値である既往最大を基準にしていた。これは，二度と同じ被害を起こさないという考え方でしかなく，リスクマネジメントの考え方は含まれていない。日本において災害リスクマネジメントが本格的に広まったのは，1995年の阪神・淡路大震災以降である（京都大学防災研究所，2011，241頁）。

　地震災害を例にとると，リスクマネジメントを実施するためには，つぎの手順で被害予測を行う必要がある。

　①想定すべき地震の震源モデルを設定する。

　②その地震による各地点での地震動の強さ，あるいは，震度を推定する。

　③地震動の強さの違いに応じて，生じる被害量を予測する。

　④各地点において推定された被害を集計し，地図上に表現する。

　1970年代以降，地球物理学における理論が進展し，観測データの蓄積も進んだため，上記①で設定する震源モデルは，ある程度特定できるようになった。また，地震波動の伝播に関する理論とシミュレーション技術の飛躍的進歩により，①で設定した震源モデルをもとに，②で求めるべき地震動の強さの空間的分布を推定することも可能になった。また，地震動の強さと建物などの被害率の関係には，実用的な経験式が数多く提案されている。そのため，ある場所に存在する建物の数やそこに住んでいる人口の総数に，経験式から推定された被害率をかければ，③で予測すべき被害量を求めることができる。③の結果を集約したものが④であり，具体的にはハザードマップや被害想定という形で公表される。地方公共団体や企業は，④で得られた被害想定に基づいて，リスクマネジメント的な視点から災害対応を検討するようになっている。

第11章　リスクマネジメント

　今日では，実施主体や対象にするリスクの違い，マネジメント概念の相違などにより，リスクマネジメントの内容は極めて大きな広がりをもつようになっている。企業におけるリスクマネジメントの分野では，2004年にアメリカのトレッドウェイ委員会支援組織委員会（COSO）が発表し，2016年に改訂されたERM（Enterprise Risk Management）のフレームワークが普及している。

　2　リスクの概念

　リスクは，これまで国際的に「事象の発生確率と事象の結果の組合せ」（ISO/IEC Guide 73：2002）あるいは「危害の発生確率と危害の重大さの組合せ」（ISO/IEC Guide 51：1999）と定義されてきた。2009年に発行されたISO 31000：2009とISO Guide 73：2009では，これらの定義を踏まえて，リスクを新たに「目的に対する不確かさの影響」と定義するようになった。リスクの定義が変遷した背景には，マイナスの影響をもたらすリスクだけでなく，意思決定に伴ってリスクを負担すれば，プラスの影響をもたらすリスクも対象にするという現代的なリスクマネジメントの考え方がある。

　伝統的なリスクマネジメント理論は，リスクを純粋リスク（pure risk）と投機的リスク（speculative risk）に分類していた。**表11-1**に示すように，前者は，

表11-1　純粋リスクと投機的リスク

純粋リスク（Pure risk） リスクトリートメント（リスク対応）の対象	• Loss Only Risk • マイナスの影響（ロス）のみを生じるリスク • オペレーショナルリスク • 事故・災害・賠償責任 • 守る，防ぐ，保険をかけることに関わる決断の対象
投機的リスク（Speculative Risk） リスクテーキング（リスクを取る）の対象	• Loss or Gain Risk • マイナスの影響（ロス）とプラスの影響（ゲイン）のどちらかを招く可能性 • ビジネスリスク・戦略リスク • 新規事業展開・設備投資・新製品開発・資金調達・M&A等の成否をめぐる不確実性 • ビジネスチャンスや経営戦略に関わる決断の対象

（出所）　筆者作成。

139

第Ⅲ部　リスクの分析とマネジメント

自然災害や偶発事故のように，現実に発生すれば損失のみが発生するリスク（loss only risk）である。一方，後者は，企業活動や経営環境の変化などによって損失が発生するか，損失の発生を防止すれば利益の発生へつながるリスク（loss or gain risk）であり，「リスクを取る」あるいは「リスクテーキング」という場合のリスクである。表11-1に，それぞれのリスクの特徴をまとめる。

［ 3 ］ リスクの要素

　安全管理や保険管理を中心とするリスクマネジメント論では，リスクは事故発生の可能性と理解され，①ハザード（hazard）：事故発生に影響する事情や条件，状況，②エクスポージャー（exposure）：リスクに曝される人や物，③リスク（risk）：事故発生の可能性，④ペリル（peril）：事故，イベント（event）：事象，⑤クライシス（crisis）：事故の可能性の接近・事故の結果の持続，⑥ロス（loss）：損失などの要素を含んでいる。

　第1章でも述べたように，ハザードという用語は危害の潜在的な源（発生源や性質）という意味の用語である。ただし，ハザードは分野によって異なるニュアンスで用いられる場合がある。ヤングとティピンズは，ハザードを「損失が発生する確率や，損失の程度を引き上げるような環境および条件」と説明している。また，ハザードの類義語であるリスク要因を，「ハザードの類義語であるが，マイナス面だけではなくプラス面の可能性もある投機的なリスクのことを言う」と説明している（Young and Tippens, 2001, p.72）。リスクマネジメントを展開する場合は，上に述べたどの要素を中心に対応するのかを明確にする必要がある。

［ 4 ］ リスクマネジメントのプロセス

　ISO 31000の特徴は，用語の定義を明確にした上で，あらゆる組織に適用可能なリスクマネジメントのプロセスを提示しているところにある。リスクマネジメントのプロセスは，**図11-1**に示すように，①組織の状況の確定，②リスクアセスメント，③リスク対応の各段階に，（a）コミュニケーションと協議，（b）モニタリングとレビューが関わり合う形になっている。

140

第11章　リスクマネジメント

図11-1　ISO 31000のリスクマネジメント・プロセス

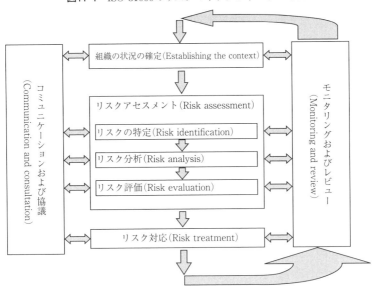

（出所）ISO 31000：2009, 9頁。

5　適用範囲・状況・基準

ISO 31000：2009は，リスクマネジメントのプロセスの第1段階に組織の状況の確定（establishing the context）をおいた。組織の状況の確定では，リスクを運用管理する場合に考慮することが望ましい外部および内部の要因を規定し，リスクマネジメントの方針に従って適用範囲およびリスク基準を設定する。

なお，ISO：31000の2018年の改訂版では，2009年版の「組織の状況の確定」から「適用範囲・状況・基準」（Scope, Context, Criteria）という表記になった。また「リスク対応」の下に2018年改訂版では「記録作成及び報告」（Recording & Reporting）というプロセスが付け加えられた。

2　リスクアセスメント

1　リスクアセスメント

ISO 31000によれば，リスクマネジメントのプロセスの第2段階はリスクア

第Ⅲ部　リスクの分析とマネジメント

セスメント（risk assessment）である。リスクアセスメントにおいては，リスクの発生頻度やリスクのもつ影響の度合いを分析するとともに，リスク基準に基づいて当該リスクを回避するのか受容するのか，重大なリスクは何か，リスク対応の優先順位はどうするかについて評価する。なお，リスク基準は，リスク対応のために必要なコスト，リスクに曝してもよいと判断する資源の上限，リスクを負担することによって取得する可能性のある利益（benefit），法的規制や要件，環境への影響，ステークホルダーの期待などを意味する。リスクアセスメントにおいては，リスクの発生頻度と影響度をプロットしたリスクマップやマトリクスを用いる。

［ 2 ］リスクの特定

　ISO 31000によれば，リスクアセスメントの第1段階は，リスクを発見，認識し，リスクの特定（risk identification）をすることである。リスクの特定では，リスク感性を発揮して，以下の諸点を明らかにする。
　①エクスポージャーを洗い出す。すなわち，組織にはどのような人的資産と物的資産が存在するかをチェックする。
　②人的リスクと物的リスク，責任リスクと費用リスクなど，どのような事故が起きる可能性があるかを明らかにする。
　③人的損失，物的損失，債権回収不能，利益喪失，損害賠償責任など，事故によってどのような形態の損失が発生するかを明らかにする。
　リスクの特定を行うためには，a. 現場確認，b. 聴き取り，c. 意見を出し合うセッション，d. チェックリスト，e. アンケート，f. フローチャートなど，さまざまな手法が用いられる。
　なお，研究分野や研究者によっては，ISO 31000の言うリスクの特定を，リスクの同定と訳す場合がある。

［ 3 ］リスクの分析・評価

　ISO 31000では，リスクアセスメントの第2段階は特定されたリスクを分析するリスク分析（risk analysis）である。次いで，第3段階はリスクの影響度を想定するリスク評価（risk evaluation）である。ここで求めなければならないこ

とは，事故の発生確率あるいは頻度と，事故が発生したことによって生じる損害の規模，すなわち，事故の強度ないしは影響度である。特定されたリスクが，いかなる確率または頻度で現実の事故に発展し，その結果，いかなる影響を及ぼすかを分析し，評価するのがこの段階である。

　一方，リスクの特定と評価の結果に基づいてリスクを可視化したものがリスクマップである。リスクマップでは，誰が見てもリスクを認識できるように「見える化」することが重視される。

　ISO 31000：2018は，リスク分析を「リスクの特質を理解し，リスクのレベルを決定する過程」と定義し，リスク評価を「リスクとその大きさが，受容あるいは許容可能か否かを決定するために，リスク分析の結果をリスク基準と比較する過程」と定義している。なお，リスクの分析・評価の手法として，統制自己評価（CSA：Control Self-Assessment）などがある。

3　リスクトリートメント

　リスクトリートメントは，リスク対応，あるいは，リスク処理手段の選択を意味する用語である。これは，必要なコストなどを考慮しながら，その組織にとって最適なリスク処理手段を一定の基準に基づいて選択する意思決定を意味する。

　リスク対応においては，リスクアセスメントによって特定されたリスクを評価した後，そのリスクをどのように処理するかを決定する。ISO 31000：2009は，リスク対応をつぎのような事項を含む，リスクに対処するための選択肢を選定し，実施することと定義している。

- リスクを生じさせる活動を，開始または継続しないと決定することによって，リスクを回避すること。
- ある機会を追求するために，リスクを取るまたは増加させること。
- リスク源を除去すること。
- 起こりやすさを変えること。
- 結果を変えること。
- （例えば，契約，保険購入によって）リスクを共有すること。

第Ⅲ部　リスクの分析とマネジメント

・情報に基づいた意思決定によって，リスクを保有すること。

　リスク対応は，事故防止や災害対策を実施するリスクコントロールと，資金を準備したり保険を活用したりするリスクファイナンスという二つの柱からなる。また，リスク対応には，①回避，②除去・軽減，③転嫁・移転・共有，④保有・受容という四つの手段がある。リスクを回避せずに行動を起こした場合は，できる限りリスクを軽減しようと努める。それでも残存する残余リスクは，他者に移転したり，他者と共有しようとしたりする。軽減・移転・共有しきれない部分は，リスクを保有することになる。

　リスクの保有には，リスクに対する無知から結果的に保有することになる消極的保有と，リスクを十分認識した上で保有する積極的保有がある。積極的保有の場合でも，あらかじめ何らかの対策を立てた上で保有する場合と，何も対策を講じず放置する先送りの場合がある。気がつけばリスクに曝されていたという消極的な保有ではなく，リスクの存在を十分に意識した上でリスクを受け入れる積極的な保有の状態が望ましい。ISO 31000も，情報に基づいた意思決定によって，リスクを保有することを推奨している。

4　リスクマネジメントの運用

［1］コミュニケーション：リスク対応についての共通理解

　図11-2に示すように，企業経営におけるリスクコミュニケーションは，①わが社はどのようなリスクに直面しているか，②そのリスクにわが社はどのように対応するかについて，(a) 組織内部と (b) 組織外部のステークホルダーの間で共通理解を図ることを意味する。

　企業によるリスク情報の開示とは，対処すべき課題，事業等のリスク，財政状態，経営成績およびキャッシュ・フローの状況の分析，コーポレート・ガバナンスの状況などを有価証券報告書に記載することや，「損失の危険の管理に関する規程その他の体制」を内部統制報告書に記述すること，さらには株主総会において説明することなどである。

第11章　リスクマネジメント

図11-2　企業におけるリスクコミュニケーション

(a)企業内部におけるコミュニケーション 　（トップマネジメント◆▶ミドルマネジメ 　ント◆▶現場）	(b)企業外部に対するコミュニケーション 　（企業◆▶ステークホルダー：株主・投 　資家・消費者・地域社会）

リスク情報の開示

①企業を取り巻くリスクについての共通理解：
　→リスクをめぐる状況についての価値観を共有

②リスクにどのように対応するかについての共通理解：
　→リスク克服に向けた価値観を共有

（出所）　筆者作成。

2　コーディネーション：リスクマネジメントの組織体制

ISO 31000は，リスクマネジメントを「リスクに関して組織を指揮し，統制する調整された活動」と定義している。ここで言う調整（coordination）は，組織の内部においてリスク対応に関する諸条件を整備し，当事者間の利害関係について最適解を導き出すことを意味する。

現代の企業においては，リスクマネジメントにおける調整役を担うリスクマネジメント委員会などの組織を設置することが一般的である。生産，販売，情報などの各職能部門のみに関わるリスクは，各部門で対応する。リスクマネジメント委員会が取り扱うのは，複数部門にまたがるリスクや，全社的に影響を及ぼすリスクである。

現代では，リスク対応において，ロスを最小化し利得を最大化することによって「リスクの最適化」が図られる。現実の世界では，リスクが全くない「リスク・ゼロ」という状況はありえない。私たちを脅かすリスクがあるからこそ，私たちはそれを乗り越えようとしてリスクマネジメントについて努力をする。その結果，組織の価値が向上していくのである。

引用・参考文献

ISO 31000 : 2009『JIS Q 31000 : 2010』日本規格協会。

第Ⅲ部　リスクの分析とマネジメント

ISO 31000：2018『JIS Q 31000：2019』日本規格協会。

井上欣三編著／北田桃子・櫻井美奈共著（2017）『リスクマネジメントの真髄——現場・組織・社会の安全と安心』成山堂書店。

片方善治（1978）『リスク・マネジメント——危険充満時代の新・成長戦略』プレジデント社。

京都大学防災研究所（2011）『自然災害と防災の事典』丸善。

関根和喜・丹羽雄二・高木伸夫・北村正晴・ホルナゲル，E.（2008）『技術者のための実践リスクマネジメント』コロナ社。

奈良由美子（2017）『改訂版　生活リスクマネジメント』放送大学教育振興会。

ピーター・ヤングほか／宮川雅明ほか訳（2002）『MBA のリスク・マネジメント——組織目標を達成するための絶対能力』PHP 研究所。

Fayol, H.（1999）*Administration industrielle et générale*, Dunod.

Russell B. Gallagher（1956）"Risk Management: New Phase of Cost Control," *Harvard Business Review*, September/October 1956.

（さらに学ぶための基本図書）

上田和勇（2014）『事例で学ぶリスクマネジメント入門　第 2 版』同文舘出版。

時松孝次・大町達夫・盛川仁・翠川三郎（2010）『地震・津波ハザードの評価』朝倉書店。

中村昌允（2012）『技術者倫理とリスクマネジメント——事故はどうして防げなかったのか？』オーム社。

仁木一彦（2012）『図解　ひとめでわかるリスクマネジメント』東洋経済新報社。

林春男・牧紀男・田村圭子・井ノ口宗成（2008）『組織の危機管理入門——リスクにどう立ち向かえばいいのか』丸善株式会社。

|第12章|リスクコミュニケーション|

この章では，災害などのリスクについて誰が何をどう伝えることが
必要なのかについて解説する。とくに，災害に対処するうえで重要な
情報は何か，さらに，災害に備えるためには人々にどのような教育を
行うことが必要なのかについても考察する。

Keyword▶ リスクコミュニケーション，災害情報，復興情報，普及・啓発の情報，
防災教育，双方向のコミュニケーション

1 リスクコミュニケーション

〔 1 〕 リスクコミュニケーションとは何か

　リスクコミュニケーション（以下「リスコミ」という）を文字通りに解釈する
と，リスクに関する情報を人々に伝えることになる。私たちは，危険な損害に
遭遇する可能性があると認識した場合にリスクがあると考える。したがって，
福島第一原発事故による放射線被曝のリスコミでは，放射線被曝による健康被
害の可能性の大きさを伝えることになる。

　リスクに関する情報として，人々に何を伝えるべきかという問題は非常に難
しい。例えば，国際放射線防護委員会（ICRP）は，福島第一原発事故による放
射線被曝が健康リスクをどの程度高めるかについて，生涯を通算した放射線の
被曝量が100ミリシーベルトに達するごとに，ガンによる死亡率が0.5％上乗せ
されるという情報を提供した。しかし，このような専門的な数値情報が，市民
に正しく伝わり，理解されたとは考えにくい。

　リスク心理学者の P. スロビック（Slovic, 1987）によると，一般の人々は，確
率を含む数値情報によってリスクの大きさを判断するのでなく，被害の甚大さ
の程度とその被害が起きる不確かさの程度という大ざっぱな心理的ものさしを

第Ⅲ部　リスクの分析とマネジメント

使ってリスクを評価しているという。もし，そうだとすれば，ICRP が提供した放射線被曝に関するリスクの情報を，多くの住民が正確に理解することは難しいであろう。一方，事故直後の政府による記者会見では，直ちに人体に影響を及ぼすものでないという表現でリスコミが行われた。政府のリスコミに対して，影響がないならば何もしなくてよいのか，あるいは，直ちに影響がなくても将来にはどのような影響があるのか，また，あるとしたらどのような準備をしなければならないのか，などについて，人々は切実に知りたいと考えていた。

2　リスコミで伝えるべき内容は何か

　リスコミで伝えるべきことは，リスクの大きさとリスクへの対処方法である。すなわち，現在あるいは将来リスクに曝されるおそれのある人々に，リスクの大きさなどの情報を伝えるだけでなく，現在リスクに曝されている人々に，そのリスクを避けたり，軽減したりするための対処方法を伝えることも必要なのである。

　危機における意思決定を調べた I. L. ジャニスと L. マンの研究（Janis & Mann, 1977）によると，一般に人はリスクが迫っているという情報を提供されても，リスクに対する有効な対処方法を見つけられなければ，リスクはそれほど大きくないと希望的に判断を修正したり，今までとっていた行動に固執したりする傾向があるという。リスクの大きさを伝えるだけでは，リスクへの適切な対処を妨げることになるため，リスコミではリスクへの対処方法を伝えることが大切なのである。　1　で述べた放射線被曝のリスコミにおいても，放射線による健康被害に曝されるおそれのある人々に放射線のリスクに関する情報を伝えるだけでなく，放射線のリスクを避けるために必要な対処方法，例えば，放射線の計測や除染の方法，汚染されていない食品の選択や避難の必要性などを伝えなければならないのである。

　福島県では，原発事故の後に，放射線被曝に関する県民からの問い合わせを受け付ける窓口や健康相談ホットラインを開設してリスコミを行っている。住民からの問い合わせ内容は，放射線の量や健康への影響，食べ物の放射線被曝のおそれ，生活の仕方，除染，避難などさまざまであった。問い合わせ内容の時間的な推移をみると，最初の頃は放射線被曝のリスクの大きさに関する問い

合わせが多かったが，しだいに放射線被曝への対処方法に関する問い合わせに変化していったという（大澤ほか，2015）。

　大澤らは，窓口で住民からの問い合わせに答えた経験をもとに，放射線被曝についてのリスコミの要点や課題をつぎのようにまとめている。シーベルトやベクレルなどの専門用語を用いると，住民が理解できるように放射線被曝のリスクを伝えることは難しくなる。また，10ミリシーベルト以下という低線量の放射線被曝による健康リスクについての考え方は，当時の専門家や科学者の間でも一致していなかったため，住民に情報提供しても理解してもらうことは難しかった。そもそも，放射性物質がいやで気持ち悪いという住民の感情に共感を示さなければ，細かな説明に耳を傾けてもらうことはできない。さらに，住民一人ひとりの立場や事情に応じて，生活の仕方，健康管理，除染など，住民自身が対処できることを伝えることがとくに重要である。

［ 3 ］ リスコミでの送り手と受け手の役割

　福島第一原発事故による放射線被曝のリスコミについて考えるとわかるように，リスコミの送り手は，原子力発電というリスクを伴う技術を開発した技術者や，技術を導入した電力会社の専門家あるいは行政であり，いずれもリスクについて正しい知識をもっている。しかし，リスコミの目的は，科学技術の便益が大きく，リスクが小さいことを説明して，市民を説得することではない。リスコミの送り手には，人々の健康や生活の安全，自然環境などに及ぼすリスクを住民に正しく認識させ，住民自身が対処の必要性や対策について判断できるように，必要かつ十分な情報を提供する責任や義務がある。

　一方，受け手は，現在または将来リスクに曝されるおそれのある市民や，リスクの原因になる事象の当事者である。リスコミの受け手は，リスクを伴う科学技術を受け入れるべき，あるいは，リスクを避ける方策を自分で選ぶべきであるという指示を送り手から一方的に受ける存在ではない。人々は，リスクを回避あるいは軽減するために必要なコストや，有効性に関する簡単で明瞭な知識を必要としている。その知識を参考にして，科学技術により自分が望む便益が得られるのか，科学技術によるリスクは許容できるのかを自分自身で判断できるようになるためにリスコミをするのである。リスコミの受け手には，リス

第Ⅲ部　リスクの分析とマネジメント

クに関する情報を知る権利と，それをもとにリスクを許容するか否かを自分で
判断する義務がある。

　リスコミの送り手と受け手は，それぞれ自分の役割を認識するとともに，互
いに相手の役割を正しく理解する必要がある。とくに，互いの役割への信頼が
なければ，リスコミを通じて共通の理解を得ることはできない。

　送り手である科学者や技術者に対する受け手の信頼には，送り手の能力への
信頼と，送り手の意思への信頼という二つの側面がある。すなわち，送り手に
は必要な知識や情報を正確にわかりやすく伝える能力があり，受け手が理解で
きるように誠実に努力して伝えようとする意思があるという信頼がなければ，
受け手は送り手からのリスコミを真摯に受け止めることはできないのである。

　また，送り手の側にとっても，受け手である市民の意思と能力への信頼が欠
かせない。実際，受け手には自分たちの伝えるリスクに関する情報をまじめに
聞こうとする意思があり，受け取ったリスクの情報を熟慮して判断できる能力
があるという信頼がなければ，科学者や技術者は，自分の専門である科学技術
の研究にかける時間を割いてまで，情報提供の仕事に努力を傾けようとはしな
いであろう。

［ 4 ］ 社会的なリスクと個人的リスクでのリスコミ

　リスクには，個人でも対処できる個人的リスクと，社会全体で対処すること
が不可欠な社会的リスクがある。喫煙や肥満のリスクは前者であり，地震や鳥
インフルエンザのリスクは後者である。M. G. モーガンら（Morgan et al., 2001）
は，個人的リスクと社会的リスクでは，望ましいリスコミのあり方につぎのよ
うな違いがあると述べている。

　個人的リスクのリスコミでは，受け手である市民はリスクに注意を向ける時
間が限られているという前提のもとで，彼らのリスクに対する理解を助けるこ
とが必要である。確かに，一般市民は特定のリスクの専門家ではなく，いつも
リスクについて考えているわけでもない。そのため，受け手が自分の言葉でリ
スクを納得して，自分で対処できるようになるためのリスコミが必要である。

　社会的リスクのリスコミでは，人々がリスクに関する知識を深め，社会全体
としてリスクを伴う事象を許容あるいは受容すべきか否かを判断できるように

第12章　リスクコミュニケーション

支援することが必要である。社会的リスクに対処するには社会全体の合意が必要であるため，リスクに関する自分自身の考え方を反省したり，他人の考え方がなぜ自分の考え方と違うのかを理解したりする必要がある。社会的リスクの対処に関する社会的合意に向けて，市民の誰もが議論に参加できるように，リスコミを行う必要がある。

　個人的リスクに対するリスコミと社会的リスクに対するリスコミには違いがあることを踏まえると，リスク対処に関する合意形成に向けて，市民と専門家，あるいは，市民と行政の相互理解を高めるための双方向のコミュニケーションがリスコミであると定義できる。

2　災害情報

［ 1 ］災害情報の重要性

　危難がどこまで迫っているかを正確に把握して，どの地域を支援することが必要であるかを適切に判断するとともに，どうすれば防災活動が活性化するかを考えるためには，災害情報の充実が不可欠である。さまざまなメディアを通して情報がグローバルかつリアルタイムに行き交う高度情報社会では，必然的に災害情報の重要性も増大しつつある。いつ，いかなるときにおいても，リスクコミュニケーションの濃度や災害情報に対する感度が鋭く問われていると言い換えることもできる。

　災害情報は，第１に被災者あるいは被災地のためにあることを念頭におかなければならない。ただし，被災者には，眼前の被災者だけでなく，未来の被災者（「未災者」とも言う）も含まれる。**図12-1**は，災害マネジメントサイクルに沿って，災害情報のカテゴリーを局面ごとに三つの類型に整理したものである。

　図12-1における災害情報の３類型：緊急情報，復興情報，普及・啓発の情報は，あくまで便宜的な分類であり，一つの被災地においても，それぞれの局面が単線的・不可逆的に遷移していくとは限らない。例えば，緊急情報と復興情報が交互に，あるいは，並行して発信されることも少なくない。また，緊急情報や復興情報をきめ細かく伝達することが，「未災者」にとって普及・啓発の意味をもつこともしばしばある。

151

第Ⅲ部　リスクの分析とマネジメント

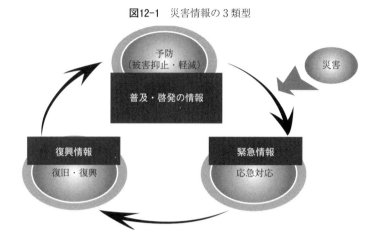

図12-1　災害情報の3類型

2　緊急情報の展開

　緊急情報は，危難が迫ってきたときに，被害を抑止・軽減するために発信される。一般に，緊急情報には時刻，場所，規模の3要素，すなわち，いつ，どこで，どのくらいの被害が予測されるのかという情報が含まれる。とくに，事態が切迫していればいるほど，時間が大きく取り上げられ，時間との闘いという様相を帯びるようになる。

　科学技術が進展した現代の日本社会では，時間に関する情報を高度化することによって，私たちは新たな猶予時間を手にすることができるようになった。例えば，緊急地震速報は，地震の発生を検知すると，各地に強い揺れが到達する時刻や震度を予測して，多種多様なメディアを通して可能な限りすばやく一斉に配信するシステムである。緊急地震速報を受信すれば，地震による強い揺れが始まる前に，エレベータを最寄りの階に停め，精密機器の製造ラインを自動的に停止させ，病院内の外科手術も中断させることができる。緊急地震速報は，被害をもたらす事象はもとより，ハザードの存在にさえ気づいていない時点において，災害情報だけを手がかりに人々が即応するメディア・イベント（本書第3章1　3　を参照）が成立した例と言える。

　さらに，被害が発生すると予測される時刻や場所，被害の規模を伝える緊急情報のほかに，より着実な防御行動・避難行動を促すための情報も数多く発表

されている。気象庁からは，特別警報を含む気象警報・注意報のほか，記録的短時間大雨情報などの気象情報，土砂災害警戒情報や竜巻注意報などの防災情報，大津波警報を含む津波に関する警報や注意報，活火山を対象とした噴火情報や予報，さらには，ウィンドプロファイラ（上空の風）などの気象に関する観測情報，黄砂情報や紫外線情報などの生活に役立つ情報など，多種多様な情報が発表されている。また，市町村からは，住民に行動を促す5段階に分けられた警戒レベル（「避難指示」など）が発表されている。

しかし，情報の高度化，複雑化は，情報の理解不足や勘違いを招きやすい。また，人々の間に情報待ちの姿勢を助長したり，見逃しや空振りを許容できずに行政不信が深刻化したりするなどの弊害も生み出している（矢守，2013）。

〔 3 〕 復興情報の展開

復興情報は，被災者や被災地を支えるために発信されるべき情報である。とくに，広い範囲が被災する巨大災害においては，被災地ごとの個別事情に寄り添って，持続的・継続的に情報の受発信を行うことが必要不可欠である。しかし，復興情報の展開の前には，「情報格差」「風化現象」そして「風評被害」という難題が立ちはだかっているため，世界中を見渡しても，これらの要件を完全に満たす報道活動を見ることは非常に少ない。

とくに，復興情報における情報格差は，支援の格差に直結する。そのため，発災前の地域経済に体力の差があると，報道量をはじめとする情報発信量に偏りが生じて，復旧・復興の過程で体力差が固定化したり，拡大したりする場合が多い。例えば，2011年の東日本大震災で被災し，災害救助法が適用された岩手県の沿岸自治体に関する報道量の順位は，発災後5年を経過しても大きな変動はなかった。報道量が少ないまま推移した自治体のなかには，浸水率が高かったにもかかわらず，義援金の額が著しく少ない場所もあったことが確認されている（近藤，2015）。

時間の経過とともに報道量が減少していくことは，メディア・イベントにおいて避けられない現象である。東日本大震災に関する報道の量は，全体で見ても地域ごとに見ても，ほぼ同じような傾向で減少を続けている（近藤，2016）。被災地の状況が報道されなくなると，被災地における復興の営みが世間の関心

第Ⅲ部　リスクの分析とマネジメント

事ではなくなる。そのため，仮設住宅で孤独死が相次いでいることや，被災児童に心のケアが必要なことなど，被災地で生じているさまざまな問題が，被災地以外では見えなくなってしまう。また，惨事便乗型資本主義（クライン，2011）のような問題事象が起きていても，その実態が報じられなければ，外部の支援者が手をさしのべることもできない。

　報道の量ではなく，報道の質を問わなければならない重要な課題として，風評被害の問題が近年注目を集めている。「風評被害がある」と報道することによって，風評が拡大再生産されるおそれがあるため，事態の改善がより困難になっている。そのため，原発事故の被災地には，実態を報道されることを素直に歓迎できない雰囲気がある。いつまで経っても被災地（汚染地）であるという否定的な評価を払拭できないことに，強く反発する人も少なくない。当事者の中には，風評が風化することを待つという消極的な姿勢を見せる人さえいる。

［4］　普及・啓発に関する情報

　今後の防災に生かすことができる情報として，「あのとき」のこと，すなわち，起きてしまった過去の災害を詳細に記録した情報と，「そのとき」のこと，すなわち，将来起きると思われる災害を克明に描写した情報がある。近年の科学・技術の進展に伴って，前者にしても後者にしても，大容量の情報を用いて微細なところまで精密に記録あるいは描写できるようになってきた。とくに，後者については，例えば，百年後あるいは千年後にどのような気候変動が生じているかについて，スーパーコンピュータを用いて膨大な計算を行うことによって地球規模でシミュレーションできる時代になっている。また，低頻度の巨大災害についても，社会が受ける被害を詳細に想定するとともに，壊滅的被害に見舞われた都市の様子を特殊撮影の技術を駆使して可視化することによって，現実には見ることのできない未来のありさまを掌中に収めながら，災害対策を考えるアプローチも可能になっている。

　さらに，前者（過去）を踏まえて，後者（未来）を予測する精度を向上させる取り組みも盛んに行われている。例えば，津波から避難する人々の行動を記録した情報を大量に集積し，ビッグ・データの解析技術を用いて渋滞や混雑などの混乱事象の解決を試みることによって，重要な教訓が得られはじめている。

図12-2 過去の災害情報の類型

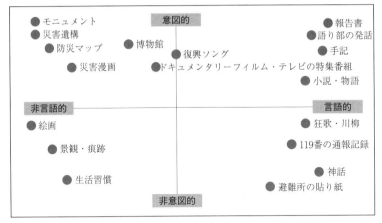

(出所) 矢守, 2013, 155頁に加筆。

　ところで, 過去の災害についての記録は, 防災の普及・啓発に有効な情報であるが, 多様な形で記録されていることに注目する必要がある。必ずしも, 時代とともに古いものが新しいものに入れ替わっていくとは限らず, 古いものが先人の遺産として受け継がれていたり, ときに再評価されたりすることにも目を向けなければならない。

　矢守 (2013) は, 過去の災害情報を記録する媒体を, **図12-2**に示すように, 意図的か非意図的か, 言語的か非言語的かという二つの軸で分類すると, 全体を概観しやすくなると指摘している。もちろん, 意図的か否か, あるいは, 言語的か否かという分類はあくまで相対的なものであって, 厳格に峻別できるものではない。また, どちらか一方が優れていて他方が劣っているわけでもない。むしろ, これらは互いに相補的なものと捉えるべきである。

　いくつかの具体的な情報について, 「あのとき」のことを意図的に伝えようと尽力した結果ようやく得られた情報なのか, 災害に見舞われたときにたまたま副産物として残された情報なのかを見てみよう。博物館が収集した情報には, 意図的に編纂・整理されたものが多い。テレビの特集番組やドキュメンタリーフィルムなども, 制作者の意図が込められた情報である。一方, 避難所の貼り紙などは, 事実を伝承するという点において非意図的な情報であるが, 「あの

第Ⅲ部　リスクの分析とマネジメント

とき」何が求められていたのかという教訓を，後世に生々しく伝えることができる重要な情報にもなっている。

　手記や報告書，語り部の口承などによる災害史に関する言語的な情報は，形式的にも整っており理解しやすい。一方，非言語的な情報は，体感しやすい。実際，絵画や遺構などは，見る者に強い印象を与え，メッセージを胸に刻ませる力を秘めている。ただし，なぜその場所にそのような災害の痕跡が残されているのかを，言語的な情報によって補足説明されてはじめて意味が理解できる場合もある。遺構の前で語り部が体験を話すと，情報が共有されやすいという場合もある。災害情報に触れた経験を新たに写真や文章という情報に集約してインターネットで共有したり，電子化して保存したりする取り組みもよく行われている。

　このように，さまざまな媒体を通じて伝えられた情報が相補的に活用されることによって，災害情報はより生きたものになっていく。災害情報は，ただあるだけでは意味をなさない。リスクコミュニケーションを通して活性化されてこそ，ようやく意味をなすのである。

3　防災教育

⎡1⎤ 学習観の変化と求められる防災教育

　本節では，1995年の阪神・淡路大震災以降，学校や地域において，学生・生徒を含む市民を対象として行われている主に自然災害を対象とした防災教育を取り上げる。防災教育の本格的な取り組みが始まったのは約20年前であり，その歴史は短く，未だ一意の定義は存在しない。とはいえ，防災教育という言葉それ自体は人口に膾炙しており，活動そのものについては「教育」という言葉から，身近な教育である学校教育における教育活動と同様のものとして理解されることが多い。予め定められた内容を教えることを中心とする学校教育を範としているため，一般に防災教育は，防災に関する知識・技術を伝達する活動と捉えられている。もちろん，発展途上国における災害の被害拡大要因の一つが，基本的な知識や技術の欠如であると指摘されていることから，知識・技術の伝達も防災教育の一要素として重要である。しかし，日本で指摘される家具

固定の実施率の低さや災害の発生が予想されるにもかかわらず避難をしないといった問題については、知識・技術が欠如していることが主要な原因ではない。知識・技術の伝達は重要であるが、もはやそれを継続的に行うだけでは、問題が解決しない状況となっており、防災教育活動のあり方についての見直しが求められている。

　教育を学習者の視点から見たときに、何をもって学習と定義するのかという学習観には、①行動主義学習観、②認知主義学習観、そして③社会構成主義学習観の三つがある（苅宿、2012、76-81頁）。行動主義学習観と認知主義学習観はそれぞれ個人の変化——前者であれば、何かができるようになる、後者であれば、何かがわかるようになる——に着目した学習観であり、社会構成主義学習観は、集団の変化に着目した学習観である。知識や技術は一方的に伝えられるだけのものではなく、集団の成員間の相互のやりとりを通じて、創られたり、変えられたりしながら、集団の成員によって共有されるものであるとされる。また、集団の成員によって共有された結果のみならず、共有のためのプロセス全体を学習と捉える。現在の学校教育は行動主義学習観と認知主義学習観に依拠していると指摘されている（苅宿、2012、76-78頁）。学校教育では、教えるべきことのすべてが学習指導要領で定められており、それらの内容について理解し、問題が解けるようになることが学習の成果として評価される。上述の防災教育もまた、これら二つの学習観に依っていると考えられる。

　しかし、防災教育については、学校教育とは異なり、教える側が教えるべきことのすべてを知っているという前提は成立しない。阪神・淡路大震災では、防災分野には正解が一つに定まらない、ジレンマを含む問題が存在することが明らかになった。そうした問題については、多種多様な選択肢の中から、当事者が最善と判断するものを選択する必要があり、たとえ専門家であっても「これが正解」と答えを与えることができない。また、2011年の東日本大震災では、想定外という言葉で形容されるような事象が多数発生し、その想定外という言葉は、専門家からも発せられた（例えば、日本地震学会による『地震学の今を問う』日本地震学会東北地方太平洋沖地震対応臨時委員会編、2012、など）。すなわち、正しい答えを知っていると考えられていた専門家であっても間違いを犯す可能性があることが示された。

第Ⅲ部　リスクの分析とマネジメント

　防災教育の一意の定義は存在しないとはいえ，防災教育を有意義なものとするためには，少なくとも防災教育を防災に関する知識・技術の一方的な伝達のみと狭く捉えないことが肝要である。答えが一つに決まらない／答えがわからないといった防災に関する問題の困難さを防災教育が受け止めるのであるならば，多様な人々の関わりの中で，防災に関する知識や技術を創り，交換し，共有していくこともまた，防災教育として位置づけられなければならない。

　なお，防災の対象を自然災害に限るのは，日本においては一般的であるが，海外では必ずしも一般的ではない。例えば，英国において Disaster education（災害教育）の対象として含まれるのは，地震や台風といった自然災害ではなく，運輸事故や火災などといった，日本では事故（社会災害）として扱われるものが中心となる。したがって，防災が対象とする災害の範囲の定義は，社会や時代によって異なり，防災教育が対象とする災害も，自然災害だけでなく社会災害も含まれることもある。

［2］ 双方向のコミュニケーションの場としての防災教育

　一方的でない教育（双方向の教育）の必要性は，防災に限らず，科学の最先端の領域で必要とされている。科学と社会の関係を対象としてきたサイエンスコミュニケーションの分野では，早くから一方的な教育による効果が限定的であることが指摘され，そうした一方的な教育からの脱却が必要とされてきた。その背景には，防災と同様に専門家が依拠する科学の限界への理解がある。サイエンスコミュニケーションの分野では，科学には問うことができるが科学のみでは答えることができない問題（トランス・サイエンス）にいかに対処するのかが課題となっている（Weinberg, 1972, pp. 209-222）。

　防災教育がサイエンスコミュニケーションに学ぶべき点は，教育を知識・技術の一方向の伝達のみとせず，双方向のコミュニケーションと捉える点にある。子どもたちが避難訓練を主催して，避難をめぐる問題点を大人や専門家に対して発信していくような取り組みなどは，双方向のコミュニケーションの一例である。しかし，サイエンスコミュニケーションが対象とする科学と防災教育が対象とする自然災害は当然に異なっている。サイエンスコミュニケーションと社会構成主義学習観に依拠する双方向の防災教育が同じような取り組みに見え

るとすれば，それは，防災における特定の関わりを当然の前提として置いているためである。防災における特定の関わりとは，地震や台風といった災害の原因となる自然現象と人間とが科学を通じて関わるという関わり方である。具体的に言えば，自然現象のメカニズムを科学的に解明し，そのメカニズムを踏まえた上で科学的な対策を取るという関係性である。基本的に日本における防災対策では，この関係性の選択を当然の前提とした上で，ハザードマップの不確実性，気候変動予測の不確実性等といった各種の問題を議論の俎上に載せている。したがって，個別具体の科学的な対策に伴う不確実性のみがリスクと理解されることが多いが，実際には，自然現象との多様なつきあい方（防災対策）——神などの超越的な存在による罰と理解する，単なる周期的な変化と理解する，など——の中から科学的な手段を選択しており，その関係性の選択にもリスクが伴うことになる。この点において，常識的に受け止められている日本の防災対策のあり方はリスクが二重化しているといえる。

　サイエンスコミュニケーションは，そもそもコミュニケーションを行う対象がサイエンスであるため，科学そのものに着目したコミュニケーションを行うことが可能となるが，双方向の防災教育においてコミュニケーションを行うべきことは，人間とサイエンスとの関係のみならず，人間と自然現象との関係もある。すなわち，防災とは，人間と自然現象との関係性を構築するための種々の取り組みであり，その関係性構築のための手段として科学的な対策を選択するかどうかという点も防災教育のプロセスに含まれる必要がある。アスワンハイダムが建設される以前のナイル川流域のように，科学を通して自然現象との関係性を構築している私たちからすれば洪水と見えるような自然現象が，必ずしも洪水とは理解されないこともある。双方向の防災教育では，科学を通して自然現象との関係性を構築することを当然視せず，地震や台風といった自然現象とどのような関係性を構築するのか，換言すれば何を災害と捉えるのかを考えるプロセスも不可欠である。

［ 3 ］ 防災の意味の共有の重要性

　防災教育において重要なことは，既存の常識的な防災の枠組みの中だけで問題解決を図ろうとすることの問題に留意することである。防災教育を単に知

第Ⅲ部　リスクの分析とマネジメント

識・技術の一方的な伝達とのみ捉えないことはもちろんのこと，そうすべきでない理由を科学が内包する不確実性のみに帰さないことも肝要である。科学が内包する不確実性は，防災の手段として科学を選択した時にはじめて問題になるのであり，手段の選択の時点ですでに不確実性が存在する。それら二重のリスクに関する双方向のコミュニケーションの実現が防災教育には求められている。

　このような防災教育においては，防災の目標設定，すなわち，何が災害であるのかを考えることがまず求められる。その上で，その災害とのつきあい方を考え，科学的な対策が必要であると判断するのであれば，科学的な対策を選択することになる。こうした防災教育では，プロセスそのものが学びであることから，市民もその選択に関与することが求められる。そして，選択された具体的な手段にも不確実性は内包されている。科学的な対策を選択したのであれば，さらにその対策が持つ科学の不確実性についても考慮することが求められる。災害とは何か，防災とは何かという意味を多様な関係者による選択のプロセスの中で構築，共有し，覚悟を決めることが防災教育である。地震のときにはこうすればよいといったような how-to の知識や技術の伝達は，防災教育の極めて限られた部分を取り出したものにすぎないのである。

引用・参考文献

大澤英昭・仙波毅・牧野仁史（2015）「放射能被ばくの健康影響リスクに関するコミュニケーション実践」『環境教育』第24巻。

苅宿俊文（2012）「まなびほぐしの現場としてのワークショップ」苅宿俊文・佐伯胖・高木光太郎編『まなびを学ぶ』東京大学出版会。

クライン，N.／幾島幸子・村上由見子訳（2011）『ショック・ドクトリン──惨事便乗型資本主義の正体を暴く』岩波書店。

近藤誠司（2015）「ポスト3.11における災害ジャーナリズムの役割」関西大学社会安全学部編『リスク管理のための社会安全学──自然・社会災害への対応と実践』ミネルヴァ書房。

近藤誠司（2016）「ポスト3.11における災害ジャーナリズムの課題と展望」関西大学社会安全学部編『東日本大震災　復興5年目の検証──復興過程の実態と防災・減災の展望』ミネルヴァ書房。

日本地震学会東北地方太平洋沖地震対応臨時委員会編（2012）『地震学の今を問う』（http://

第12章　リスクコミュニケーション

zisin.jah.jp/pdf/SSJ_final_report.pdf　2017年5月30日アクセス）。

矢守克也（2013）『巨大災害のリスク・コミュニケーション——災害情報の新しいかたち』
　ミネルヴァ書房。

Janis, I. L. & Mann, L.（1977）*Decision making: A psychological analysis of conflict, choice, and commitment*, The Free Press.

Morgan, M. G., Bostrom, A. & Fischhoff, B.（2001）*Risk communication: A mental models approach*, Cambridge University Press.

Slovic, P.（1987）"Perception of risk", *Science*, Vol. 236.

Weinberg, A. M.（1972）"Science and Trans-Science," *Minerva*, Vol. 10, No. 2.

さらに学ぶための基本図書

木下冨雄（2017）『リスクコミュニケーションの思想と技術』ナカニシヤ出版。

矢守克也・諏訪清二・舩木伸江（2007）『夢みる防災教育』晃洋書房。

矢守克也（2013）『巨大災害のリスク・コミュニケーション——災害情報の新しいかたち』
　ミネルヴァ書房。

|第13章|クライシスマネジメント|

　　クライシス（Crisis）は，もともと病気が回復するか悪化するかの
分岐点（Turning point）を意味する用語であるため，病気の4段階
を表す「前兆期」「急性期」「休息期」「回復期」に対応づけて考えるこ
とができる。社会安全学の視点から見ると，クライシスマネジメント
あるいは危機管理は，安全で安心な社会に脅威を与える事象が切迫し
ている状況や，事象が発生した後の各段階における状況に適切に対処
することを意味している。国家，行政，企業のいずれにおいても，ク
ライシスマネジメントは「前兆を経て，大事故や大災害が急性的に発
生した場合，その重大な局面に対処するとともに，状況が沈静化し復
旧するまで移行するプロセス」と言える。

Keyword▶ クライシス，フィンクの危機マトリクス，行政危機管理，ICS，企業危機管理

1　クライシスマネジメントとは何か

⬚1⬚ クライシスの意義

　アメリカで最もよく知られた辞典の一つである Webster 辞典によると，ク
ライシスは病気が快方に向かうか悪化するかの分岐点を意味する。すなわち，
クライシスは病状が急速に変化する時点を表し，「病気が峠を越す」という場
合の峠に相当する。

　クライシスの語源は，ギリシア語の Krisis（決断）あるいは Krinein（決定，
選別する）である。この言葉は，良い方向または悪い方向への分岐点（Turning
point for better or worse），決定的瞬間（Decisive moment），重大な時（Crucial
time）などの意味をもつ。医学に起源をもつクライシスという言葉は，心理学
や精神医学の分野に導入されて「重大な局面」という意味合いをもつようにな
り，危機を表す用語として一般化した。

クライシスは医学的な言葉を起源にもつため，病気の4段階を示す医学的な名称である「前兆期」「急性期」「休息期」「回復期」に対応づけて考えることができる。フィンク（S. B. Fink）は，クライシスの段階についてつぎのように説明している（フィンク，1986，43頁）。

①前兆的危機段階（Prodromal crisis stage）

②急性的危機段階（Acute crisis stage）

③休息的（慢性的）危機段階（Chronic crisis stage）

④危機回復段階（Crisis resolution stage）

なお，クライシスからの回復を果たすことができず，企業であれば倒産，人間であれば死亡，医学用語を用いれば「終末期」に至る場合がある。終末期を回避して回復期につなげること，すなわち，事故や災害によって組織が破綻したり，人間が死亡したりしないようにすることが，クライシスマネジメント，さらには，社会安全学の目的である。

日本の代表的な国語辞典の一つである広辞苑によると，クライシスの日本語訳である危機は，「大変なことになるかも知れない危うい時や場合。危険な状態」とされ，危機管理は「大規模で不測の災害・事故・事件等の突発的な事態に対処する政策・体制。人命救助や被害の拡大防止など迅速で有効な措置がとられる」とされる。

以上から，クライシスという概念は分岐点となる重大な局面がどのように推移していくかという移行（transition）を示す概念であることがわかる（Delbecque et de Saint Rapt, 2016, p. 11）。

〔2〕 クライシスマネジメントの意義

社会安全学の視点から見れば，クライシスマネジメントは，安全で安心な社会に脅威を与える事象が切迫している状況や，発生した後の状況に対処することを意味する。大泉光一は，研究者の視点から，クライシスマネジメントを「時と場所を選ばず思わぬ形で発生する危機を事前に予知・予防することであり，万一発生しても，素早い『初動対応』で被害（ダメージ）を最小限に止めること」と定義している（大泉，2015，58頁）。また，佐々淳行は，警察官僚としての実務家の視点から，クライシスマネジメントに関する研究の特徴を「①危

機の予測および予知（情報活動），②危機の防止または回避，③危機対処と拡大防止，④危機の再発防止という四つの段階に分けて，それぞれの段階で『何をなすべきか』を方法論的に事例研究する形で行われる」と述べている（佐々，2014，10頁）。佐々が示す①〜④の特徴は，クライシスの4局面にあてはめれば，①が前兆期，②と③が急性期と休息期，④が回復期における対処になる。一方，フィンクは「クライシスマネジメント，すなわち，ターニングポイントであるクライシスに対する計画は，多くのリスクや不確実性を取り除き，できるだけ自分の運命を自分でコントロールするための技術」と定義している（フィンク，1986，35頁）。

　以上のことから，ここではクライシスマネジメントを，「前兆」を経て大事故や大災害が「急性的」に発生した場合，その「重大な局面」に対応し，状況が「沈静化」し「復旧」するまでの移行のプロセスと定義する。

［ 3 ］ リスクマネジメントとクライシスマネジメントの関係

　保険管理や安全工学を起源とするリスクマネジメントと，1962年のキューバ危機のような国家レベルの危機への対処を起源とするクライシスマネジメントは，意味合いを異にする。リスクマネジメントは，事故防止や保険加入などの事前対策が特徴である。一方，クライシスマネジメントは，事故や災害が発生した後の緊急事態への対処に特徴がある。

　事前対策としてのリスクマネジメントの要点は，

　①リスク感性を発揮してリスクを洗い出す

　②リスクを特定し，分析・評価するリスクアセスメントを実施する

　③リスクへの対応策を決定する

　④安全管理計画や事業継続計画（BCP：Business Continuity Plan）を策定する

　⑤シミュレーション訓練を行う

　⑥リスクコミュニケーションを行う

の六つである。一方，事後対策に力点をおくクライシスマネジメントにおいては，

　①リスク感性を発揮して前兆を見抜く

　②急性的に大事故・大災害が発生した重大局面において，決断力，リーダー

シップ，コミュニケーション力を発揮する

③事態が落ち着きを見せた局面において，レジリエンス（復元力）を発揮する

④復旧局面において，事故や災害から学習したことを次に緊急事態が発生したときの対処計画に反映する

ことが要点になる。

〔 4 〕 フィンクのクライシスマネジメント理論

アメリカ・スリーマイル島原子力発電所事故の当時，ペンシルベニア州危機管理チームに所属していたフィンクは，1986年に『クライシスマネジメント』（*Crisis Management: Planning for the Inevitable*）を公刊した。同書はアメリカにおけるクライシスマネジメントに関する最初の文献であり，現在も版を重ねている。

同書において，フィンクはクライシスマネジメントの手段をつぎのように示している。前兆段階においては，クライシスの想定（Crisis Forecasting），クライシスへの介入（Crisis Intervention），そして，クライシスマネジメント計画（Crisis Management Plans）を行う。大事故または大災害が発生した急性期の第1局面では，クライシス調査（Crisis Survey）とクライシスの特定（Identifying）を行う。急性期の第2局面では，クライシスの隔離（Isolating）またはクライシスの管理（Managing）を実施する。なお，急性期全般においてクライシスコミュニケーション（Crisis Communication）が重要である。クライシスコミュニケーションは，メッセージの制御（Controlling the Message）と敵対的メディアへの対処（Handling a Hostile Press）に分かれる（フィンク，1986，35頁）。

これらの手段のうち，前兆段階で実施するクライシスの想定について，フィンクは独自のアセスメント手法を提示した。具体的には，危機に遭遇したとき，それがどれだけの損害（damage）になるかを危機衝撃度（CIV：Crisis Impact Value）と呼ばれる指標で評価する方法である。CIVは，危機の影響，結果，金額および人間への被害の程度を0から10までの数値で評価したもので，以下の五つの質問に対する得点（0～10）を平均した値である。

質問1：危機がもたらす衝撃は拡大するか。その水準や速度はどれくらいか

第Ⅲ部　リスクの分析とマネジメント

質問2：危機が生じた場合，マスコミや政府機関にどの程度調査され干渉されるか

質問3：危機によって一般業務にどの程度の支障をきたすか

質問4：危機によってイメージや評判がどの程度下落するか

質問5：危機によって企業の収益はどの程度低下するか

　フィンクは，横軸に0～100％の値をとる危機の発生確率（probability），縦軸に0から10の値をとるCIVをとって座標平面を4分割したマトリクスを作り，リスクの想定を説明している。ここで，横軸と縦軸の交点は，発生確率が50％，CIVが5である。フィンクは，発生確率が高くCIVも高い場合はレッドゾーン（危険地帯），発生確率は低いがCIVが高い場合はイエローゾーン（注意地帯），発生確率は高いがCIVは低い場合はグレイゾーン（中間地帯），発生確率もCIVも低い場合はグリーンゾーン（安全地帯）とした。フィンクの手法は視覚的で理解しやすいため，リスクマネジメントの分野におけるリスクマップの手法に発展し，広く用いられている。

2　行政のクライシスマネジメント

　クライシスマネジメントは，国家的な緊急事態，大規模な事故や災害への対処を中心に発展してきた。そのため，国家をはじめとする行政による実践が重要な位置を占める。

1 クライシスマネジメントの起源：キューバ危機

　リスクマネジメントが，第二次世界大戦後のアメリカで企業による保険管理を軸に確立されたのに対して，クライシスマネジメントは，1962年のキューバ危機を契機に，国家による緊急事態への対処の方法として概念が形成された。

　キューバ危機は，旧ソビエト連邦（以下，ソ連という）がキューバに配備した中距離核ミサイルについて，アメリカがソ連に撤去を求めたことが発端になって発生した事件である。当時，アメリカとソ連の軍事的対立が先鋭化して，核戦争のリスクが最大化していた。1962年10月16日に，アメリカの偵察機が核ミサイルのキューバ配備を察知した。キューバを空爆するかどうかの検討が重ね

第13章　クライシスマネジメント

られ，10月24日にキューバへ向かう船舶に対して海上封鎖と臨検が開始された。10月27日にソ連のキューバ派遣軍がアメリカのU-2型偵察機を撃墜した。アメリカのケネディ大統領がソ連に警告を発したことで一気に緊張が高まり，全世界は核戦争の危機に直面した。ケネディ大統領の最後通告に対して，ソ連のフルシチョフ首相は10月29日にキューバからミサイルを撤去すると発表した。ケネディ大統領のリーダーシップ，不退転の決意，迅速な行動と，フルシチョフ首相の土壇場での決断が，核戦争を未然に防止することにつながった。

このような国家的な緊急事態においても，冷戦による「前兆期」，ミサイル基地建設の発覚による「急性期」，アメリカとソ連がにらみ合う「休息期」，両首脳の決断により事態が終息する「回復期」という図式があてはまる。

1970年代に，世界各国は国家的な緊急事態として通貨危機と石油危機を経験した。一方，1984年にはインドのボパール工場でユニオン・カーバイド社がガス噴出事故を起こした。また，1979年にはアメリカのスリーマイル島で原発事故が起きた。このような企業レベルの大規模な事故も発生するようになり，企業によるクライシスマネジメントが注目されるようになる。

［ 2 ］ 日本政府の危機管理

つぎに，日本における行政や国家の危機管理を概観する。わが国では，1970年代に通貨危機，石油危機，過激派によるテロやハイジャックを経験したことを受けて，1980年代初頭に内閣レベルで危機管理の必要性が議論されるようになった。1983年には大韓航空機撃墜事件，1984年にはグリコ・森永事件，1990年には湾岸戦争が発生する。さらに，バブル経済の崩壊を経て，1995年には地下鉄サリン事件が発生し，危機管理という概念と言葉が一般化した。自然災害の分野においても，1995年の阪神・淡路大震災を契機に，あらためて大規模な自然災害に対する危機管理が強く意識されるようになった。

このような状況を受けて，1998年4月に内閣法が改正され，日本政府は正式に危機管理体制を整備するに至った。改正に伴って追加された内閣法の第15条には，危機管理を「国民の生命，身体又は財産に重大な被害が生じ，又は生じるおそれがある緊急の事態への対処及び当該事態の発生の防止」と規定している。同法の改正に伴って新設された内閣危機管理監は，緊急事態が発生すると，

167

第Ⅲ部　リスクの分析とマネジメント

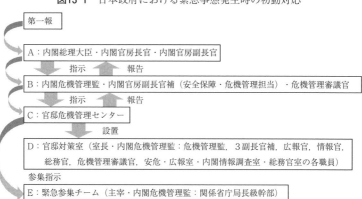

図13-1　日本政府における緊急事態発生時の初動対応

内閣として必要な措置について最初に判断して，初動対処について関係省庁と調整を行うことを任務としている。

2001年1月には，内閣安全保障・危機管理室が廃止されて，3人の内閣官房副長官補の1人が安全保障と危機管理を担当することになった。内閣官房副長官補（安全保障・危機管理担当）の下には，危機管理審議官，内閣審議官，内閣参事官など100人以上の職員が配置されている。さらに，各省庁から出向した職員がこれに加わる仕組みになっている。

緊急事態発生時の初動対応の流れを**図13-1**に示す。マスコミなどの民間情報機関や，公共機関・関係省庁から内閣情報集約センターに情報が伝えられると，第一報がA：内閣総理大臣・内閣官房長官・内閣官房副長官，B：内閣危機管理監・内閣官房副長官補（安全保障・危機管理担当）・危機管理審議官，C：官邸危機管理センターに伝えられる。AはBに指示し，BはCに指示を行う。BはAに，CはBに報告を行う。Cによって，D：官邸対策室（室長・内閣危機管理監）の設置，E：緊急参集チーム（主宰・内閣危機管理監）の参集指示が行われる。Dは，危機管理監，3副長官補，広報官，情報官，総務官，危機管理審議官，安危・広報室・内閣情報調査室・総務官室の各職員から構成され，情報の集約，総理などへの報告，関係省庁との連絡調整，政府としての初動措置の総合調整を担う。Eは事案ごとに事前に指定した関係省庁の局長級幹部を官邸に緊急参集させ，政府としての初動措置に関する情報の集約等を実施する（加

藤・太田，2010，177-178頁）。

　日本政府は，欧米における有事の命令系統（ICS：Incident Command System）をモデルに危機管理の組織体制を整備している。行政による災害危機管理では，①組織，②情報，③避難，④自助と共助，⑤減災，⑥まちづくりが重要になる。とくに，情報については，何が起きたかを伝える災害情報と，被害を少なくするためにはどうすればよいかを伝える防災・減災情報が軸になる。また，行政の危機管理ではリーダーシップが重要になるが，とっさの判断が要求されるため，リーダーは不十分な情報でも決断できるようにしておく必要がある。災害対策基本法にも規定されているように，都道府県の地域で災害が発生すると，当該都道府県知事が災害対策本部長として危機管理におけるリーダーになる。災害が大規模化した場合には，政府が，国務大臣を本部長とする非常災害対策本部や，内閣総理大臣を本部長とする緊急災害対策本部を設置して，都道府県を支援する。大規模災害などの緊急事態が発生した場合には，首相官邸の地下に設けられた内閣危機管理センターが情報収集と解析など初動時対応を行い，内閣官房に設けられた内閣危機管理監を中心とするチームが招集される。復旧・復興期になると，内閣府が対応する（河田，2008）。

［ 3 ］　教訓から学んだアメリカ：災害危機管理の要点

　従前より，リーダーシップのあり方や情報の一元化などの面で，日本政府の危機管理は欧米に比較して劣ると指摘されてきた。そこで，以下では，モデルとなるべきアメリカ政府による災害危機管理について述べる。

　2005年のハリケーン・カトリーナによって大きな被害が出たアメリカでは，その教訓から災害危機管理のあり方を見直した。とくに，「前兆期」と「急性期」における対応の失敗について，事態が落ち着いた「休息期」と「回復期」に徹底的に見直し，「前兆期」の予測体制や，「急性期」における決断やコミュニケーションのあり方を充実させて，つぎの災害に備えた。その結果，7年後の2012年にハリケーン・サンディが襲来した際には，随所に効果が出ることになる。

　アメリカの連邦政府が，ハリケーン・カトリーナへの対応の失敗から何を学び，どのような改善がなされたかについて，河田惠昭は以下の七つの教訓にま

とめている（河田，2013，第2章；河田，2016，第8章）。

　教訓1：大規模災害が発生するおそれがある段階から，行政のトップが住民や防災機関などに対して災害に対処する準備を呼びかけるリスクコミュニケーションを行い，災害対応プログラム（タイムライン）に沿って対策を進めるなど，一定の効果があった。

　教訓2：アメリカでは，専門的な技術者を擁する危機管理庁（FEMA）や陸軍工兵隊（USACE）などの連邦政府の機関が，災害時の現場対応にあたっている。そこで，災害発生前の段階から発生後の段階を通じて，これらの実施機関に権限と予算執行の責任を与えることによって，迅速な意思決定に基づく的確な災害応急対応ができる体制を構築した。

　教訓3：過去の災害において得られた教訓や失敗を徹底的に分析し，災害対応の失敗を個人に帰するのではなく，将来の災害への知識として災害対応のプログラムの中に組み込むという検証体制が導入された。ハリケーン・カトリーナ後に実施された AAR（After Action Review）という事後検証を，大統領府，両院，FEMA，USACE がそれぞれ実施する。失敗からの教訓を組織・制度としての「記憶」として蓄積し，将来の災害対応計画（タイムライン）に活用する。

　教訓4：経験したことのない災害を想定して備えをするとともに，災害対応の教訓や失敗を将来の災害対応に活かす検証を行う。

　教訓5：災害の発生が切迫しているときや，災害が発生したときに，行政のトップがリードして専門家を活用することができるように，平常時から体制を構築しておく。

　教訓6：あらゆる規模の災害が発生することを前提に，大都市の住民の生命と経済基盤を防護するための対策を検討する。

　教訓7：安全を脅かすリスク，危機，困難に遭遇する場合を想定して，逆境からの回復力と言えるレジリエンスを社会全体で向上させる。

3　企業のクライシスマネジメント

　企業のクライシスマネジメントは，外的環境の急激な変化や緊急事態の発生，大規模な事故や自然災害などに，企業が適切に対処することである。実際，テ

ロ，戦争，原子力発電所の事故，地震，噴火，津波などの事象は，通常の保険では免責事項，すなわち，保険金が支払われない事象であるため，保険管理を出発点とするリスクマネジメントではなく，クライシスマネジメントの対象になる。企業のクライシスマネジメントは，対処に失敗すると，最悪の場合，倒産という形で組織の破綻や消滅につながるという点で，行政や国家のクライシスマネジメントとは異なる。

企業のクライシスマネジメントについては，

①危機が発生した時に，リーダーがいかに決断するかというリーダーシップ論

②危機を想定し，危機に対応するための組織をいかに構築し，有事にいかに機能させるかという危機管理組織論

③切迫する危機，発生した危機について情報を収集し，的確に公表する危機情報論

④企業外部のステークホルダーと企業内部の構成員の双方に対して，どのような危機に直面し，これからどのように対処していくかを伝えるクライシスコミュニケーション論

⑤倒産を回避し，クライシスマネジメントにかける費用と効果の均衡を図るクライシスマネジメントに関わる財務論

⑥大事故や大災害から教訓を得たり，クライシスマネジメントの失敗から学習したりする失敗学

のように，さまざまな問題について研究が行われている。

企業によるクライシスマネジメントの最もよい手法として，フィンクやテドロー（R. S. Tedlow）は1982年に発生したタイレノール事件を取り上げている。この事件はジョンソン・エンド・ジョンソン社の花形商品である鎮痛剤タイレノールに何者かが毒物を混入し，7人の命が奪われた事件である。「前兆期」にマスコミから問い合わせを受けた経営陣は，躊躇せず行動に移った。すなわち，ただちにヘリコプターを飛ばして製造現場の工場を視察し，危機管理対策本部を設置するとともに，事件の現場で可能な限り情報を集めて，「どのように消費者を保護するか，どのように商品を守るか」という基本方針を設定した。

テドローは，経営トップが都合の悪い事実を否認することによって，企業は

171

危機に陥るとしている。ジョンソン・エンド・ジョンソンの場合，製品に毒物が混入したという不都合な事実を否認することなく，誠実に向かい合った（テドロー，2011，299-300頁）。事件が急展開する「急性期」における経営陣の対応は，的確であったと言える。

　ジョンソン・エンド・ジョンソン社は，経営理念である「我が信条」（Our Credo）に，顧客に対する責任，社員に対する責任，地域社会に対する責任，株主に対する責任を掲げている。経営陣は，企業の社会的責任を果たすことを最優先に，「市民に信頼してもらうために，知っていることを話す，何か知り得たらすぐに話す」という方針のもと，外部のさまざまなステークホルダーに向けてクライシスコミュニケーションを行った。

　事態が落ち着きを見せ始めた「休息期」になると，企業内部のコミュニケーションも重視された。経営トップは，従業員全員に手紙を書き，今回の危機にどのように対処したか，何を行おうとしているかを説明した。

　やがて事態が収束して「回復期」に入ったとき，7人の命が失われ，1億ドルの追加費用がかかったにもかかわらず，誠実なクライシスマネジメントを行ったため，同社の社会的評価は高まった。このような対応過程を見て，同社の社員も自分の会社をさらに誇りに思うようになったとされる。

　「前兆期」を経て大事故・大災害が発生する「分岐点」から，「急性期」「休息期」「回復期」へ移行するというクライシスマネジメントの枠組みは，国家，行政，企業に適用可能である。この章では，国家，行政，企業におけるクライシスマネジメントを概観したが，これらの考え方は，個人の生活にも当然適用可能である。そのため，今日では，ある特定の事象や生活の危機管理という表現や考え方が，広く定着している。

引用・参考文献

大泉光一・大泉常長・企業危機管理研究会（2015）『日本人リーダーはなぜ危機管理に失敗するのか』晃洋書房。

佐々淳行（2014）『定本　危機管理』ぎょうせい。

加藤直樹・太田文雄（2010）『危機管理の議論と実践』芙蓉書房出版。

河田惠昭（2008）『これからの防災・減災がわかる本』岩波書店。

河田恵昭（2013）『新時代の企業防災』中災防新書。

河田恵昭（2016）『日本水没』朝日新聞出版。

テドロー，R.／土方奈美訳（2011）『なぜリーダーは「失敗」を認められないのか——現実に向き合うための8つの教訓』日本経済新聞出版社。

フィンク，S.／近藤純夫訳（1986）『クライシスマネジメント　企業危機といかに闘うか』経済界。

Eric Delbecque et Jean-Annet de Saint Rapt（2016）*Management de crise*, Vuibert.

さらに学ぶための基本図書

大泉光一（2012）『危機管理学総論——理論から実践的対応へ』ミネルヴァ書房。

林春男・牧紀男・田村圭子・井ノ口宗成（2008）『組織の危機管理入門　リスクにどう立ち向かえばいいのか』丸善株式会社。

ミトロフ，I.／上野正安・大貫功雄訳（2001）『危機を避けられない時代のクライシス・マネジメント』徳間書店。

第Ⅳ部

社会の防災・減災・縮災の仕組み

| 第14章 | 防災・減災・縮災のための公的システム |

法治国家では，社会の秩序を維持し，人々の安全を確保するために，法令が大きな役割を果たしている。ここでは，わが国における法令やガイドラインなどの文書の体系と，行政機関や企業などの組織が果たす役割について概観する。

Keyword▶ 許可・認可，夜警国家，福祉国家，標準化，設計基準

1 社会安全と法システム

1 法とは何か：法の体系と安全

わが国では，日本国憲法を頂点として，各種の法令が体系的に位置づけられている。国会が制定する法規範の代表的なものに，私人間の関係を規律する実体法としての民法や，犯罪と刑罰に関する実体法としての刑法，行政権の作用と組織に関する実定法としての行政法などがある。法律の細部は，内閣が定める政令や，各省が定める省令によって規定される場合が多い。政令と省令は，まとめて政省令と呼ばれる。政省令は国会の議論を経ることなく行政機関が発出できるが，法律から委任を受けているため，法的な拘束力がある。政省令のほかに，行政機関は通知，マニュアル，ガイドラインなどを発出するが，それらに法的な拘束力はない。一方，地方公共団体は，地方自治法に基づいて，国家の法律や政省令に反しない範囲で条例を制定することができる。

行政機関は，製品，サービス，施設などの安全を確保するために，法律で事前規制を行っている。例えば旅行業法は，「旅行の安全の確保」を図ることを目的に，旅行業者の登録制度を規定している（同法1条）。また，電気事業法は「公共の安全を確保し，及び環境の保全を図る」ことを目的としている（同法1条）。行政機関は，これらの業法から委任された政令や省令などによって，安全基準

第Ⅳ部　社会の防災・減災・縮災の仕組み

などの細部を補っている。事前規制は，事業者の許認可制度とセットになっている場合が多い。

　しかし，事前規制については，原子力安全などの特定分野を除いて，国民の権利と公共の福祉を比較して，「リスクに見合った必要最低限の規制だけが許されるべき」（古田・長崎，2016）であるというのが最近の解釈である。複雑化した現代社会において，事前規制は行政コストの上昇に直結する。そこで近年は，事前規制をできるだけ緩和し，生じた結果を訴訟などにより事後救済する考え方への転換が進んでいる。事前規制の緩和により，企業は以前よりも自由に事業活動を行えるようになるが，訴訟になった場合に合理的な予防策を講じていたことを証明できるように，事件や事故を起こさない仕組みを予め構築しておかなければならない。

　2　企業と社会安全

　私たちのまわりにある商品やサービスの多くを提供している企業は，安全・安心な社会の構築に重要な責任を担っている。製品の不具合，従業員の過失などによる事故を予防することは，企業にとって重要な課題である。製品を製造し，従業員を雇用する企業は，安全管理についてさまざまな法的義務を負っている。

　近年，事後救済の制度を設けた上で，企業に対して自律的な安全管理体制の整備を求める法が成立している。2005年に成立した会社法は，経営者に内部統制システムを構築する義務があることを規定し，その具体的な内容を，2006年に公布された法務省令（会社法施行規則）に委任している。同規則では，「損失の危険の管理に関する規程その他の体制」，すなわちリスク管理体制を，企業グループ横断的に構築する義務を課している（同規則100条1項2号および5号）。

　会社法においてどの程度のリスク管理体制が求められているかについて，判例では「事業の規模，特性等に応じた管理体制」「（体制を構築した）当時の水準としては相応のリスク管理体制」であればよく，その内容は取締役に与えられている裁量権（経営判断原則）の範囲内であるという見解が示されている（大和銀行株主代表訴訟事件大阪地判平成12年9月20日判時1721号3頁，ヤクルト本社株主代表訴訟事件東京地判平成16年12月16日判時1888号3頁）。行政によって示される

「マニュアル」や「ガイドライン」がその時点における相応の基準であることは，企業がこれを参照し，遵守することの誘因になっている。

災害や事故の発生後に経営者の責任を問う法として，業務上過失致死傷罪（刑法211条）における管理・監督過失があげられる。業務上過失致死傷罪は直接行為者に対する刑罰であるが，判例では，相手の死傷という結果を防止することが可能であったにもかかわらず，その役割を担うべき経営者・監督者が直接行為者の「管理・監督」を怠った場合は，悪質さに応じて注意義務違反を認めている。これは，大規模な施設の火災や製品事故などが発生したとき，施設を運営する企業や，製品を製造した企業の経営者の責任を問うことによって，刑法が企業に安全管理体制の整備を促すことを期待していると考えられる。ただし，構成要件である予見可能性には「具体的な危惧」が必要であるため，直接行為者ではない経営者・監督者の予見可能性は認められにくいという課題がある。予見可能性については，森永砒素ミルク事件では，漠然とした不安を構成要件とする「危惧感説」を採用したが，現在は支持されていない（高松高判昭和41年3月31日判時447号3頁）。

3　国・自治体と社会安全

国や自治体は，社会安全の維持・確保という第一義的な任務を実現するために，監督・規制，給付・補助・補償，行政立法，行政計画，行政指導，行政契約，情報収集・管理・提供，行政強制・刑事罰，施設の設置・運営，財政的措置など，さまざまな行政手法を駆使している。これらの手法の多くは，法律や条例を根拠にしており，議会が行政の活動を法によって制御する「法律（条例）による行政の原理」が確立されている。行政主体である国，都道府県，市町村のそれぞれが社会安全を維持・確保するために実行する行政手法に関する考え方は，法律や条例で提示されている。法律や条例のありようが，社会安全のありようを表しているといっても過言ではない。

伝統的に，国や自治体は，社会安全を脅かす可能性のある事業や行為を禁止するほか，一定の条件のもとで禁止を解除する許可制を導入したり，届け出を前提に事業や行為を実施できる認可制を導入したりすることにより，社会安全の維持・確保に努めてきた。企業が行う活動の大部分は許可や認可を必要とす

第Ⅳ部　社会の防災・減災・縮災の仕組み

るため，国・自治体と企業は規制・被規制の関係にあるが，協働で社会安全の維持・確保に取り組んでいると言える。行政手続法は，許可や認可の申請について，審査基準を設定すること（5条），標準処理期間を定めるように努力すること（6条），不備のない申請の返戻・不受理を禁止すること（7条），許可・認可を拒否する場合には理由を掲示すること（8条），申請に必要な情報や審査の進行状況を提供すること（9条），申請者以外の利害を考慮する必要がある場合には公聴会開催の開催に努力すること（10条）などを定めている。

　公衆衛生を例にあげると，地域保健法は，保健所ならびに市町村保健センターの設置と，地域保健対策に関する基本方針の策定，対策の実施に必要な人材確保支援計画の立案などを定めている。また，感染症の予防及び感染症の患者に対する医療に関する法律（感染症法）は，感染症の予防に関する基本方針の策定，感染症に関する情報の収集と公表，入院の勧告や就業制限その他の措置について規定している。

　また，武力攻撃事態等における国民の保護のための措置に関する法律（国民保護法）は，国民の保護に関する基本指針の策定，都道府県・市町村国民保護協議会の設置，住民の避難・救援の措置などを定めている。

　1990年半ばから始まった地方分権改革により，これまで国が有していた規制に関する権限の多くが自治体に移譲された。これに伴って，自治体が規制に関する条例を独自に制定し，法令を解釈・運用するとともに，場合によっては訴訟に臨む時代になっている。最近になって登場した「政策法務」「自治体法務」という用語は，国から自治体への権限の移譲を背景としている。

2　行政システムと社会安全

1　国家観と社会安全：夜警国家と福祉国家

　国家はその任務を必要最小限にとどめるべきであり，主に国防，治安，外交，司法や公共事業（道路や河川，港湾整備等）のみを行えばよいとする国家観を，夜警国家（消極国家，小さな政府）論という。ドイツのF. ラサール（1825-1864）は，当時のイギリスにおける夜警国家論的な国家観を批判し，広範な分野に国家が介入することを求めた。イギリスの「ベヴァリッジ報告書（1941）」も，国

第14章　防災・減災・縮災のための公的システム

家による社会保障制度の整備と，公的扶助制度の必要性を訴えている。第二次世界大戦前後からは，社会的経済的な領域にも国家が積極的に介入すべきとする福祉国家（積極国家，大きな政府）論が台頭し始めた。

　国家観が消極国家から積極国家へ変化する中で，イギリスのT. H. マーシャル（1893-1981）は，市民の権利に対する社会的要請が，市民的基本権（人身，言論，思想・良心，財産，裁判に訴える自由）から政治的基本権（参政権）へ，そして，最終的には社会的基本権（生存権，社会権）にまで拡大すると論じた。社会的基本権を重視する流れの中で，国家とその執行機関である行政が果たす役割は徐々に拡大し，今日に至っている。

2　社会安全と行政官庁

①警察と行政

　警察は，治安の維持と国民生活の安全確保を担当する行政機関である。一般に警察活動は，三権分立の原則に基づいて，行政警察（交通整理や取締り，パトロール）と司法警察（犯罪捜査としての取調べ，逮捕，家宅捜索）の概念に分けられる。日本の一般警察機関と自衛隊は別組織であるが，世界の国々の中には，軍の国家憲兵が，軍組織の秩序維持（憲兵）機能だけでなく，一般警察機関として（行政警察および司法警察）の機能を併せもつところもある。

　日本の警察行政は，第二次世界大戦まで内務省警保局が担う国家警察であった。戦後は旧警察法（1947年）の下で自治体警察（市町村警察）が創設されたが，広域犯罪への対応能力が低下し，組織の腐敗（警察吏員の士気の低下や地元犯罪組織との癒着等）を招いた。そのため，新警察法（1954年）が制定され，警察庁が設立されると共に都道府県警察制度が導入された。

②防衛と行政

　国外からの軍事的脅威に対して，軍事力で国を守ることを防衛という。また，軍事的脅威に対して，軍事力だけでなく政治，外交，経済，科学技術等の総力をあげて対応することを国防という。日本では，防衛は防衛省，国防は（1986年に国防会議を廃止して新設された）安全保障会議が担当している。

　第二次世界大戦後に日本軍は解体されたが，1954年に防衛庁設置法（現防衛省設置法）と自衛隊法が制定され，防衛庁（現防衛省）と自衛隊が創設された。

第Ⅳ部　社会の防災・減災・縮災の仕組み

自衛隊には，陸上，海上，航空の3軍があり，その規模は約24万人である。

③自然災害と行政

自然の脅威への対応は，古代から為政者の重要な仕事であり，今日では防災行政と呼ばれている。防災行政は，災害による被害軽減や被害抑止のための事前の取り組み，発災後の被害防止，さらに，被災からの復旧等で構成される。第二次世界大戦以前の日本では，内務省警保局が国家レベルの防災行政を担当していた。戦後の防災行政は，当初，総理府の官房審議室が管轄していたが，1974年より国土庁に移管され，さらに，2001年から内閣府の所管になった。なお，防災行政は極めて広範な行政分野にまたがるため，他の省庁も，それぞれの所管行政分野に関わる防災行政を展開している。

1959年の伊勢湾台風を契機に，風水害を主な守備範囲として，地方公共団体（主に市町村）を対応の中心とする災害対策基本法が制定された。同法の下では，実際の災害対応において，市町村行政の担う部分が大きい（市町村の一次的責任の原則）。しかしながら，近年になって，災害対策基本法が制定された頃とは規模も種類も異なる災害が増えているため，市町村を中心とする災害対応にも限界が顕在化している。

④科学技術の発展と行政

近代以降における科学技術の発展は，人間にさまざまな恩恵をもたらしたが，同時に労働災害や環境破壊，さらに，原子力災害等を発生させる危険性を高めた。それゆえ，労働者や国民の安全を確保するために，新たな行政ニーズが生じている。

歴史を振り返って見ると，産業革命の進展とともに労働災害が多発するようになったことがわかる。19世紀にイギリスを始めとする諸国で制定された工場法は，その後，労働安全行政及び労働衛生行政へと発展した。

第二次世界大戦以前の日本では，農商務省工務局が労働安全行政を担当していた。戦後の労働安全行政は労働省に移管され，2001年の省庁再編により厚生労働省の管轄になった。一方，労働衛生行政は，戦前，戦後ともに厚生省の所管であり，2001年からは同じく厚生労働省の管轄になっている。

戦後の高度経済成長は，各地で公害問題を発生させた。1967年の公害対策基本法制定を契機に始まった公害対策行政，公害防止行政は，やがて，環境行政

182

へと発展する。公害対策行政および公害防止行政は環境庁が担当していたが，2001年に環境庁が省に昇格したことに伴い，現在は環境省の所管になっている。なお，廃棄物処理行政も厚生省から環境省に引き継がれている。

　一方，原子力安全行政は，もともと科学技術庁が所管していた。1999年の東海村JCO臨界事故を受けて，2000年に原子力安全委員会の事務局機能が総理府に移管された。さらに，2001年の省庁再編により，同委員会および事務局が内閣府の管轄になるとともに，経済産業省に「原子力安全・保安院」が設置された。しかし，2011年の福島第一原発事故を契機に，原子力安全・保安院は原子力安全委員会と共に廃止される。2012年には，原子力安全行政を一元的に担う新たな組織として，環境省の外局に原子力規制委員会が発足した。

　⑤健康維持と行政

　近代に入ると，都市化により住環境が悪化したため，組織的な衛生活動が必要になった。一般に，公私の機関が人々の健康保持，増進を目的として行う組織的な衛生活動を，公衆衛生という。日本における広義の公衆衛生行政は，①家庭や地域社会を対象とする一般公衆衛生行政，②学校を対象とする学校保健行政，③職場を対象とする労働衛生行政の三つに大別される。

　厚生労働省（旧厚生省）が所管する一般公衆衛生行政は，1947年に改正された保健所法に基づいて，保健所を中心に行われている。1994年には地域保健法が制定され，基本的な保健サービスは市町村が担う体制になった。保健所は都道府県，政令指定都市が設置するものであったが，近年は中核市にも保健所の設置が義務づけられている。

　学校保健行政は，文部科学省（旧文部省）が所管している。具体的には，学校保健安全法の下で，児童・生徒・学生・教職員に対する健康管理と学校衛生活動を実施している。

　労働衛生行政は，もともと労働省が担っていたが，2001年の省庁再編により，現在は厚生労働省労働基準局が所管している。具体的には，全国347カ所に労働基準監督署を設置し，労働者の健康が適切に保護されているかを監視，指導する活動を行っている。

　⑥交通と行政

　科学技術の発展とともに，機械エネルギーで動く交通手段が発達したことに

第Ⅳ部　社会の防災・減災・縮災の仕組み

伴い，輸送の安全を守るという行政ニーズが生まれた。道路交通事故，鉄道事故，船舶（海難）事故，航空事故等のように，交通手段にかかわって発生する事故を運輸事故という。

　日本では，1969年に道路交通事故による死者数が1万5000人を超えた。そのため，1970年に交通安全対策基本法が制定され，同法の下で内閣府（以前は総理府，総務庁）が運輸安全行政の総合調整を行っている。なお，鉄道，船舶，航空の実質的な安全行政は，主として当該産業の所管官庁である国土交通省が行っている。また，道路交通事故の防止と交通秩序の維持に関しては，警察庁が担当している。

　⑦消費者と行政

　本節　1　で述べた社会的基本権（生存権，社会権）の発達に伴って，消費者個人の安全を行政が守るべきであるという社会的ニーズが発生し，消費者行政（消費者保護行政）という新しい行政分野が生まれた。第二次世界大戦以降，日本を始めとする世界各国で消費者保護の必要性が認識され，個々の省庁で消費者行政が開始される。しかし，消費者行政を専門的に管轄する省庁が設立されたのは，主として2000年代以降のことである。なお，国際的には，消費者政策と競争政策を管轄する組織を一元化するケースや，経済・産業行政の管轄省庁が消費者行政を行うケース等がある。

　日本では，こんにゃくゼリー窒息事故や中国製冷凍餃子中毒事件，パロマ湯沸器死亡事故等に対する行政上の対応の遅れから，消費者行政の強化が急務になった。その結果，2009年になって，内閣府の外局に消費者庁が創設された。

3　標準化と規格

1　標準化の意義と便益

①標準化とは何か

　物や事柄について，あるべき姿を定めた取り決めを「標準」という。人々が便利で豊かな生活を送れるように，標準を意識的に作り，利用する活動を「標準化」と呼ぶ（梅田，2003, 18頁）。標準化が社会に普及し，人々が標準に従って行動すれば，誰が製品を作っても，また，誰が作業を行っても，一定の品質

が保証される。社会にとって，標準化はまさに安全を確保するための一手法である。

　後述する規格だけでなく，言語や単位（度量衡）も標準化の産物である。秦の始皇帝による度量衡の統一は，歴史的にも有名である。身近なところでも，円筒型電池の大きさ（単1，単2，…），用紙のサイズ（A4，B4，…），USBケーブルのコネクタ形状（Type-A，Type-B）等，標準化の例は枚挙に暇がない。私たちの社会は，標準化によってもたらされた製品やサービスに覆われていると言っても過言ではない。

　「標準」の原語はStandardであるが，日本では「規格」と訳される場合もある。「標準」の内容は，周知徹底するために文章化される。日本では，文章化された標準を「規格」と呼ぶことが多い。

　ISO/IEC Guide2〔JIS Z 8002（標準化及び関連活動――一般的な用語）〕において，「規格」は

　　「与えられた状況において最適な秩序を達成することを目的に，共通的に繰り返して使用するために，活動又はその結果に関する規則，指針又は特性を規定する文章であって，合意によって確立し，一般的に認められている団体によって承認されているもの」（江藤，2016，12頁）

と定められている。同様に，「標準化」は

　　「実在の問題又は起こる可能性がある問題に関して，与えられた状況において最適な秩序を得ることを目的として，共通に，かつ，繰り返して使用するための記述事項を確立する活動」（江藤，2016，12頁）

と定義されている。標準化を行う機関の地理的，政治的，または，経済的な水準によって，規格は国際規格，地域規格，国家規格，団体規格の4階層に分類できる。

　②標準化の意義と課題

　標準化によって正確な情報が広く伝達されれば，相互理解が促進される。消費者にとっては，製品の品質が適切に維持されることにより，安全・安心な生活が保障される。企業においては，研究開発した技術を広く普及できるようになるため，生産効率が向上し，産業競争力が強化されるとともに，環境保護にも貢献できる。さらに，製品の互換性やインターフェースの整合性が確保され

第Ⅳ部　社会の防災・減災・縮災の仕組み

ることによって国際的な競争環境が整い，貿易も促進される。ある意味で，標準化は市場においてイニシアティブを獲得するための一過程である。また，標準化そのものが，イニシアティブ獲得に向けた競争の結果としてもたらされる産物であるとも言える。

WTO（World Trade Organization：世界貿易機関）加盟国は，1995年に発効したWTO／TBT協定（貿易の技術的障害に関する協定）により，国家規格を国際規格に基づいて制定することになった。一般に，ルールはそれを制定する者に有利に働く。国際規格の制定に際して自らの主張が受け入れられなければ，そのままでは自国の製品を国際市場で売ることができず，国際規格に適合するように追加的なコストをかけざるを得ない状況に陥る。現在の日本は高い技術力を有しているので，国際的な標準をクリアすることは容易である。しかし，日本産業が今後も繁栄し続けるためには，国際規格の開発に積極的に参画して，国際的な影響力を強化することが不可欠である。

2 国際規格：ISO 等の組織と活動

①国際規格と国際標準化機関

国際規格を開発する代表的な組織として，以下の三つの機関が存在する。

- ISO（International Organization for Standardization：国際標準化機構）

  電気技術・電気通信を除く全分野を対象
- IEC（International Electrotechnical Commission：国際電気標準会議）

  電気技術分野を対象
- ITU（International Telecommunication Union：国際電気通信連合）

  電気通信分野を対象

②ISO の組織と活動

1947年に設立されたISOの加盟国数は，2017年7月において163である。ISOに参加できるのは，各国を代表する1組織のみである。日本からは，1952年に日本工業標準調査会（JISC）が加盟している。

ISOの組織は，総会—理事会—技術管理評議会—専門委員会—分科委員会—作業グループから成る。ISOの規格は，予備段階→提案段階→作成段階→委員会段階→照会段階→承認段階→発行段階，というプロセスを経て開発される。

第14章　防災・減災・縮災のための公的システム

制定の中心になるのは専門委員会であり，分野別に309の専門委員会が設置されている（2017年7月現在）。

［3］ わが国の国家規格

日本における代表的な国家規格として，JIS（Japanese Industrial Standards：日本工業規格）がある。JIS は，工業標準化法に基づいて設けられた規格である。工業標準化法は

> 「適正且つ合理的な工業標準の制定及び普及により工業標準化を促進することによつて，鉱工業品の品質の改善，生産能率の増進その他生産の合理化，取引の単純公正化及び使用又は消費の合理化を図り，あわせて公共の福祉の増進に寄与すること」（同法第1条）

を目的としている。

JIS には，製品規格，方法規格，基本規格という三つの規格がある。JIS 規格は，主務大臣から JISC（日本工業標準調査会）に制定が付議され，JISC における審議・答申の結果に基づいて主務大臣により制定される。登録認証機関によって対象製品が製品規格に適合していると認証された事業者は，自社の製品に JIS マークを表示できる（2017年7月現在）。

4　構造物の設計基準と安全性確保に関する制度

［1］ 種々の構造物に対する設計基準

私たちの生活は，日々居住する住宅のほか，道路や鉄道の橋梁，上水道のパイプラインなど，種々の構造物によって支えられている。これらの構造物が，設計時の強度不足や劣化の進行によって突然崩壊したり，災害の発生に伴って容易に損傷したりすることは，社会的に許容されるものではない。そのため，構造物には，その種類ごとに所管する官庁が決められており，その監督のもとで，一定の強度が担保されるように設計基準が定められている。例えば，建築物は国土交通省の所管であり，「国民の生命，健康及び財産の保護を図り，もって公共の福祉の増進に資することを目的」とする建築基準法において，「建築物の敷地，構造，設備及び用途に関する最低の基準」が規定されている。

187

第Ⅳ部　社会の防災・減災・縮災の仕組み

　建築物以外にも，道路橋，鉄道橋，港湾施設，トンネル，ガスタンクなど多種多様な構造物があり，それぞれ所管の官庁などが設計基準（技術基準）を定めている。構造物の種類によって立地条件や形状・寸法，必要な強度などの特性が異なるため，構造物の種類ごとに異なる設計基準（技術基準）が定められている。例えば，国土交通省道路局が担当する道路橋は「道路橋示方書」に基づいて，同省鉄道局が担当する鉄道橋は「鉄道構造物等設計標準」に基づいて，また，同省港湾局が担当する港湾施設は「港湾の施設の技術上の基準」に基づいて設計される。このように，構造物およびその設計基準（技術基準）には，国土交通省の所管するものが多いが，工業用のタンク類は経済産業省が，漁港の施設は水産庁が所管している。

　設計基準（技術基準）には，法的な裏づけがある。例えば，道路法30条には，高速自動車国道および国道の構造の技術的基準を政令で定めることが規定されている。対応する政令である道路構造令の35条4項には，道路の構造の基準に関して必要な事項を国土交通省令で定めることが示されている。そして，国土交通省令である道路構造令施行規則には，道路の橋などが地震などに対して十分安全なものでなければならないと規定されている。道路橋示方書は，「十分に安全なもの」と判断するための手段や基準を示した通達であり，一般には，道路橋示方書の解説を加えた「道路橋示方書・同解説」を参照して，実際の道路橋が設計される。

　建築物については，建築基準法20条において，「安全上必要な構造方法に関して政令に定める技術的基準に適合するものであること」が要件として示されている。具体的な要件が，法律ではなく政令や省令，あるいは，通達で示されているのは，必要に応じて内容を容易に見直すことができるようにするための工夫である。

　地震が多い日本では，設計基準（技術基準）の中でも耐震設計に関する規程が重要である。諸外国においても種々の設計基準が導入されているが，想定される地震の規模や頻度は地域によって異なる。日本では，諸外国よりも地震に対して丈夫な構造物を造ることになっている。

　コストをかければ，より堅牢な構造物を建設することは可能である。一般に，構造物は費用と効果のバランスを考慮して設計されるため，どの程度の地震に

第14章　防災・減災・縮災のための公的システム

耐えられる構造物を造るべきかという問題に明確な答えはない。しかし，原子力発電所に関連した構造物のように重要な構造物は，非常に高い耐震性が要求される。地震などに伴って構造物がどの程度被災しても社会的に許容できるかは，経済活動の発達の程度や，過去の被災経験などにも依存するため，容易に決定できるものではない。

　日本においては，これまで地震に伴って大きな被害が発生するたびに，耐震設計に関する基準の見直しが行われてきた。例えば，建築基準法は1950年に制定されたが，1981年に二次設計を追加した新耐震設計基準が導入された。これは，1968年の十勝沖地震や1978年の宮城県沖地震の経験をもとに，震度7に達する大地震が発生しても構造物が倒壊・崩壊しないことを目指した見直しである。さらに1995年の兵庫県南部地震の経験をもとに，新工法などの適用が容易になるよう，2000年には性能規定が導入されている。

［2］ 性能設計の導入と技術者の資格や認証の制度

　構造物の設計プロセスでは，構造物を建設するために用いる材料や，構造物の形状などを決定する。材料や形状に関する制約が少ないほど，設計者の望み通りの構造物を建設できるが，できあがった構造物の安全性を保証することは難しくなる。そこで，従来の設計基準では，安全性が確保できる設計仕様をあらかじめ定めておく仕様規定という考え方に基づいて設計を行うことになっていた。設計者が自由に選択できる範囲を制限し，仕様に示された通りの材料や形状，施工方法を採用することを要求すれば，高度な計算を行わなくても必要な安全性が確保できると考えられたためである。

　近年では，実務の現場でも高度な数値解析が用いられるようになり，さまざまな構造物に対して地震時の挙動を予測して安全性を保証できるようになっている。そのため，より高い自由度で設計できる性能設計の考え方が，種々の設計基準（技術基準）に導入されるようになっている。性能設計は，構造物に必要な性能を規定し，その性能が満足されていることを確認する（照査する）設計法である。1995年に発生した兵庫県南部地震では極めて大きな地震動が観測されたことから，まれにしか起きないと考えられる地震動であっても，甚大な被害が発生する可能性があるならば，設計段階で考慮しておく必要があるとい

第Ⅳ部　社会の防災・減災・縮災の仕組み

う認識が深まった。しかし，そのような地震動に対して，構造物をまったく被害がない状態に保つことは難しいため，想定される被害の様相（被害程度や被害の発生する部材など）を制御する考え方が有効である。そこで，構造物の損傷の程度を許容範囲に留めた上で，設計の自由度を高める性能設計が望まれるようになった。

　高度な数値解析に基づく性能設計は可能になっているが，設計の妥当性を実際に確認することはまだまだ難しい。とくに，コンピュータ・プログラムなどによって行われる設計計算では誤りの発生する可能性を否定できないが，データの入力ミスやプログラムのバグなどがないことを確認する作業は極めて煩雑である。さらに，構造物が地震の際にどのような挙動をするかは，技術的な知識に基づく力学的な考察が不可欠であるため，有能な技術者でなければ設計の誤りに気づくことは難しい。そのため，設計を行う技術者の資格制度や，設計に用いるプログラムの妥当性，および，設計結果を確認する手続き（認証制度）の重要性が高まっている。

［ 3 ］ 既存不適格の構造物と技術者による不正行為

　新しく建設される構造物が，適切に設計することによって，その時点で必要とされる安全性を確保できる。設計基準（技術基準）で要求される事項は，設計当時に必要と考えられた「最低の基準」であり，社会の発展とともに要求される安全性のレベルが高くなることも少なくない。そのため，現行の設計基準（技術基準）が要求する安全性のレベルを満たしていない既存の構造物が，そこかしこに存在するようになる。そのような構造物は，「既存不適格」と呼ばれる。

　建築基準法は，「現に存する建築物」については，規定に適合しない場合も「当該規定は，適用しない」と規定している。したがって，現行の設計基準（技術基準）が要求する耐震性を満たしていない建物も，「既存不適格建築物」として使用を続けることができる。設計基準で定める耐震性の要件が見直されるたびに建築物を撤去・再築することは現実的に不可能であるため，やむをえない規定と言えるが，耐震性の低い建築物が数多く現存することは安全性の観点から問題である。なお，建設時の基準を満たしていない建築物は違法であるから，是正が必要である。また，大規模な修繕や増改築を行う場合は，（原則として）

190

新しい基準が適用される。

　社会の安全を確保するという観点からは，たとえ個人や企業の所有する構造物であっても，耐震診断・耐震補強を実施することが求められる。1996年には「建築物の耐震改修の促進に関する法律」（耐震改修促進法）が施行され，既存不適格建築物などの耐震性の低い構造物は耐震診断を行い，その結果に基づいて適切な耐震補強を実施することによって，耐震性の向上に努めることになった。さらに，2013年には同法が改正され，「病院，店舗，旅館等の不特定多数の方が利用する建築物及び学校，老人ホーム等の避難に配慮を必要とする方が利用する建築物のうち大規模なものなどについて，耐震診断を行い報告することを義務付けし，その結果を公表すること」になった。

　設計基準（技術基準）が整備され，耐震診断・耐震補強が推奨されても，実際に構造物の安全性を評価するのは技術者である。2005年には，当時１級建築士であった技術者が，構造計算書を偽造する事件が発生した。設計計算をごまかして，必要な部材や材料を節約することによって建設費を抑え，建築物のコストダウンを図ろうとしたのではないかと考えられている。このような耐震偽装を行う動機は常に存在するため，技術者がルールのもつ意味を正しく認識し，技術者として守るべき規範（技術者倫理という）を遵守することが重要である。また，設計・構造計算書や施工状況を第三者が確認する仕組みを導入することによって，技術者による不正行為が発生しないような体制を確立することも，構造物の安全性確保には不可欠である。

引用・参考文献

井出明（2007）「法における安全の意味」野中潔編著『社会安全システム——社会，まち，ひとの安全とその技術』東京電機大学出版局。

梅田政夫（2003）『やさしいシリーズ5　標準化入門』日本規格協会。

江藤学（2016）『標準化教本——世界をつなげる標準化の知識』日本規格協会。

西尾勝（2001）『行政学』有斐閣。

古田一雄・長崎晋也（2016）『安全学入門——安全を理解し，確保するための基礎知識と手法』日科技連出版社。

マーシャル，T.H.・ボットモア，T.／岩崎信彦・中村健吾訳（1993）『シティズンシップと

第Ⅳ部　社会の防災・減災・縮災の仕組み

社会的階級——近現代を総括するマニフェスト』法律文化社。

さらに学ぶための基本図書

伊藤正己・加藤一郎（2005）『現代法学入門』有斐閣。

内山久雄監修／原隆史著『ゼロから学ぶ土木の基本——土木構造物の設計』オーム社。

木佐茂男・田中孝男（2016）『新訂 自治体法務入門』ぎょうせい。

末川博編（2014）『法学入門 第6版補訂版』有斐閣。

日本機械学会編（2014）『法工学入門——安全・按針な社会のために法律と技術をつなぐ』丸善。

日本規格協会（2009）「標準化教育プログラム［基礎知識編］ 第1章 標準化の意義」（http://www.jsa.or.jp/　2017年6月28日アクセス）。

真渕勝（2009）『行政学』有斐閣。

|第15章| 政府の防災・減災活動

　この章では，政府の防災・減災活動について概説する。中央政府の防災・減災活動は，インフラの維持管理，防災計画の策定，防災・減災を推進するための研究活動など多岐にわたる。また，中央政府は，それら以外にも国民の安全・安心を確保するために事故調査や公衆衛生制度の整備などの活動を展開している。さらに，地方政府である地方公共団体も，住民の安全確保のための業務に取り組んでいる。

Keyword▶ 防災基本計画，事故調査，保健所，DMAT，地方公共団体

1　政府の防災・減災活動

　1 　インフラの維持管理

　2012年12月に発生した中央自動車道笹子トンネルの天井板崩落事故を契機に，国土交通省は本格的に老朽化インフラの対策に取り組み始めた。2013年１月には，社会資本の老朽化対策会議が設置され，同年11月にはインフラ老朽化対策の推進に関する関係省庁連絡会議が「インフラ長寿命化基本計画」を発表した。

　一般にインフラの耐用年数は50年と言われているが，建設後50年以上が経過して老朽化が著しいインフラもあれば，健全な状態を保っているインフラもある。したがって，建設後50年が経過したインフラを直ちに更新するのではなく，適切に維持管理および補修を行って，より長い時間使用できるようにインフラの長寿命化を図る対策が実施されている。

　近年，老朽化するインフラの維持管理において，アセットマネジメントという手法を導入する動きがある。土木学会建設マネジメント委員会は，アセットマネジメントを「国民の共有財産である社会資本を，国民の利益向上のために，長期的視点に立って，効率的，効果的に管理・運営する体系化された実践活

193

第Ⅳ部　社会の防災・減災・縮災の仕組み

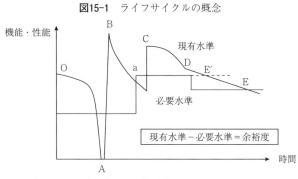

図15-1　ライフサイクルの概念

（出所）　橋本ほか（2016）を基に筆者加筆。

動」と定義し,「工学, 経済学, 経営学などの分野における知見を総合的に用いながら, 継続して（ねばりづよく）行う」としている。

　アセットマネジメントにおける基本的な考え方に,「ライフサイクルの概念」がある（図15-1）。アセットマネジメントにおいては, 初期建設費用だけでなく, 維持管理にかかる費用も含めたインフラのライフサイクル全体を通して必要になる費用, すなわち, ライフサイクル費用（LCC：Life cycle cost）の最小化を図ることが重要になる。図15-1においては, まず, 縦軸の「機能・性能」をどのように規定するかが重要になる。荷重や耐荷力・容量などは定量化が容易であるが, 使用性や美観など客観的に定量化が難しい指標も少なくない。また,「機能・性能」は利用者の目線で規定する必要があり, 社会インフラが所定の「サービス」を提供できるかどうか（serviceability）という考え方も必要である。インフラの供用時（O）には,「機能・性能」は必要水準より余裕をもった水準であり, 通常, 徐々に現有水準は低下するが, 自然災害などの突発事象で破損し急激に低下する場合（A）もある。インフラの更新（B）が行われると現有水準は大幅に改良されるが, 材料や工法の不確実性によっては, Bの後のように急速に劣化する場合もある。その後, 必要水準の上昇（a）に伴い, 現有水準を上昇させるための補修（C）がなされる。Dでは, 劣化速度を遅らせる対策が取られ, E′において, 要求が満たせなくなることが見込まれるが, 利用制限などで必要水準を引き下げることで, Eまで延命化している。インフラの余裕度とは, 現有水準から必要水準を引いたものとして定義され, インフラの維持管

194

理においては，状況に応じて適切な余裕度を考えて対応する必要がある。また，補修のタイミングを決定するために，現有する「機能・性能」の評価とその劣化予測が重要になる。劣化モデルの作成にあたっては，劣化メカニズムの解明と，計測・モニタリングデータの蓄積・管理が必要不可欠である。

　今後，老朽化が進むインフラの維持管理を進めていくには，つぎのような課題がある。①情報通信技術を活用して，調査・設計から維持管理までのデータを一括管理する建設システムを構築し，メンテナンスを円滑に実施するとともに，アセットマネジメントの国際規格である ISO55000シリーズに対応する。②施設管理者の責任を明確化するとともに，民間活力を一層活用することによって，メンテナンスの体制を充実する。③インフラの維持管理に関する技術の伝承と，人材の育成に努める。④メンテナンスに関する予算を十分に確保し，ロボットや無人航空機を活用したり，非破壊検査や走行型計測などの技術を活用したりすることによってメンテナンスを効率的に進めるとともに，リアルタイム計測，モニタリングシステムなどの技術開発を促進する。

［ 2 ］ 政府の防災・減災計画

　100を超える法律のもとで，関係機関が個別に防災の課題に対応していた20世紀中ごろまでの間，わが国の防災行政は十分な効果を上げられずにいた。問題が顕在化したのは，第二次世界大戦後初めての広域巨大災害になった1959年9月の伊勢湾台風である。伊勢湾沿岸の約310 km^{2}が冠水し，流入した海水が引かずに湛水状態が続く中で，愛知県と三重県において1000人を超える死者・行方不明者が発生した。発災から5日目に，国は愛知県庁内に現地本部を設置し，副総理，各省庁次官や部局長，被災県や国鉄などの職員を参集させた。現地本部において対応方針や特別措置を即決できるようにして，さまざまな課題の調整を果たそうとしたのである（奥村，2011）。

　その後，個別的で一貫性に欠く防災行政を改めて，総合的な防災行政を計画的に推進できるようにするため，国は防災基本計画を，都道府県と市町村は地域防災計画を作成することになった。1963年に国の計画が作成されたのを受けて，同年以降，都道府県と市町村の計画も順次作成された。計画の作成を担う国や地方の防災会議は，平時から分野の異なるさまざまな関係者によって防災

第Ⅳ部　社会の防災・減災・縮災の仕組み

対策を審議し，継続的に計画の見直しを行っている。国の中央防災会議は，内閣総理大臣を会長として，全閣僚，主要な公共機関の長と学識経験者により構成される。同会議には中央省庁や公共機関の長が参加しているため，国の防災基本計画には，各組織が作成する防災業務計画を長期的な視点から相互に調整する機能を盛り込むことができる。

　防災基本計画は，「防災に関する総合的かつ長期的な計画」「防災業務計画および地域防災計画において重点を置くべき事項」「防災業務計画および地域防災計画の作成の基準となる事項」を定めている。具体的な防災対策は，防災業務計画および地域防災計画に基づいて実施される。

　1995年に発生した阪神・淡路大震災の経験を踏まえて，防災基本計画は全面的に修正され，国，地方公共団体，公共機関などが行うべき施策について，それぞれの責務が明確に定められた。また，地震災害，風水害，火山災害など災害の種類別に，予防，応急，復旧・復興の各段階に沿って，講ずべき対策が記載されるようになった。さらに，2011年の東日本大震災の経験をもとに，津波災害対策編が追加された。

　東日本大震災のような広域巨大災害が発災した場合，広域的な支援活動が不可欠である。同時に，十分な公的支援が行き届かないなかで住民が生き抜くためには，地域コミュニティにおける防災活動も極めて重要である。そこで，2014年4月より，市町村内の一定の地区の住民や事業者による自発的な防災活動を推進する地区防災計画制度が施行された。一方，関西の2府6県4政令市で構成される関西広域連合は，構成する団体が連携して災害対策を実施できるように関西防災・減災プランを作成している。いずれの計画も，現在の防災基本計画のなかで作成の必要性が明記されている。

　さらに，防災基本計画は，必要に応じて，災害と地域を特定した対策を検討するよう求めている。2014年に，中央防災会議は，南海トラフ地震や首都直下地震などの特定の大規模地震に備えて実施すべき防災・減災対策をとりまとめた大規模地震防災・減災対策大綱を策定した。また，大規模災害などに備えて国土の全域にわたる強靱な国づくりを推進するために，防災の範囲を超えて，国土政策・産業政策を含めた総合的な政策を実施する取り組みも進められている。

第15章　政府の防災・減災活動

［ 3 ］ 防災・減災研究

　日本政府は，防災基本計画に基づいて防災・減災に関する科学技術研究を振興している。防災基本計画では，地震災害のほか，津波災害，風水害，火山災害，雪害，海上災害，航空災害，鉄道災害，道路災害，原子力災害，危険物などによる災害，大規模な火事災害，林野火災のそれぞれについて，「研究の推進，予測・観測の充実・強化」を図るとしている。以下では，主として地震災害に関する研究について述べる。

　防災・減災に関する科学技術研究には，災害そのものの理学的・工学的研究と，災害時の人間行動や情報伝達などを対象とする社会科学的研究がある。防災基本計画では，研究の成果を防災体制の強化や防災施策などに活用できるように，研究機関から防災機関へ情報提供を行うことや，研究機関と行政機関の連携を推進することも重視されている。気象庁，文部科学省，内閣府などの関係省庁や指定公共機関は，防災基本計画に掲げられた基本方針に基づいて，各組織の防災業務計画に具体的な研究方針を定めている。

　1995年の阪神・淡路大震災は，わが国の防災・減災研究の大きな転機になった。地震による被害の大きさは，地震に関する調査研究の成果が，国民や防災を担当する機関に十分に伝達され活用される体制になっていなかったことを浮き彫りにした。行政施策に直結すべき地震に関する調査研究の責任体制を明らかにし，それらの調査研究を政府として一元的に推進するため，同年7月に科学技術庁長官を本部長とする地震調査研究推進本部が総理府に設置された（2001年の省庁再編による文部科学省への移管後は，文部科学大臣が本部長を務めている）。東日本大震災の翌年度は，政府全体の地震調査研究関係予算が356億円に増額されたが，ここ数年は概ね110億円前後で推移している。

　地震調査研究推進本部は，つぎのような研究活動を行っている。①地震動の観測結果や研究の成果を整理・分析して地震活動を総合的に評価し，その結果を毎月公表する。②主な活断層と海溝型地震を対象に，将来発生する可能性のある地震の規模や，一定期間内に地震が発生する確率などを推定する長期評価を行う。③特定の地震が実際に発生したとき，その近くの地域がどのくらいの強い揺れに見舞われるのかを予測する強震動評価を行う。④一定期間内にある震度以上の揺れに見舞われる確率などを示した確率論的地震動予測地図と，震

197

第Ⅳ部　社会の防災・減災・縮災の仕組み

源断層を特定した地震動予測地図を合わせた「全国地震動予測地図」を作成する。さらに，将来発生する可能性のある特定の地震について，震源から遠く離れた構造物に大きな被害を与えるおそれがある長周期の揺れを予測した「長周期地震動予測地図」を作成し，公表する。

　地震調査研究推進本部は，地震観測網の整備を推進する役割も担っている。地震観測網は，防災科学技術研究所や国土地理院，気象庁などの管理する観測点を全国に配置することにより整備が進められている。1996年に562地点であった高感度地震計による観測点は大幅に増設され，2016年には1498地点になった。同様に，広帯域地震計による観測点は82地点から189地点に，強震計による観測点は約2809地点から3853地点に，GPS連続観測施設は716地点から1492地点になっている。

2　社会安全のための公的システム

1　事故調査

①事故調査の意義と目的

　事故の再発を防止する上で有効な取り組みは，事故原因を調査・分析して同種の事故が再発することを防止するとともに，別種の事故が発生することを防ぐために役立つ知見や教訓を得るための事故調査活動である。

　世界初のジェット旅客機として1952年に就航したイギリスのコメット機が，1953年から1954年にかけて飛行中に空中分解する事故を連続して起こした。事故調査の結果，与圧と減圧の繰り返しによる機体の金属疲労が原因であることがわかった。調査で得られた新しい知見は，その後の航空機の安全性向上に大きく寄与した。このように，事故調査は，事故防止や安全性の向上に欠くことのできない有益な取り組みである。

②事故調査にはどのようなものがあるか

　事故調査を実施主体別に整理すると，(1)常設の公的な事故調査機関が行うもの，(2)臨時に設置される常設ではない公的組織が行うもの，(3)政府や行政機関が業務の一環として行うもの，(4)事故を起こした当事者が行うもの，(5)民間の第三者が行うものなどに分けられる。また，これらの事故調査とは別に，わが

国を含む世界の多くの国々では，死傷者が出た事故に対して警察による捜査が行われる。警察の捜査は業務上過失致死傷罪などの刑事責任を追及することを目的としているが，事故の原因が一定程度解明されることもある。

前記の調査の中で最も重要なものは，事故の責任を追及するのではなく，事故の原因を究明し，教訓を引き出すことによって，事故の再発を防止することを目的に実施される常設の公的な機関による事故調査である。アメリカの国家運輸安全委員会（NTSB）は，そのような目的をもつ事故調査機関として国際的にもよく知られている。

NTSBは，1967年にアメリカ運輸省の一組織として設置された。しかし，事故調査の独立性を確保するため，1975年に同省から独立して連邦政府機関の一つになった。事故調査は，組織やシステムに潜む欠陥や弱点をえぐる作業にほかならない。時として，行政による規制の不備を検証する作業を行わなければならないこともある。したがって，事故調査においては，事故を起こした当事者から独立していることはもちろん，行政官庁からの独立性を確保することも重要である。

③事故調査の歴史

公的な常設機関による事故調査は，運輸部門では早くから行われている。1951年に，国際民間航空機関（ICAO）は航空機事故およびインシデント調査の原則を示した国際民間航空条約第13附属書（ICAO Annex 13）を採択した。航空機の事故が発生したとき，条約締結国はこの附属書に基づいて事故調査を行っている。わが国でも，1974年になって運輸省に航空事故調査委員会が設置された。

船舶事故の調査も，第二次世界大戦前から各国で行われている。わが国では，1949年に戦前の海員審判所を前身とする海難審判庁が設置され，2008年まで運輸省の外局として事故原因の究明および船員の懲戒を行ってきた。一方，鉄道事故については，鉄道会社や監督官庁による調査は古くから行われていたが，常設機関による調査は行われていなかった。わが国で常設機関による鉄道事故の調査が行われるようになったのは，航空・鉄道事故調査委員会が発足した2001年からである。

近年，安全に対する社会の関心が国際的にも高まっていることを反映して，

第Ⅳ部　社会の防災・減災・縮災の仕組み

先進国を中心に常設の事故調査機関を設立する動きが相次いでいる。とくに運輸事故の分野では，1993年に事故調査機関の国際的な連合体として国際運輸安全連合（ITSA）が設立された。2017年6月現在，ITSAには日本を含む16カ国の事故調査機関等が加盟している。

④わが国の常設事故調査機関

わが国で発生している事故のすべてが，常設の事故調査機関によって調査されるわけではない。年間4万件程度発生している火災は，消防署・消防庁によって調査されており，年間50万件程度発生している死傷者を伴う自動車事故の大半は，警察によって捜査が行われる。また，発生件数が極端に少ない事故の場合は，その都度，臨時の委員会が設置されて調査が行われる。例えば，2011年に福島第一原発事故が発生した際には，政府と国会に事故調査委員会が設置された。

2017年10月現在，わが国には，事故調査を行う常設機関として，運輸安全委員会，消費者安全調査委員会（以下「消費者事故調」という），事業用自動車事故調査委員会（以下「自動車事故調」），医療事故調査・支援センター（以下「医療事故調」）の四つがある。2008年に航空・鉄道事故調査委員会と海難審判庁の一部を統合して発足した運輸安全委員会は，航空，鉄道，船舶事故および重大インシデントを対象に，原因究明や再発防止，被害軽減のための調査を行っている。2012年に設置された消費者事故調は，消費者が利用する製品・食品・施設・役務に関する事故を，2014年に設置された自動車事故調は，バス，タクシー，トラックなどの事業用自動車が関係する事故を，そして，2015年に開設された医療事故調は，医療事故を調査対象にしている。

　2　公衆衛生制度

①公衆衛生制度の確立

世界史的には，紀元前4世紀ギリシャのヒポクラテスは，清潔な水，きれいな空気，適切な住居等が健康と密接な関係があることを記述している。14世紀にヨーロッパにおいてペストが大流行し，そのために北イタリアのフィレンツェやヴェネツィアなどの諸都市において衛生当局が置かれ，検疫が行われるようになった（チポラ，1988，34-50頁）。現代社会につながる公衆衛生制度は，19

世紀のイギリスにおいて確立されたものである。イギリスでは18世紀より急速に商工業が発展し、都市人口が増加し、そのため都市の衛生環境が悪化した。ロンドンなどの大都市ではコレラなど感染症が大流行し、不衛生、疾病、貧困の悪循環に陥った。これに既存の仕組みで対処できなかったためエドウィン・チャドウィックは、1848年に世界初の公衆衛生法を制定し、自治体に衛生部局を設置し、そこに業務遂行能力のある専門職員をおく新たな仕組みを作って対応した。これが公衆衛生制度として世界に拡がっていった（多田羅、1999、23-26頁）。

　②公衆衛生の定義

　19世紀に確立された公衆衛生制度は、医療サービスの提供体制が整えられるにつれ、不要な制度と考えられた。しかし、医療サービスの提供体制が整えられても、医療制度では解決できない感染症対策などの健康課題が多くあることが明らかになってきた。そのため1980年代頃から各国において公衆衛生制度の立て直しが図られている。イギリスにおいても、公衆衛生を「社会の様々な力を組織的に結集し、人々の健康を増進、保護し、健康と安寧を図り、疾病を予防し、寿命を延伸する科学であり技術・施策である」と、再定義して充実強化が図られている（Acheson, 1988, p. 1）。

　③日本の公衆衛生制度

　明治初期に発布された医事法規である「医制」（1874年）において、衛生行政の条文が最初に置かれ、公衆衛生制度の導入が図られた。しかし、日本において公衆衛生制度が明確に位置づけられたのは日本国憲法が制定されてからのことである。憲法25条2項に公衆衛生の向上および増進が国の責務と明記され、公衆衛生業務を担う地方公共団体が位置づけられたからである。戦後の公衆衛生事業は1947年に制定された保健所法に基づいて保健所を中心に展開されてきた。1978年より市町村が保健センターを設置し、市町村保健師の増員が図られるなど、市町村を基盤とした公衆衛生制度に移行する政策がとられてきた。その流れの中で、1994年に保健所法が改正され「地域保健法」とされ、国民に対する保健、福祉、介護サービスなどの公衆衛生事業の基本的な提供の主体が市町村として法定化された（厚生労働統計協会、2017、25-37頁）。

　公衆衛生を担う組織・機関としては保健所以外に、保健所を設置する市（政

第Ⅳ部　社会の防災・減災・縮災の仕組み

令指定都市，中核市）は「衛生研究所」を設置している。厚生労働省も，主要な
港湾・空港に「検疫所」を配置している。また国立感染症研究所，国立保健医
療科学院，国立医薬品食品衛生研究所など各種の専門機関・研究センターが設
置されている。行政機関・組織以外に，日本公衆衛生協会や日本食品衛生協会
など，民間の組織・団体が設立され公衆衛生事業を支えている。

　④地域保健法における保健所業務の規定

　保健所は，公衆衛生活動の専門機関であり，医師，保健師，公衆衛生監視員
（環境，食品，薬事，検査）などの専門技術職員が置かれている。地域保健法6条
において，以下の14の業務が保健所の業務・事業と定められている。

- 地域保健に関する思想の普及及び向上に関する事項
- 人口動態統計その他地域保健に係る統計に関する事項
- 栄養の改善及び食品衛生に関する事項
- 住宅，水道，下水道，廃棄物の処理，清掃その他の環境の衛生に関する事項
- 医事及び薬事に関する事項
- 保健師に関する事項
- 公共医療事業の向上及び増進に関する事項
- 母性及び乳幼児並びに老人の保健に関する事項
- 歯科保健に関する事項
- 精神保健に関する事項
- 治療方法が確立していない疾病その他の特殊の疾病により長期に療養を必要とする者の保健に関する事項
- エイズ，結核，性病，伝染病その他の疾病の予防に関する事項
- 衛生上の試験及び検査に関する事項
- その他地域住民の健康の保持及び増進に関する事項

3　救命救急システムの成立

①日本の救急医療制度の歩み

　1947年に制定された消防組織法において，市町村が消防行政を担うと定められたことを契機として，日本の救急医療制度が整えられてきている。1961年に

第15章 政府の防災・減災活動

国民皆保険制度が確立されたことにより医療機関数が大幅に増加し，救急患者の受入れ医療機関の確保が容易になった。1963年に救急搬送業務が消防署の業務の一つに位置づけられた。1964年に救急医療機関告示制度が発足し，1次救急（軽症），2次救急（中等症）の患者については市町村を単位とした救急医療体制が整えられた。

しかし，重症患者に対する3次救急（重症）医療活動を行うには，救急医療を担う専門医を養成し配置した救命救急を専門として扱うセンターが必要である。その体制が整えられたのは医師を養成している大学病院が3次救急（重症）患者を取り扱うようになってからのことである。1967年に日本の大学病院の中で初めて大阪大学医学部附属病院が救急患者を取り扱う特殊救急部を開設し，3次救急患者の受け入れをはじめた。また，救急医学を担う専門医の教育と育成を行うために救急医学講座を設置した。1979年に大阪府は大阪府立千里救命救急センターの開設を皮切りに，地域をブロックに分けて3次救命救急医療センターの整備を進めた。大阪府の救急医療行政の取り組みは全国に波及した。現在は，さらに広範囲熱傷，四肢切断，急性中毒等の特殊な疾患を扱う「高度救命救急センター」の整備が全国的に進められている。

また，搬送後の病院における医師の処置だけでは救命率を高めることができないことから，救急患者の搬送中に救急隊員の救命処置を行える体制とするために1991年に救急救命士制度が新設された。救急隊員の多くが救急救命士の資格保有者になり，救命救急センターへの搬送中に甦生・救命処置を行われるようになった。

②災害時の拠点病院と医療チームの創設

1995年に発生した阪神・淡路大震災のような大規模広域災害では，市町村を単位とした通常の救急医療体制では多数の傷病者を救うことは不可能である。阪神・淡路大震災における救急患者への対応事例を詳細に検証した結果，「災害拠点病院」および「災害派遣医療チーム（DMAT：Disaster Medical Assistance Team）」が必要と判断された。1996年より，救命救急医療の中で災害時にも対応できる救命救急医療の拠点となる病院の整備及びDMATの組織化が進められてきている。

災害拠点病院とは，都道府県知事の要請に基づいて，災害発生直後から傷病

203

第Ⅳ部　社会の防災・減災・縮災の仕組み

者の受け入れや医療チームの派遣等を行う病院である。また，DMATは，被災地へ医薬品・医療機器等を持参し，医療スタッフと共に自律的に救急医療を行うチームであり，医師，看護師，業務調整員（救急救命士・薬剤師・臨床工学技士・臨床検査技師・理学療法士・作業療法士・放射線技師・社会福祉士・コメディカル・事務員）等，多職種のメンバーで構成される医療チームである。

　DMATには，都道府県が災害医療に備えて設置した「都道府県DMAT」と，厚生労働省が大規模災害に備えて設置した「日本DMAT」の2種類がある。被災地では，二つのDMATが連携して，広域的な医療搬送，臨時的な医療拠点の設置，被災地の病院支援，域内搬送の支援の災害医療活動を行う。

　阪神・淡路大震災では，救急患者の搬送にヘリコプターがほとんど利用できず，広域搬送により助けることができた患者は少数であった。そこで，医師と看護師または救急救命士を搭乗させ，救急医療処置をしながら遠方の医療施設に患者を搬送できるドクターヘリの配備が全国ではじめられた。2011年に発生した東日本大震災は，阪神・淡路大震災以後に整備された災害医療施設や医療チームがフル動員された初めての大規模災害であった。

　ところで，災害時の被災者に対する医療は，救命救急医療体制の確立だけでは不充分であるということが明らかとなってきた。阪神・淡路大震災以降，発災直後の医療需要よりも，その後の中長期の避難中や避難後に健康を悪化したり，死亡に至る場合が多いことが明らかになってきたからである。そのため，3日から1週間程度滞在しただけで被災地から引き上げてしまうDMATの後を引き継ぎ，被災地において中長期にわたって医療活動や健康支援活動を担う医療チームが必要とされた。東日本大震災の発災後，日本医師会は，日本医師会災害医療チーム（JMAT：Japan Medical Association Team）を編成し，東日本大震災の被災地にはじめて派遣を行った。災害が発生すると，医師会だけでなく，すでに全国の国公立病院や日本赤十字病院など民間医療機関の医療チームが被災地に入り，被災地において派遣されてきた医療チームが連携して医療支援を行うことも活発になっている。

第15章　政府の防災・減災活動

3　地方公共団体と社会安全

［1］地方公共団体が担う安全確保業務

　日本国憲法92条は，「地方公共団体の組織及び運営に関する事項は，地方自治の本旨に基いて，法律でこれを定める」と規定している。地方自治の本旨は，団体自治と住民自治から成る。団体自治は，各地に国から独立した地方公共団体（地方自治体）をおくことを認め，住民の安全・安心を守るための取り組みをはじめとする地方行政を，地方公共団体の責任と意思のもとで自主的に行わせるという原則である。また，住民自治は，地方自治が住民の意思に基づいて行われることを意味している。地方自治のもとでは，「わたしたちのまちの安全・安心は，わたしたち自身の手で」守らなければならないのである。

　地方公共団体が担う安全・安心に関わる業務は，警察，消防，災害対応，環境保全，公衆衛生，住民の健康管理，福祉政策など多岐にわたる。これらの行政サービスは，全国で公正・平等に実施されるように，中央省庁による統括のもとで，基礎自治体である市区町村が広域行政をつかさどる都道府県と連携して実施することになっている。

　例えば，わが国には，消費生活の安全を守るための国の機関として，2009年に発足した消費者庁があり，都道府県や市区町村に設置された消費生活センターで受け付けた消費者からの苦情を一元的に管理している。消費生活センターが取り扱う問題は，インターネット通販のトラブル，高齢者に対する詐欺的商法，住宅リフォーム詐欺，遊具の事故，家庭用医療機器のトラブル，美容医療サービスに関するトラブル，危険ドラッグ，ヤミ金融，クレジットカードの偽造など，悪質な商取引をはじめ，商品やサービスに関するあらゆる事案と言ってもよいほど多岐にわたる。

　市役所の入口に掲げられた組織図などを見るとわかるように，地方公共団体にはさまざまな部局がある。例えば，危機管理を担当する部局では，地域の防災力を強化するために，平素から防災組織の活動を支援する施策や，住民に防災意識を普及・啓発する活動を実施している。消防局では，消火や救助の要請に即応して，住民の命を守る活動を日々展開している。福祉関係の部局では，

205

第Ⅳ部　社会の防災・減災・縮災の仕組み

高齢者や障害者など，支援が必要な人たちの暮らしを支えるために，きめ細かい取り組みを行っている。都市計画を担当する部局では，安全で安心なまちづくりを推進するために，道路や公園，市街地の整備などを行っている。また，教育委員会では，子どもたちが事故や事件に巻き込まれないように，学校における安全管理体制の整備に努めている。

　さまざまなリスクにさらされている現代社会において，地方公共団体が担う役割は増加の一途をたどっており，職員は住民の安全を守るために片時も休むことなく業務を遂行している。また，ひとたび大規模な災害が発生すれば，職員は速やかに持ち場に参集し，対策本部の指揮のもとで災害対応にあたることになっている。かつて，地方公共団体は中央省庁を頂点とする上意下達システムの末端にすぎないと見る向きも少なくなかったが，実際には地域の安全を守る最前線の重責を担っている。

［ 2 ］ 地方公共団体の安全確保体制

　ここでは，地方公共団体がどの程度の規模と体制で住民の安全確保にあたっているかを概観し，現状の課題を大局的に把握することを試みる。とくに，前項［ 1 ］に列挙した地方公共団体が担う安全・安心に関わる業務の中で，住民にとって身近な組織である警察と消防を比較しながら考える。

　警察本部が都道府県に設置されるのに対して，消防本部は主として市町村に設置される。さらに，警察本部は警察署や交番，派出所，駐在所を，消防本部は消防署や分署などを地域ごとに配置して，地域の事情に通じた職員が，迅速かつ的確に業務を遂行できるように体制を整備している。

　2016年度における全都道府県の警察職員は28.8万人，市町村などに所属する消防職員は16.3万人で，それぞれ全地方公務員数の10.5％と6.0％にのぼる。さらに，2015年度の決算額は，警察部門が 3 兆2311億円，消防部門が 2 兆969億円で，それぞれ地方財政の3.3％と2.1％を占めている。これらの数字からも，地方公共団体が住民の安全確保に膨大なマンパワーとコストを割いていることが理解できる。

　近年，地方財政は大幅な財源不足に陥っているため，各部局において行政のスリム化（合理化・効率化）を図る取り組みが進められている。2005年から2015

年までの10年間における地方財政の決算額の推移を見ると，消防部門の構成比は横ばいであるが，警察部門の構成比はゆるやかながら縮小傾向になっている。地方財政の悪化は，地方公共団体による住民の安全確保に関する業務の遂行に大きな懸念を抱かせるものになっている。

社会の複雑化・高度化に伴って，住民の安全確保に関する業務も国際化，高度化，複雑化しつつある。具体的には，つぎのような課題への対応が求められている。

（a）国際化：地方行政も，急速な国際化の波にさらされている。外国人による犯罪やトラブルは，警察だけでなく，消防が対応する救急搬送の現場などにも影響を与えている。今後は，多国籍グループによるテロのリスクが高まることも予想され，警察や消防においても，核兵器（Nuclear）や生物兵器（Biological），化学物質（Chemical）による災害（NBC 災害）に備えることが急務になっている。

（b）高度化：近年，情報セキュリティの弱点を突いたサイバーテロや，国際ネットワークを悪用した詐欺，マネーロンダリングなど，対策に高度な専門的知識を要する犯罪が増えている。また，消火や救助に使う装備やシステムも，高度化・専門化が進んでいる。(a) に示した国際化とともに，逼迫した財政のもとで高いコストを要する対策が求められている。

（c）複雑化：巨大な災害が発生した場合には，列車の転覆や多重衝突事故，化学プラントの爆発やテロなど，複数の事案が併発し，被災地の状況は複雑さを増すことが予想される。そのため，限りある資源をどのような優先順位で投入するかを決める「トリアージ」が求められる。財政の逼迫に伴ってスリム化した組織には余力がないため，極めて難しい判断が迫られることになる。

上記のように，住民の安全を確保するための体制は，時代や社会の要請に応じて，不断の努力のもとで変革し続けなければ，すぐに陳腐化・弱体化してしまう。今後は，「新しい公共」や「Government 2.0」とも呼ばれるように，地方自治の本旨にいう「住民自治」の考え方に基づいて，多くの住民による共助の力を活用することにも期待が寄せられている。

第Ⅳ部　社会の防災・減災・縮災の仕組み

3　地方公共団体と防災訓練

　国や地方公共団体などの行政機関は，主として自然災害を対象にした防災・減災活動を行っている。しかし，災害の規模が大きくなればなるほど，すなわち，私たちが災害であると強く認識する事態になればなるほど，行政機関による防災・減災活動は十分に機能しなくなる。『防災白書』にも，公助の限界として，「東日本大震災等の大規模広域災害の発災時には，行政が全ての被災者を迅速に支援することが難しいこと，行政自身が被災して機能が麻痺するような場合があることが明確になった」ことが指摘されている（内閣府，2014，37頁）。

　行政機関による防災対策に限界があることを前提に，家庭や地域での防災活動を促進することも，地方公共団体重要な防災・減災活動の一つである。家庭や地域における防災活動を促進するために実施されるのが，防災教育や防災訓練である。

　地方公共団体が行う最も代表的な防災訓練は，地域総合防災訓練である。地域総合防災訓練はさまざまな防災関係機関の訓練として実施されるため，主な参加者は専門家に限られる場合が多い。そのため，地域住民にとっては専門家の日頃の訓練の成果を見学するだけの機会になっているのが現状である。起震車の体験や初期消火を学ぶ機会を提供したり，自宅から訓練会場まで実際に避難してもらったりするなど，地域住民も関与できる訓練として実施することが求められる。

　近年では，都道府県や市町村全域などの広い範囲にある企業や学校，家庭などで，同一の日時に個別的に防災訓練を行うシェイクアウト訓練が実施されている。シェイクアウト訓練は，2008年にアメリカのカリフォルニア州において初めて実施された大規模な防災訓練の手法であり，世界各地に広がりつつある。また，シェイクアウト訓練を契機に，備蓄品の点検や危険個所の確認など，自分でできる防災活動を何か一つ追加したプラスワン訓練も実施されている。シェイクアウト訓練やプラスワン訓練は，地域住民による自助や共助を促進するために，地方公共団体が主導して実施する重要な訓練の一つである。

　日本では，上記のような防災訓練を，特定の時期に集中して行うことが多い。最もよく行われるのは，9月1日の「防災の日」である。9月1日は，1923年

に関東大震災が発生した日であるが，台風が多く襲来する時期でもある。そこで，災害の恐ろしさを啓発して訓練などを行うことを促進するために，この日を防災の日にすることが1960年に閣議決定された。防災の日のほかにも，過去の災害などを踏まえて，防災とボランティアの日（1月17日）や世界津波の日（11月5日）などが制定されている。

　地方公共団体には，上に示した防災に関わる各種の日にあわせて，単に過去の災害を思い出すだけではなく，防災は誰もが協力しなければ実現できないことを住民が実感できる訓練を提供することが求められている。

引用・参考文献

安部誠治監修（1998）『鉄道事故の再発防止を求めて』日本経済評論社。

奥村与志弘（2011）「スーパー広域災害における災害対応課題の特殊性に関する研究——1959年伊勢湾台風災害の災害対応分析」『減災』第5号，53-64頁。

厚生労働統計協会（2017）『国民衛生の動向2017/2018』第64巻第9号。

杉本侃（1996）『救急医療と市民生活——阪神大震災とサリン事件に学ぶ』ヘルス出版，79-115頁。

総務省（2017）「地方財政の状況（平成29年3月）」（http://www.soumu.go.jp/main_content/000472872.pdf　2017年10月1日アクセス）

総務省HP「地方公共団体の行政改革等—地方公務員数の状況」（http://www.soumu.go.jp/iken/kazu.html　2017年10月1日アクセス）

消費者庁（2017）『平成29年版消費者白書』（http://www.caa.go.jp/adjustments/index_15.html　2017年10月1日アクセス）

総務省消防庁（2016）『平成28年版消防白書』（http://www.fdma.go.jp/html/hakusho/h28/h28/index.html　2017年10月1日アクセス）

多田羅浩三（1999）『公衆衛生の思想　歴史からの教訓』医学書院。

チポラ，C. M.／日野秀逸訳（1988）『ペストと都市国家』平凡社。

中央防災会議（2017）『防災基本計画　平成29年4月』（http://www.bousai.go.jp/taisaku/keikaku/pdf/kihon_basic_plan170411.pdf　2017年6月30日アクセス）

内閣府（2014）『平成26年版　防災白書』。

日本集団災害医学会（2015）『改訂第2版DMAT標準テキスト』へるす出版。

橋本鋼太郎・菊川滋・二羽淳一郎編集（2016）『社会インフラ メンテナンス学』土木学会。

文部科学省研究開発局地震・防災研究課HP「地震調査研究推進本部」（http://www.jishin.

第Ⅳ部　社会の防災・減災・縮災の仕組み

go.jp/　2017年6月30日アクセス）

吉川弘之ほか（2001）『多発する事故から何を学ぶか──安全神話からリスク思想へ』（学術
　会議叢書5）ビュープロ。

Acheson, D.（1988）*Public Health in England-The report of the committee of Inquiry into the future development of the Public Health Function*, HMSD BOOKS.

さらに学ぶための基本図書

阿部允（2006）『実践　土木のアセットマネジメント』日経BP社。

牛島栄（2013）『社会インフラの危機　つくるから守るへ──維持管理の新たな潮流』日刊建
　設通信新聞社。

高橋洋・小村隆史（2006）『防災　訓練のガイド──「頭脳の防災訓練」のすすめ』日本防災
　出版社。

日本地方自治学会編（2013）『「新しい公共」とローカル・ガバナンス』（地方自治叢書25）
　敬文堂。

| 第16章 | 防災・減災・縮災のための民間システム |

　防災・減災は政府だけの取り組みではない。民間もさまざまな分野において，防災・減災活動を展開している。災害時においてボランティアや非営利組織が活躍しているのは周知のとおりである。企業も自ら事故の防止に努める一方，危機的な状況に陥った場合にも速やかな対応ができるように備えている。保険制度は古くから存在するリスク管理手法の一つである。

Keyword▶ ボランティア，労働安全衛生，BCP（事業継続計画），保険，共済

1　自然災害と非営利組織

1 　災害救援と非営利組織

　交通事故などの社会災害は，被害が局所的で，行政機関など周辺の社会環境にまで影響が及ぶことは比較的少ない。しかし，巨大な自然災害が発生した場合には，社会全体が機能不全に陥り，災害対応の中心になるべき公的機関も被災して十分に対応できない事態に陥ることもある。そのため，民間組織の支援が果たす役割は非常に大きい。

　日本では，一定規模を超える自然災害が発生すると，被災した都道府県や市町村が地域防災計画に基づいて災害対策本部を設置し，緊急事態に対応できる体制を臨時に整備して，応急対策から復旧・復興に至る一連の災害対応にあたる。災害の規模が小さな場合には，行政を中心とする上意下達の体制のもとで効率的な対応が可能である。しかし，1995年に発生した阪神・淡路大震災では，行政による対応の限界が露呈した。大規模な災害に伴って多数の現場で同時に即断・即決が求められる事態が発生すると，公平性の原則を重視する行政は，全貌を把握できるまで資源を配分しにくいため，対応が滞ってしまうのである。

第IV部 社会の防災・減災・縮災の仕組み

　一般に，初期消火や被害の把握，避難所の運営などは，家族による自助や，地域住民の相互扶助のもとで実施することが求められている。しかし，阪神・淡路大震災が発生した時には，すでに少子高齢化と都市化の進行に伴って家族や地域住民の問題解決能力が低下していたため，自助や相互扶助を実際に行うことができた地域は少なかった。

　このような公助と自助・相互扶助の限界を埋めたのが，「善意の市民」である。壊滅的な被害を受けた都市の様子が報道されると，全国から大量の人・物・金が被災地に送り込まれてきた。なかでもとくに注目を集めたのが，年間約138万人を数えた（兵庫県推計）「震災（災害）ボランティア」である。彼らは機能不全に陥った行政機関に代わって被災地域に入り，労力を提供した。

　しかし，市民を受け入れる体制がなかったため，多くの問題が発生した。その経験を踏まえて，震災後に改訂された地域防災計画では，災害対応を行う体制の中に，一般市民を受け入れる窓口と専門性をもつ支援者を登録する制度を設けた。さらに，平時から社会福祉協議会（社協）が設置しているボランティアセンター（VC）の機能を拡張して，受け入れた支援者を適材適所に配置する「災害VC」を設営する方向で体制づくりが進められた。

　災害VCは，自助・相互扶助を支え，公助の限界を補う「共助」を推進する組織として，日本の災害対応体制に位置付けられることになる。善意の市民による社会貢献活動の基盤整備を推進する社会運動にも追い風が吹く中，1998年３月には特定非営利活動促進法（NPO法）が制定され，災害救援を専門にする民間非営利組織（NPO）が多数誕生することになった。阪神・淡路大震災における震災ボランティアの活動は，日本の災害対応体制の整備と民間非営利セクターの形成に大きな影響を与えたと言える。

　阪神・淡路大震災以降も，毎年各地で災害が発生し，その度に災害VCを中核とする「共助」の活動が展開された。活動資金の調達や運営者研修など，災害VCの活動基盤も徐々にも整備されていったが，震災から10年目を迎える頃から，次第に体制の限界が見え始めてきた。

　経験や技能はないが，意欲をもつ市民を大勢被災現場につないできた災害VCの活動は，高く評価されてきた。実際，10個の台風が日本に上陸し，各地で水害が発生した2004年には，１年間で80以上の災害VCが設置され，多いと

第16章　防災・減災・縮災のための民間システム

きには 6 万人のボランティアを活動現場につないだ。しかし，多様な人たちをまとめるには多大な労力が必要であり，災害 VC を運営することは，被災地の社協にとって大きな負担になっていた。また，災害 VC は一般市民を活動の中核に据えるため，誰でもできる支援の依頼しか受け付けることができず，専門的技能が求められる活動の依頼は断わらざるを得なかった。

　広い範囲で被害が発生した2011年の東日本大震災では，多くの公的機関が機能不全に陥ったため，当初から「共助」への期待が高かった。しかし，個々の被災者に寄り添う市民的な活動よりも，大量の資源を動員できる組織や，過酷な環境のもとでも動ける専門家が求められていた。また，資材の不足で被災現場にボランティアの活動拠点を設営することが困難であったこともあり，災害 VC の立ち上げが遅れた。専門的な技能の提供や，大量の資源動員に応えたのは，民間企業や，海外で人道支援の実績をもつ非政府組織（国際協力 NGO），震災前から経験を蓄積していた国内の災害 NPO であった。

　現在，共助による災害への対応は，組織化された NGO・NPO が行政や社協と連絡会議を開き，互いに連携・調整して活動を進めていく体制に移行しつつある。2016年に発生した熊本地震では，多様な組織・団体による連絡会議が開催され，官民の連携により被災地・被災者支援する新しい形が示された。

［2］　災害復興とソーシャルビジネスの台頭

　東日本大震災では，［1］で述べたような専門的技能をもつ NPO が台頭するとともに，ビジネス的な手法で被災地支援に関わる組織や団体も多数出現した。大手民間企業が，社会的責任（CSR）活動の一環として自らの事業戦略を被災地支援に活用した例として，ウィッシュリストを用いて義援物資を提供したアマゾン社や，カーナビゲーションシステムの通行車両情報を用いて道路情報を提供したホンダ技研工業の活動などがあげられる。

　そのほかにも，社会的ニーズを満たすことを目標に掲げる組織や団体による活動も多数行われた。NPO 法人カタリバは，高校生向けにキャリア学習プログラムを提供していたノウハウを利用して，宮城県女川市に被災児童向けの学習塾を開設した。病児保育を提供する NPO 法人フローレンスは，福島県内に子どもの屋内遊戯施設を開設した。また，（株）ミュージックセキュリティーズ

213

第Ⅳ部　社会の防災・減災・縮災の仕組み

は，少額投資（マイクロファイナンス）の仕組みを利用して，被災企業の復興資金を一般投資家から集めるサービスを提供した。

　これらの事業者は，有料でサービスを提供し，利用者から対価を受け取ることによって事業を継続している。従来のNPOやボランティアのように政府の補助金や義援金に過度に頼ることなく復興支援活動を持続できることは，大きな強みである。

　東日本大震災では，沿岸部を中心に多くの企業が被災し，雇用の場も失われた。上記のようなソーシャルビジネスの事業者には，サービスの利用者から対価が支払われる。そのため，ソーシャルビジネスは被災者を支援するサービスの提供者としてだけではなく，被災地の雇用の受け皿としても期待されている。経済産業省が震災復興を目的に掲げたソーシャルビジネスの起業支援に乗り出したため，多くのソーシャルビジネスが立ち上がり，被災地の復興と雇用創出に貢献した。阪神・淡路大震災を契機にボランティアやNPOが社会的認知を得たように，東日本大震災をきっかけにして，震災復興をはじめとするさまざまな社会問題の解決に向けて，ソーシャルビジネスの活動が広まりはじめている。

2　企業の事故防止活動

　1　事故防止活動

　企業活動に伴って発生する事故や災害は，労働者が疾病にかかったり，負傷または死亡したりした場合には，労働災害として扱われる。たとえ物的な損害にとどまったとしても，周辺地域に多大な，長期にわたる影響を及ぼすこともある。また，企業活動に関与しない第三者に危害を及ぼした場合には，社会的な問題となる。そのため，いかなる業種や業態であっても，雇用関係にある労働者だけでなく地域や社会に悪影響を及ぼすことがないよう，さまざまな形で事故防止に取り組む必要がある。

　一般に，企業における事故防止活動は，適切な安全衛生管理体制の構築，労働安全衛生関係法令の遵守，自主的な安全衛生活動の推進を軸に展開される。活動の内容や方法は企業毎・職場毎に異なっており，また，事故防止に向けた

第16章　防災・減災・縮災のための民間システム

成果をより高め活動の継続を図るため，さまざまな工夫や改良が加えられる。

　安全に関する知識を労働者に付与する教育も，事故防止を図る上では重要である。労働安全衛生法は，事業者に対し，労働者の雇入れ時や危険を伴う作業につかせる時などに安全衛生教育を行うことを義務づけている。また，安全管理者などに対する能力向上教育や健康教育についても，実施するよう努力することを求めている。

　事業活動の内容や規模に応じて，企業では多種多様な事故防止活動が実施されている。近年では，事業内容（製造業，第三次産業，災害復旧・復興工事など），災害の型（爆発火災，化学物質，熱中症など），および具体的課題（高齢労働者や過重労働，長時間労働など）を観点に，事故防止活動のあり方を考える場合が多い。

　もちろん，事故防止活動のみで事故の発生を防止できるわけではない。例えば，作業者自身の経験内容を報告する「ヒヤリハット報告」は，作業者自身が自覚できる「滑った」「転んだ」などの動作的な事例の報告に偏りやすく，「思い違い」「記憶違い」など問題が顕在化しにくい事例を拾い上げる手段としては適さない。また，作業マニュアルに「注意せよ」と記載しただけでは，具体的にミスを防ぐことは困難である。さらに，どのような活動も，当初は目新しさも手伝って一定の効果を期待できるが，時間が経つと形骸化し効果が頭打ちになることが多い（尾入，2008，126-147頁）。したがって，災害が起きていないから，あるいは，法令違反がないから現状のままで大丈夫，と漫然と活動を継続するのではなく，更なる安全をめざして常に問題点や課題を整理し改善を図る必要がある。

2　安全マネジメント

　企業の事故防止活動への取り組みに伴い労働災害の発生件数は減少していたが，1990年代頃から下げ止まりの傾向が見られるようになった。そこで，労働災害の防止と企業の安全衛生水準の向上を目的として，労働安全衛生マネジメントシステム（OSHMS：Occupational Safety and Health Management System）の導入が進められている。

　労働災害発生件数の下げ止まりの原因については，①事故防止活動が担当者

任せで，事後的対策，付け焼刃的対策に留まっている，②団塊世代の大量退職により現場の安全ノウハウの継承が困難になっている，③産業の高度化によりリスク要因が多様化し従来型の対応では限界がある，などの議論が行われた。国際労働機関（ILO）において OSHMS に係るガイドラインの策定が進められたことをうけ，労働省（現厚生労働省）は1999年に「労働安全衛生マネジメントシステムに関する指針」を公表し，OSHMS の導入・普及・定着を図ることになった。同指針は2006年に改正され，OSHMS の中心的内容であるリスクアセスメントの具体的な実施事項として「危険性または有害性などの調査に関する指針」が策定された。

OSHMS は，つぎの①〜④に示す特徴をもつ。

①全社的推進体制

システム各級管理者（総括管理者，部門管理者，安全衛生管理者など）の役割，責任，権限を定め，システムを適切に運用する／定期的なシステムの監査，見直しを行う／運用に際して労働者の意見を反映する

②リスクアセスメントの実施

危険性または有害性を調査し，リスクの見積もりを行う／リスク低減措置を行う優先度を設定し，優先度の高いものから低減措置の内容を検討し，対策を実施する

③PDCA サイクルに基づく自律的なシステム

一連の自主的活動を継続して実施する（Plan → Do → Check → Act →…）／システム監査によるチェックを通じて，事業場の安全衛生水準のスパイラル的向上を図る

④手順化，明文化，記録化

「いつ，誰が，何を，どのように」するかを明確にするため，安全衛生方針や各級管理者の役割・責任・権限などの事項のほか，労働者の意見の反映やリスクマネジメント，事故原因の調査，システム監査などの手順を明文化するとともに，実施した措置について必要な事項を記録する

OSHMS の導入は，新たな仕組みを取り入れるという点においても，既存の対策との整合性を図るという点においても，容易なことではなかった。とくに，リソースに限りがある中小企業においては現在でも十分に機能しているとは言

い難く，OSHMS の普及・定着にはまだ多くの課題が残されている。

3 労働安全衛生

産業革命以降，機械技術の高度化や大量生産方式の発達に伴って，女性や子どもまでが労働力として雇用されることになった。当時は労働者保護という考え方が十分ではなかったため，1日12〜13時間以上という長時間労働，低賃金による生活の困窮，また，それらに起因する疾病の多発など，さまざまな問題が発生した。1833年に，イギリス政府は女性や子どもの労働を規制する工場法を制定した。しかし，労働時間を10時間／日に制限する内容に改正されたのは，1847年になってからであった。

日本においても，明治時代以降の急速な近代化・工業化の過程で，工場における事故や疾病の急増が深刻な問題になった。しかし，欧米列強との競争を意識して経済的発展を最優先に考える当時の社会的風潮の中で，職場の安全や事故防止への取り組みは容易に受け入れられなかった。一方，近代産業のノウハウを学ぶために欧米へ派遣された技術者が，安全や事故防止に関する知識を持ち帰って日本国内に展開を図る動きや，身近で発生した悲惨な事故の経験を踏まえ，社内外で安全活動に取り組む先駆者達も現れ始めた。日本における近代的な労働法の萌芽とも言える工場法は，最初の草案から30年以上経過した1916年に施行された。さらに，1947年に労働基準法が，1972年に労働安全衛生法が施行され，業務に起因する負傷，疾病，死亡から労働者を保護する枠組みが整えられた。

現代社会には多様な業種・業態が存在しているため，安全衛生管理の体制も多様である。そのため，事業者と労働者は，法的な義務を果たすだけでなく，事業活動の実態に即した仕組みを構築し，継続的な改善を図ることが重要である。

3 BCP と危機管理

1 企業の内部統制システムと危機管理

2011年3月11日に発生した東日本大震災は，企業に甚大な被害をもたらした。

第Ⅳ部　社会の防災・減災・縮災の仕組み

「上場企業の『東日本大震災』影響調査」（東京商工リサーチ，2011）によると，上場企業1908社のうち，34.2％にあたる652社が「一部事業所の営業・操業停止」に至っている。事業を継続的に営むことを目的とする企業にとって，大規模な地震や事故などを対象とした危機管理に取り組むことは必要不可欠と言える。

　危機管理は，「いかなる危機にさらされても組織が生き残り，被害を極小化するために，危機を予測し，対応策をリスク・コントロール中心に計画・指導・調整・統制するプロセス」と定義される（経済産業省，2005）。リスクマネジメントがリスクの発現を防止する対策であるのに対して，危機管理は災害などの危機事象発生後の対処に関わる概念である。

　企業では，つぎのように危機管理体制を整備する。第1は，エスカレーションルールの策定である。災害や事故などが発生した際，現場から経営トップに迅速に情報を伝達するルールを策定する。第2は，危機対応組織の構築である。災害や事故などの情報を受け取った経営トップは，その事象を危機と判断すれば緊急危機対策本部を組成する。緊急危機対策本部の構成員や設置場所等は，事前に決めて危機管理マニュアルに規定しておく必要がある。第3は，アクションプランの策定である。危機発生時は混乱が予想されるため，緊急危機対策本部が行うべき対策をあらかじめ整理してまとめておく。第4は，クライシス・シミュレーション・トレーニングの実施である。実際に危機が起こった場合を想定して，定期的にシミュレーション・トレーニングを実施し，課題を抽出して危機管理体制の見直しを行う。

　内部統制システムは，リスクマネジメントおよび危機管理，ならびにコンプライアンスの企業グループ横断的な体制の総称である。2005年に成立した会社法は，経営者に対して内部統制システム構築義務を課した。また2006年に成立した金融商品取引法は，上場企業などに内部統制報告制度を課した。両法は，企業の経営者に対して危機管理体制の整備を促しており，後述する政府のガイドラインの普及に影響を与えた。

2　危機管理とBCP

　BCP（事業継続計画）は，「事故や災害などが発生した際に，『如何に事業を継

続させるか』若しくは『如何に事業を目標として設定した時間内に再開させるか』について様々な観点から対策を講じること」と定義されている（経済産業省, 2005）。つまり, BCP は大規模災害や事故など, 事業の中断が予想されるリスクを対象として, 事業の継続または早期復旧を行うために, 平常時から取り決めておく計画である。

　具体的には, つぎのようにして BCP を策定する。第1は, リスク分析である。企業グループを対象として, 事業を中断するリスク事象を特定し, ワーストシナリオを策定する。第2は, 基本方針の策定と重要事業の選定である。当該企業グループにおける重要な事業, 社会的に継続を求められる事業を選定する。第3は, 復旧目標の設定である。重要な事業を評価し, 発生から重要事業の再開までの時間を設定する。そして第4は, 事業再開の計画策定である。再開のために必要なリソースを洗い出し, 事業再開までの計画を策定する。その上で, 定期的にクライシス・シミュレーション・トレーニングを行い, その結果から課題を抽出し, BCP の見直しを行う。

　BCP の原点は, 災害復旧だと言われている。災害復旧は, 1950年代以降に主にアメリカで提唱された概念であり, 企業が書類や電子データなどのバックアップを代替サイトに保管したのが始まりである。2001年9月11日にアメリカで同時多発テロ事件が発生したとき, 金融機関が代替オフィスに移転して取引を継続し, 事業の中断による損失を最小限にとどめたことが注目を集めた。この事件が契機になり, 事業の継続に関する包括的な計画として BCP が普及することになった。

　その後アメリカでは, ハリケーン・カトリーナの被災等を契機として, 2007年8月に「9/11委員会勧告実施法」（Implementing Recommendations of the 9/11 Commission Act of 2007）が議会により承認された。同法第9条に規定された「民間組織のインシデント対応」に基づいて, 国土安全保障省（DHS）を主管官庁とする「民間組織におけるインシデント対応の審査及び認証プログラム」が構築された。同プログラムは, 企業等の認証基準を政府が定めることで, 民間事業者による自主的な災害対策を促進している。

第IV部　社会の防災・減災・縮災の仕組み

［3］わが国におけるBCPの現状と将来像

　わが国の企業は，過去にさまざまな危機に見舞われてきた。1995年に発生した阪神・淡路大震災，2003年に中国広東省を起源とする重症急性呼吸器症候群（SARS）の流行，2007年に発生した新潟県中越沖地震，そして，2008年には鳥由来の新型インフルエンザ（H5N1）の大流行などである。わが国は，各省庁がガイドラインを示し，BCPの策定と運用を促してきた。地震などの自然災害を対象としたガイドラインは，内閣府に設置された中央防災会議が2005年に公表した「事業継続ガイドライン　第一版——わが国企業の減災と災害対応の向上のために」，および2009年に公表した「事業継続ガイドライン　第二版——わが国企業の減災と災害対応の向上のために」がある。また，感染症パンデミックを対象としたガイドラインは，厚生労働省が2009年に公表した「事業者・職場における新型インフルエンザ対策ガイドライン」が，情報断絶リスクは，2005年に経済産業省が公表した「企業における情報セキュリティガバナンスのあり方に関する研究会　報告書」の参考資料「事業継続計画策定ガイドライン」がある。さらに中小企業を対象としたガイドラインは，中小企業庁が2006年に公表した「中小企業BCP策定運用指針」などがある。

　わが国では，大企業を中心にBCPの策定が進んでいる。内閣府が公表した「平成27年度企業の事業継続及び防災の取組に関する実態調査」（2016年）によると，大企業の60.4％はBCPを策定済と回答したのに対し，中小企業は29.9％にとどまっている。中小企業においてBCPの策定が進まない要因は，自然災害対策に経営資源を投下するだけの企業体力がないこと，防災に対する経営者の意識が高くないことなどが考えられる。

4　市場経済ベースによる防災・減災活動

［1］保険制度

①保険制度の歴史と構造

　現在，保険と呼ばれるものには，二つの源流がある。一つは，14世紀の地中海貿易に伴いイタリアで発展した海上保険を起源とするもので，現在は，損害保険，生命保険と呼ばれている。それらの保険を提供する者が，組織化され現

在の保険会社となっている。これらはビジネスとしての保険である。もう一つ
は、15世紀のドイツにおける火災共済を起源とするもので、現在、共済や社会
保険と呼ばれているものである。保険契約者間の助け合いとしての保険である。

2015年の全世界の保険料は、生命保険が304兆円、損害保険が242兆円であり
その合計値546兆円は日本のGDP532兆円より大きく全世界のGDPの6.23%に
相当する規模となっている（Swiss Re, 2016）。なお、この保険料は共済の掛金
を含んでいる。

生命保険は人の死もしくは生存を条件として保険金が支払われるものである
が、損害保険は損害の発生を条件として保険金が支払われる。そのため、さま
ざまなリスクに対応する多くの損害保険が販売されている。

損害保険は、航空機事故や大規模プラント事故などの単一の保険契約で巨額
な保険金支払を伴う事故だけでなく、地震や台風など複数の保険契約において
同時に保険金を支払い、それらの保険金支払の集積額が巨大になる自然災害を
もカバーする。つまり、一つの保険会社だけで、巨額な保険金支払を行うこと
ができないような場合が生じる可能性がある。そのような状況に対応するため
に、世界中の保険会社が、保険の保険である再保険を通じて、多くのリスクを
負担し合っている。このような再保険ネットワークは古くから構築されている。
例えば、現時点で確認できる最古の再保険契約は、1370年の船舶で輸送される
貨物に係わるものである（大谷・トーア再保険, 2011）。ミュンヘン再保険, スイ
ス再保険, ロイズへのヒアリングによれば、日本の保険会社も19世紀末より海
外の再保険会社と再保険契約を締結しているとのことである。現在、日本では
41の生命保険会社と52の損害保険会社が営業免許を取得している（金融庁,
2017）。

②保険の防災・減災機能

事故が発生したときに保険金を支払う、つまり、原状回復の機能だけが保険
の機能であると考えられることが多い。しかし、リスクの大きい保険契約者の
保険料は、当然のことながら大きくなる。このことを利用して、社会的に有用
であるものの損害を生じさせるような活動について、それらの活動を行う者に
保険の手配を強制化し、保険料負担の増減という金銭的インセンティブによっ
て、減災活動を誘導していくという政策が世界的に実施されている。しかも、

第Ⅳ部　社会の防災・減災・縮災の仕組み

保険を付帯させることによって，損害が発生しても，その被害者の救済も確保
できる政策である。例えば，事業者の労働基準法上の責任をカバーする労災保
険は事業者の事故歴に応じて保険料が増減し，そのことによって労災事故を抑
止することも制度の目的となっている。2015年度にわが国で支払われた労災保
険の給付金は，7396億円に及ぶ（厚生労働省，2017）。

　ところで，ドライバー等に加入が強制化されている自賠責保険の2015年度の
保険金は，7682億円（保険研究所，2016），任意加入の自動車保険の対人・対物
賠償責任保険の保険金は，1兆637億円である（損害保険料率算出機構，2017）。
これらの保険金は，交通事故を起こした者が被害者に与えた損害に対して支払
われたものである。換言すれば，被害者救済のために支払われたものである。
もし，これらの保険がなければ，被害者は示談や裁判を通じて加害ドライバー
から損害賠償金を得ることとなり，救済を受けるために要する被害者のコスト
は多大なものとなる。このように，保険は国民生活になくてはならない存在と
なっている。

　さらに，日本における防災・減災措置は，再保険ネットワークを通じて海外
の保険会社やその保険会社へ投資している者の審査を受けることになる。この
審査によって疑問視されるような措置については，その措置の対象となったリ
スクをカバーする再保険の再保険料が上昇することとなる。再保険料の上昇は
日本国内における保険料の上昇となって現われ，その金銭的インセンティブに
よって，日本国内の防災・減災措置の是正を促すことになる。

［ 2 ］ 保険以外の私的営利セクターによる防災・減災活動

①保険以外の私的営利セクターによる防災・減災活動の歴史

　防災・減災活動を営利活動の一環としている保険会社以外の私的セクターに
は，保険ブローカー，保険代理店，保険会社の関連会社であるリスクコンサル
ティング会社などの保険に関連する企業が存在する。保険ブローカーは，保険
会社とは独立した立場で，古くから保険契約者の防災・減災活動についてアド
バイスを行ってきた。世界最大の保険ブローカーの一つであるマーシュ・アン
ド・マクレナンなど，巨大保険ブローカーは，その起源を遡ると19世紀の中頃
になる。

第16章　防災・減災・縮災のための民間システム

　保険ブローカー以外には，ゼネコンや銀行の関連会社として活動しているリスクコンサルティング会社などが存在する。さらに，保険会社・ゼネコン・銀行などの大企業の関連企業ではない，リスクコンサルティングのベンチャー企業も誕生してきている。

　②保険以外の私的営利セクターによる防災・減災機能の概要

　巨大保険ブローカーは，現在では，シミュレーションモデルによる自然災害による損害の分析や，リスクリンク証券の発行に関する業務などを行っている。『保険毎日新聞』（2016年4月22日付）によると，上場されている保険ブローカーの大手5社の2015年度の売上高の合計は，約4兆2500億円である。なお，保険ブローカーは，保険の販売による手数料収入を利益の主たる源泉としていることから，防災・減災活動に伴う売上げは，4兆2500億円の一部を構成している点に留意する必要がある。大企業関連のリスクコンサルティング会社は，大きな営利企業の防災・減災活動のコンサルティングを主として行ってきたといえる。他方，ベンチャー系のリスクコンサルティング会社は，大企業以外のユーザーに対して，より詳細でユーザーが所在する地域特性をより勘案したサービスを提供している。いずれにしても，これらの私的営利セクターによるコンサルティングによって，様々なユーザーが防災・減災活動を効率的に行うことができるようになると考えられる。

引用・参考文献

尾入正哲（2008）「産業事故──背景と対策」向井希宏・蓮花一己編『現代社会の産業心理学』福村出版。

大谷光彦監修・トーア再保険株式会社編（2011）『再保険──その理論と実際［改定版］』日経BPコンサルティング。

緒方順一・石丸英治（2012）『BCP（事業継続計画）入門』日本経済新聞出版。

鎌形剛三編（2001）『エピソード 安全衛生運動史』中災防新書。

金融庁（2017）「免許・許可・登録等を受けている業者一覧」（http://www.fsa.go.jp/menkyo/menkyo.html　2017年8月17日アクセス）。

経済産業省（2005）「先進企業から学ぶ事業リスクマネジメント 実践テキスト──企業価値の向上を目指して」。

第Ⅳ部　社会の防災・減災・縮災の仕組み

厚生労働省（2017）『平成27年度労働者災害補償保険事業年報』厚生労働省。

小林誠（2008）『事業継続マネジメント（BCM）構築の実際』日本規格協会。

菅磨志保（2014）「市民による被災者支援の可能性と課題」関西大学社会安全学部編『防災・減災のための社会安全学』ミネルヴァ書房。

損害保険料率算出機構（2017）『自動車保険の概況　平成29年度（平成27年度データ）』損害保険料率算出機構。

髙野一彦（2014）「防災と経営者の責任——企業の危機管理体制の整備とBCP策定を中心として」関西大学社会安全学部編『防災・減災のための社会安全学』ミネルヴァ，115-140頁。

中央防災会議（2009）「事業継続ガイドライン　第二版——わが国企業の減災と災害対応の向上のために」。

東京海上日動リスクコンサルティング（2010）「諸外国におけるBCPの普及策の状況に関する調査報告書」。

畠中信夫（2006）『労働安全衛生法のはなし』中災防新書。

保険研究所（2016）『インシュアランス損害保険統計号　平成28年度版』保険研究所。

Swiss Re（2016）*Sigma No. 3 World insurance in 2015*, Swiss Re Ltd.

さらに学ぶための基本図書

大谷孝一編著（2012）『保険論』成文堂。

緒方順一・石丸英治（2012）『BCP（事業継続計画）入門』日本経済新聞出版。

久谷與四郎（2008）『事故と災害の歴史館——"あの時"から何を学ぶか』中災防新書。

早瀬昇ほか（2017）『テキスト市民活動論（第2版）』大阪ボランティア協会。

第17章	被災者支援

この章では，まず，災害に見舞われた被災者が，生活面や精神面でどのような影響を受けるかについて解説する。つぎに，災害によって大きな影響を受けた被災者が立ち直るために，どのような支援制度が存在しているかについて，法的支援，公的支援，こころのケアの三つの観点から整理する。最後に，ある日突然犯罪の被害者になってしまった場合の生活面や精神面の影響について考え，犯罪被害者などに対するさまざまな支援について概観する。

Keyword▶ 心的外傷後ストレス障害，災害救助法，被災者生活再建支援法，
サイコロジカル・ファーストエイド，サイコロジカル・リカバリー・スキル

1 被災するということ

わが国では，これまでに自然災害によって多くの人命が失われてきた。この節では，自然災害に見舞われた被災者の問題について考察する。

1 被災者の影響

自然災害に遭遇したとき，最も重要なことは自分たちの命を守ることである。私たちが想像するいわゆる「被災者」は，災害で命を落とさずに済んだ人たちであるが，生き残った人たちとは別に，命を失った多くの犠牲者が存在することを忘れてはならない。災害から命を守ることが最優先の課題である，ということを改めて指摘しておきたい。

たとえ命が助かったとしても，災害に見舞われた被災者にはさまざまな苦難が待ち受けている。災害による強い衝撃によって自分の身に一体何が起きているのかわからない状況になる中で，災害直後にはライフラインが止まり，物資

225

第Ⅳ部　社会の防災・減災・縮災の仕組み

や情報が不足するため，生活する上でさまざまな支障が生じる。林（2003）は，被災者が体験する状況の変化を，災害に遭ってからの時間の経過に沿って，四つの段階に分けている。

　災害の発生直後から最初の10時間は「失見当期」と呼ばれ，被災地の誰もが，何が起きているかよくわからず，どうしたらよいかもわからない状況に陥る。市町村や消防，警察などの公的機関による組織的な災害対応もまだ始まっていないため，被災者は自分たちの力だけで生き延びなければならない。災害直後のこの時期には，自助が最も重要になる。命を守るためにも，災害による生活上の混乱をできるだけ小さくするためにも，また，こころの健康を保つためにも，失見当期の自分にどのような困難が生じるか，それを克服するためにはどのような対策をしておくべきかを，事前に考えておくことが大切である。

　災害の発生からある程度の時間が過ぎ，被災者が自分たちの身に何が起きたかを理解できるようになると，共助によって救命救助活動や安否確認などを行うようになる。日常の社会とはまったく異なる「被災地社会」が成立する時期である。近年の災害では，可能な限り早い段階から，自衛隊，警察，消防などの公助によって被災地に対する組織的な災害対応が行われるようになっているが，広域災害の場合は，公助による災害対応には時間を要する。

　災害発生から数日が過ぎても，被害に遭った建物や道路などは破壊されたままであり，ガス，水道，電気などのライフラインも止まったままである。広域災害の場合は，通信インフラが復旧するにもかなりの時間がかかり，被災地では情報や物資が不足して，避難所での生活を余儀なくされる被災者の数も多い。社会的な地位や役割などに関係なく，誰もが不自由な生活環境の中で助け合いながら生き延びていくという状況になるため，この時期は「災害ユートピア期」と呼ばれる。

　ライフラインなどの社会的基盤が概ね復旧し，社会が徐々に落ち着きを取り戻すと，被災者が復旧・復興に向けて人生を再建する道に歩み出す「復旧・復興期」になる。悲しみや辛さを乗り越えて，長い時間をかけて生活を再建していくことになる。被災者の中には，比較的早い段階で復旧・復興の方向や道筋を見出し，生活を再建していくことができる人もいる。災害から比較的円滑に立ち直りができる力は災害レジリエンスと呼ばれ，近年注目を集めるようにな

226

第17章 被災者支援

っている。一方，長期にわたる避難所や仮設住宅での生活の中で被災生活に終わりが見えず，自分だけではどうしてよいかわからずに，先の見えない被災生活を続けざるを得ない人も出てくる。このような人たちには，公的な支援によって復旧・復興を進めていくことが必要になる。災害から復旧・復興するためには，個人のレジリエンスと社会全体のレジリエンスの両方を高める必要がある。

[2] 被災者のこころへの影響

災害の直後，私たちには，頭痛，胃痛，食欲の減退，持病の悪化などの身体的影響のほか，不安や恐怖，イライラ，無気力などの感情や心理面での影響，集中力や判断力の低下，意欲の減退などの思考や意欲への影響，さらに，神経過敏になったり，大人であれば飲酒や喫煙の増大，子どもであれば退行現象が現れるなど，行動への影響が見られる場合がある。これらの影響は，異常な事態に遭遇した場合に出現する人間として正常な反応であり，正常ストレス反応と呼ばれる。正常ストレス反応は，ショックを受けた人なら誰にでも見られる現象で，異常なことではないという点を理解する必要がある。多くの人において，正常ストレス反応は時間の経過と共に徐々に落ち着いていく。

一方，災害などによって死を意識するほどの重傷を負うなど，トラウマになるできごとを体験した人の中には，一定の時間が経過してもストレス反応が収束せず，心理的な苦痛を伴うために，社会的，職業的，あるいは，その人によって重要な活動ができなくなってしまう人もいる。そのような症状は，心的外傷後ストレス障害（PTSD：Post-traumatic Stress Disorder）と呼ばれる。PTSDの症状としては，トラウマになったできごとが，夢やフラッシュバックによって侵入的，反復的に思い出されてしまう，幸福感や愛情などのポジティブな感情が感じられない，現実感のない解離症状，トラウマになったできごとの回避症状，睡眠障害や攻撃性の高まり，過度の警戒心や驚愕反応をはじめとする覚醒症状などが，その特徴としてあげられる。苦痛を感じるために日常生活を送ることが困難である場合は，医師やカウンセラーなどの専門家に相談することが必要になる。

第Ⅳ部　社会の防災・減災・縮災の仕組み

2　さまざまな被災者支援

　被災者は，災害によって生活面や心理面にさまざまな影響を受ける中で，生活を再建していかなければならない。被災者の生活再建を支援する仕組みは，災害の歴史とともに確立され，大きな災害が起きるたびに改善されている。この節では，わが国における被災者支援の制度を，法制度，公的制度，こころのケアという三つに分けて整理する。

［ 1 ］ 被災者支援の法制度

　自然災害が起きると，生活に不可欠なさまざまな基盤が破壊されるため，憲法で保障される基本的人権が損なわれる事態が発生する。そのため，被災者を支援する法制度の整備が進められている。

　最も古くからある法律は，1946年の南海大震災を契機として1947年に制定された災害救助法である。同法の第 1 条には，「この法律は，災害に際して，国が地方公共団体，日本赤十字社その他の団体及び国民の協力の下に，応急的に，必要な救助を行い，被災者の保護と社会の秩序の保全を図ることを目的とする」と規定されている。すなわち，発災直後に生活の維持継続が困難になった被災者を，国が一時応急的に救助したり保護したりすることになっている。救助の内容には，避難所や応急仮設住宅の設置，住宅の応急修理，炊き出しや食品・飲料水の給与，学用品・衣服・寝具などの給与，医療や助産，死体の捜索や処理，埋葬，住居やその周辺の土石などの障害物の除去などが含まれている。東日本大震災では，みなし仮設住宅，広域避難者，帰宅困難者，福祉避難所などの新しい課題も浮き彫りになったため，発災直後の救助，保護については，弾力的な運用が求められている。

　1995年の阪神・淡路大震災を契機として，1998年に被災者生活再建支援法が制定された。2007年の改正を経て，同法の現在の目的は，自然災害によって生活基盤に著しい被害を受けた被災者に支援金を支給して生活の再建を支援し，被災者の生活の安定と被災地の速やかな復興に資することと定められている。自然災害によって，居住する住宅が全壊または大規模半壊などの大きな被害を

受けた世帯には，同法で定められた支援金が支給される。また，1967年の新潟県羽越水害を契機として，1973年に制定された災害弔慰金の支給等に関する法律は，災害によって死亡した者の遺族に弔慰金を，また，災害によって著しい障害を受けた者に対して災害障害見舞金を支給することを定めている。住宅や家財に被害を受けた被災者には，生活の再建に必要な災害援護資金の貸し付けが行われる。

［ 2 ］ 被災者支援の公的制度

　被災者を支援するための公的制度も数多く存在している。例えば，生活福祉資金貸付制度は，金融機関などからの借り入れが困難な低所得者世帯，障がい者や要介護者のいる世帯に対して，生活再建などに必要な経費を貸し付ける制度である。また，ひとり親家庭や寡婦を対象に，自立を支援する資金を貸し付ける母子父子寡婦福祉資金貸付金があり，被災家庭には返済の猶予などの特別措置が講じられる。

　子どもの教育や就学に関する支援では，幼稚園への就園奨励事業によって，保護者の所得に応じて幼稚園の入園料や保育料が軽減される。小・中学校，高等学校，特別支援学校などに通う児童・生徒およびその保護者に対しても，就学に必要な学用品や給食費などの援助，教科書の無償給与，授業料の減額や免除などを行う制度がある。また，ほとんどの大学において，授業料の減額措置や緊急採用奨学金の給付や貸与が行われている。

　就労に関しては，企業の倒産によって賃金が支払われない場合の未払い賃金の立て替え払い制度，雇用保険の失業給付，災害により離職した者に対する無料の職業訓練や訓練期間中の生活を支援するための給付制度などもある。その他にも，地方税や国税の特別措置，医療保険や介護保険の保険料の減免，公共料金や施設利用料，保育料の軽減や免除，NHK 受信料の一定期間の免除などの制度もある。

　以上のように，被災者を支援する多種多様な制度があるが，ほとんどの人は被災して初めてさまざまな制度について知ることになり，支援に関する情報が被災者に伝わらない場合もある。また，災害の発生を契機に新たな支援制度ができることもある。被災時には，具体的で役に立つ情報が被災者の支えになる

第Ⅳ部　社会の防災・減災・縮災の仕組み

ため，このような制度に関する情報を早く被災者に届けるための相談業務を充実させ，生活再建に役立ててもらうことが必要である。

［ 3 ］ 被災者支援のこころのケア

　災害直後の被災者の多くは，不安を感じる，眠れない，食欲がない，イライラする，意欲が減退するなどの正常ストレス反応が生じる。被災してすぐの段階における被災者への支援方法として，サイコロジカル・ファーストエイド（Psychological First Aid：PFA）がある。PFA は，トラウマの回復に関するこれまでの研究成果をもとに，被災者の心理的な苦痛を軽減する実効性のあるケアの内容を，生涯発達の段階と文化的な要因を考慮して整理したものである。PFA においては，まず被災者の安全を確保した後，支援を押しつけて負担をかけることのないように様子を見守りつつ，被災者をさらに傷つけないように配慮しながら，実際に役立つ具体的な支援や情報の提供を行うことが重要であるとされている。

　PFA による介入の後，復旧・復興期の被災者を支援する方法として，サイコロジカル・リカバリー・スキル（SPR：Skills for Psychological Recovery）がある。SPR は，被災者の苦痛を和らげ，災害後のストレスや，さまざまな困難にうまく対処するための能力を身につけてもらうためのトレーニングであり，災害から立ち直ることができるだろうという被災者の自己効力感を高めることが目的とされている。SPR では，ワークシートを使った演習によって問題解決能力を高め，前向きな活動を支援していくことが強調されている。

　被災地において実践的な支援活動を行っている人々の間で，PFA や SPR による支援が十分に共有されているわけではない。PFA や SPR では，被災者の自立を支援することを目的に，被災者に負担を与えることなく，押しつけではない支援を行うことが強調されており，実施の手引きなどに定めるガイドラインに基づいて支援を広めていく必要がある。

第17章　被災者支援

3　被害者になるということ

1　被害者への影響

　自然災害における被災者の支援やこころのケアは，十分とは言えないものの，災害の歴史とともに，徐々に各種の支援制度が充実してきている。それに比べると，犯罪や航空事故，鉄道事故による被害者の支援は，まだまだ歴史が浅いと言わざるをえない。犯罪被害者は，ある日突然，殺人事件や傷害事件などの犯罪，性犯罪，児童虐待，飲酒運転の車が起こす悪質な交通事故などによって被害に遭い，命を奪われたり，けがをしたり，金品を盗まれたりするなどの生命，身体，財産上の被害を受ける。航空事故や鉄道事故の被害者も，突然事故に遭い，生命や身体の被害を受けることになる。

　被害者支援都民センター（2007）による犯罪被害者の遺族に対する調査によると，犯罪被害者の遺族は，医療費，交通費，裁判費用などの経済的な負担のほか，家事，育児，介護などができなくなること，事件をきっかけに仕事を退職したり休職したりすることによって経済的な困窮に陥ること，周囲の目を避けるために引っ越しを余儀なくされることなど，日常生活に大きな影響を受けていることが明らかになっている。また，家族が犯罪に遭ったことによる精神的なショックも大きく，眠れない，食欲がないなどの状況が長期にわたって生じている。ストレス症状によって医療機関で治療を受ける人も多く，とくに女性は高い割合で治療を受けているという。被害者の遺族は，かけがえのない家族を失うだけでなく，人生の設計，あり方を根底から覆される。精神的な被害も極めて大きく，人生を一変させられ，悲しみや苦しみのどん底に突き落とされる状況になる。また，刑事手続きや，警察・検察での事情聴取，裁判での証言，弁護士とのやりとりなどにおいても，不安や負担，苦痛を感じることが少なくない。場合によっては，マスコミからの取材などでプライバシーが保護されず，混乱させられる場合もある。事件による直接的な被害だけでなく，事件後にそれまで経験したことのないさまざまなできごとに巻き込まれ，二次被害を経験することになってしまうのである。この調査では，犯罪被害者の遺族の約9割が二次被害を経験したと回答しており，犯罪被害者およびその遺族の二

第Ⅳ部　社会の防災・減災・縮災の仕組み

次被害に対する社会的な理解が必要であることが指摘されている。

［2］ 犯罪被害者支援の法制度

　犯罪被害者を支援する法制度として，1974年に起きた三菱ビル爆破事件を契機に制定された犯罪被害給付制度がある。同制度は，通り魔殺人などの故意による犯罪で死亡や重大な障害などの被害を受けたにもかかわらず，何の損害賠償も得られない被害者またはその遺族に対して，国が給付金を支給することによって経済的な影響を緩和しようとするものである。1981年から施行された同制度は，犯罪被害者を支援するという視点を積極的に取り入れた最初の施策だと言われている。しかし，経済的支援のみを行う同制度は十分に活用されない状態が長く続き，被害者の人権の尊重を第一に掲げる民間による被害者支援の動きが活発化する。1995年の地下鉄サリン事件を契機に，警察庁は1996年に犯罪被害者対策室を設置した。また，1998年には，各地で犯罪被害者支援活動を行っていた団体が連携して，全国被害者支援ネットワークを結成した。さらに，総合的な支援の充実を求める犯罪被害者の声が高まるのを受けて，国は最近になってようやく犯罪被害者の権利利益を保護する犯罪被害者等施策を講じるようになった。犯罪被害者等施策には，犯罪の被害者やその家族または遺族が受けた被害を回復または軽減し，再び平穏な生活を営むことができるように支援すること，また，被害に係る刑事手続きに適切に関与できるようにすることなどが盛り込まれている。裁判員制度がはじまった2004年には，犯罪被害者等基本法が成立した。また，2008年には被害者参加制度が導入され，犯罪被害者が刑事裁判に参加できるようになった。さらに，2011年3月には，犯罪被害者等基本計画が閣議決定され，被害者の権利を尊重する法制度がようやく整うことになった。

［3］ 被害者支援の公的制度

　犯罪被害者等施策により，全国の検察庁には被害者支援員が配置されるとともに，被害者ホットラインが開設された。これによって，被害者からの相談への対応，法廷への案内や付き添い，事件記録の閲覧，証拠品返還などの各種手続きなどの手助けや，精神面，生活面，経済面の支援が行われるようになった。

また，被害者に対する援助を行う民間団体として，犯罪被害者支援センターなどの団体が都道府県の公安委員会から指定されている。日本司法支援センター（法テラス）でも，犯罪被害者に対する支援を行っている。

公的な組織だけでなく，犯罪被害者同士がネットワークをつくり，自助組織として犯罪被害者をお互いに支援する動きも広まっている。児童虐待については児童相談所，家庭内暴力については配偶者暴力相談支援センターや女性センターなど，それぞれの組織の特徴を生かした支援体制が広まりつつある。

犯罪被害者だけではなく，交通事故の被害者を支援する交通事故被害者サポート事業や航空，鉄道など公共交通事故の被害者を支援する公共交通事故被害者支援室などの制度も整ってきている。いずれの事業や制度も，被害者やその家族に寄り添い，深い悲しみや辛い経験から立ち直って回復に向けて歩み出すための情報提供を行ったり，必要な支援を積極的に行ったりすることを目的にしている。

［ 4 ］ 被害者支援のこころのケア

犯罪や事故の被害者にも，正常ストレス反応は生じる。また，トラウマになるできごとを体験した人の中には，一定の時間が経過してもストレス反応が収束せず，心的外傷後ストレス障害を引き起こす場合もある。とくに，性犯罪被害者は心的外傷後ストレス障害になりやすいことが指摘されている（Kessler et al., 1995）。国立精神・神経医療研究センター（2013）は，犯罪被害者やその家族のこころのケアのために，「犯罪被害者に対する急性期心理社会支援ガイドライン」を作成している。

同ガイドラインには，被害者のニーズや意思を尊重し，被害者の特性に応じて柔軟な対応を行うこと，被害者のペースに合わせた支援を行い，被害者が望まない支援を強要してはならないこと，急性期には被害者の現状やニーズに即した具体的な支援を提供することが重要であること，支援においては被害者の自己決定を重視し，その支援をすることが重要であること，被害者が自己決定できないときや，生命等の危険にさらされている場合には，適切な介入を行うことなどが記されている。同ガイドラインは，被害者支援を実際に行っている支援者や医師の経験的な知識の蓄積に基づいて作成されたものであるが，どの

第Ⅳ部　社会の防災・減災・縮災の仕組み

ような支援が本当に有効であるのかを科学的に裏づける研究は，まだ十分に行われているわけではない。被害者支援に関する科学的な研究の推進と知識の蓄積は，この問題分野における今後の重要な課題の一つである。

引用・参考文献

国立精神・神経医療センター「心理的応急処置　フィールドガイド」(http://saigai-kokoro.ncnp.go.jp/pdf/who_pfa_guide.pdf　2017年6月30日アクセス)

内閣府「被災者支援に関する各種制度の概要」(http://www.bousai.go.jp/taisaku/hisaisyagyousei/pdf/kakusyuseido_tsuujou.pdf　2017年6月30日アクセス)

被害者支援都民センター (2007)「平成18年度被害者支援調査研究事業　今後の被害者支援を考えるための調査報告書——犯罪被害者遺族へのアンケート調査結果から」(http://www.shien.or.jp/report/pdf/shien_result20070719_full.pdf　2017年6月30日アクセス)

兵庫県こころのケアセンター「サイコロジカル・ファーストエイド実施の手引き　第2版」(http://www.j-hits.org/psychological/pdf/pfa_complete.pdf　2017年6月30日アクセス)

兵庫県こころのケアセンター「サイコロジカル・リカバリー・スキル実施の手引き」(http://www.j-hits.org/spr/pdf/spr_complete.pdf　2017年6月30日アクセス)

藤森和美・藤森立男・山本道隆 (1996)「北海道南西沖地震を体験した子どもの精神健康」『精神療法』第92号。

Kessler, R. C., Sonnega, A., Bromet, T., Hughes, M., & Nelson, C. B. (1995) "Posttraumatic stress disorder in the National Comorbidity Survey," *Archives of General Psychiatry*, 52, pp. 1048-1060.

さらに学ぶための基本図書

アメリカ国立子どもトラウマティックストレス・ネットワーク・アメリカ国立PTSDセンター／兵庫県こころのケアセンター訳 (2011)『災害時のこころのケア：サイコロジカル・ファーストエイド　実施の手引き』原書第2版，医学書院。

冨永良喜 (2014)『災害・事件後の子どもの心理支援——システムの構築と実践の指針』創元社。

林春男 (2003)『いのちを守る地震防災学』岩波書店。

山崎栄一 (2013)『自然災害と被害者支援』日本評論社。

第Ⅴ部

社会安全学の深化のために

第18章	現代社会における安全という価値

　　　　　社会安全学は，人々が安全に暮らすにはどうすればよいかについて，
　　　　多くの分野から探求する学問である。ただ，世の中には，自由などの
　　　　価値を重視する一方で安全をあまり重視しない人も少なくないために，
　　　　社会安全学にとってパラドキシカルな状況になっている。このような
　　　　理解に基づいて，この章では，社会安全学の倫理的背景を明らかにす
　　　　ることによって，安全という価値を社会的に位置づける。

Keyword▶ 倫理，価値，トレードオフ，パラドックス

1　ホッブスから始める

　まわりがすべて敵ならば，自分の安全を守ることは難しいという安全問題を
想定して，T. ホッブス（1588-1679）は『リヴァイアサン』（ホッブス，1954）に
おいて，国家を自己保存という個々の人間の自然権を守るものと考えた。ただ
し，ホッブスは，国家が個人の安全にとって必要な装置であっても，場合によ
っては個人の安全を脅かすこともある過酷なものであることを，論理的帰結と
して認めていた。だからこそ，ホッブスは，国家に保護されるという側面だけ
ではなく，国家からの自由という側面を強調して，自己保存を考えようとした。
　現代では，国家に求められる役割として，ホッブスが考えた自己保存の保障
に加えて，福祉国家という側面が強調されるようになっている。その結果，後
で詳述するように，安全を考える枠組みが変化していくことになる。
　18世紀から19世紀になると，ヨーロッパを中心に国民国家が成立した。国民
は，国家が整備した一連の法制度や社会制度のもとで社会生活を営むようにな
る。殺人や強盗など，人間が故意に引き起こす犯罪などは，国家が法の力によ
って取り締まるようになった。しかし，古くから繰り返し発生していた地震や

第Ⅴ部　社会安全学の深化のために

洪水などの自然現象は，国家でも完全に制御することができず，依然として社会にとって重大な問題として残っていた。

さて，自然は，現象を理解すればするほど，その振る舞いをより正確に予測できるようになる。換言すれば，科学が発展すればするほど，人間は思いがけない危険を避けられるようになる。気象予報で台風が来ることが予めわかれば，どのような暴風雨に襲われるかはわからなくても，何らかの備えはできる。予測の精度が向上すれば，より適切な対処が可能になる。科学の発展は，私たちが安全に暮らしていくことに大きく貢献しているのである。

現象を理解するほど危険を避けられるようになるのは，事故についても同じである。ガスボンベやボイラなどの圧力容器を例にあげると，数多くの爆発事故の経験をもとに，私たちはさまざまな実験を繰り返すことによって，技術基準の改訂を続けてきた。その結果，私たちは圧力容器をより安全に使用できるようになったのである。

人間が故意に引き起こす事故や犯罪を別にしても，科学が究極まで発展すれば，私たちは安全について何も考えずに暮らしていけるようになるかというと，決してそうではない。以下では，私たちの生活に極めて密接にかかわっている安全というものの社会的な位置づけについて考察する。

2　安全のパラドックス

現代の社会では，安全のパラドックスと言える状況が生じている。この節ではいくつかの例を取り上げ，3節以降でその背景にある倫理的な含意をさらに詳しく見ることにする。

全国各地の鉄道路線上には，勝手踏切と呼ばれる場所が存在する。正式な踏切道を通って線路の反対側へ行こうとすると，何百メートルも余分に歩かなければならない。そのため，正式な踏切道ではないにもかかわらず，近道として住民が勝手に線路内に立ち入って横断しているのである。線路を横断することは，信号機のない道路を横断するのと同様に時として大きな危険が生じる行為である。実際，勝手踏切を横断中の死傷事故が後を絶たない。この事例は，安全に対する配慮を第一とする行動をとらない人が現実には多くいることを示し

238

第18章　現代社会における安全という価値

ている。

　自動車の運転においても，安全を確保しやすい速度として設定された法定制
限速度を超えるスピードを出す人がいる。また，フグの肝を食べようとする人
もいるし，細菌に感染しているおそれがある生肉をユッケとして食べている人
もいる。これらの例は，安全という価値が，何にも増して重視される価値では
ないということを示している。もちろん大きな事故がニュースで報じられたり，
自分が事故に遭遇したりすると，価値の重要度に変化が生じて，人間の価値判
断は変化することがある。しかし，実際の人間の行動は，よく言われる安全第
一にはなっていないのである。こうした状況は，安全のパラドックスと呼ばれ
る。

　一般に私たちは，多様な価値を調整しながら生活している。例えば，コレス
テロール値が高い人は，洋菓子や卵黄，イクラなどを食べると，自身の生存に
関するリスクが高まる。財布にお金がなければ，諦めることもできるかもしれ
ないが，おいしそうなケーキを見ると，食べない方がよいとわかっていてもつ
い食べたくなってしまう。ここでは，健康，食欲，コストという三つの価値の
間でどのように行動するかが問題になっている。どの価値をより重視するかが
決まると，私たちはその結果に応じてある行動を起こすが，その選択が安全第
一にならない場合も多い。

　一般に，安全という価値に大きく対立する典型的な価値は，自由とコストで
ある。こうした以上いくつか例示した事例における価値は，基本的にあちらを
立てればこちらが立たずというトレードオフの関係にあるため，安全に関わる
意思決定がパラドックスに見えることが生じる。

　自由と安全のトレードオフは，自動車のシートベルトを例に考えるとわかり
やすい。シートベルトの装着を法規制すべきか否かについて，かつてイギリス
やアメリカでは大きな議論が巻き起こった。シートベルトは衝突事故発生時に
おける乗員の安全性を高めることが明らかになった後でも，装着を政府に強制
されるのは市民の自由に反するなどと主張して，規制に反対する人が多かった。
結局，シートベルトの装着が社会的に定着するまでには，かなりの時間がかか
った。

　コストと安全のトレードオフは，ダムや堤防などの構造物を建設する場合や，

239

第Ｖ部　社会安全学の深化のために

温風機の安全性を確認するためにどの程度の実験を行うか，あるいは，どれだけ高価なセンサーを備え付けるかという研究開発の場合にしばしば発生する。大量生産品の場合は，販売して利益を上げる必要があるため，コストはもともと重要である。インフラ整備の場合も，税金という公的資金を使う公共事業においては，コスト意識が強く求められるようになってきている。

　一般に，計画や設計を行う場合や行動を選択する場合には，さまざまな価値を調整した上で意思決定を行う必要がある。人によって価値観は異なるため，他人は口を挟みにくいが，価値に基づく意思決定の帰結は引き受けなければならない。安全という価値は，このような問題状況の中に位置づけられる価値であることを知っておく必要がある。

3　科学の発展と安全，自由

　日常生活の中で，私たちは自分の財布をのぞき込みながら，週末に映画に行こうか，ディナーを奮発しようか，服を買おうか，それとも節約しようかと考えている。このような意思決定の場面において，価値のトレードオフが問題になる。その上で安全を重視した行動を取ろうとしても，それを実現する際には，一筋縄では解決できない哲学的問題が発生する。この節では，最適化という科学的な方法では，必ずしも安全が実現できないことを見ていく。

　事故や災害が起きる前に，科学的分析に基づいて事前の対処を行うことは，安全を確保する上で重要なことの一つであると言われている。しかし，人間の認識力は完全ではないので，事前に漏れのない対処をすることはもともと難しい。

　さらに，そこには倫理的問題が絡む場合がある。自由な意思決定というのは，自分で自分の行動を決めることである。意思決定の際にアドバイスを受けてしまうと，自分が下した判断は自分自身の主体的判断なのか，アドバイスによるものなのかがわからなくなってしまう。車を運転していて道に迷ったとき，分かれ道で助手席の人からアドバイスを受けたり，ナビシステムを使ったりすることがある。一見すると，最終判断はアドバイスを参考にして運転手が行ったように見える。しかし，「強い」アドバイスがあったり，「科学的に正確」と考

240

えられるナビシステムの表示があったりした場合は，運転手は単にアドバイスに従っているだけかもしれない。

この点をさらに考えるために，少し回り道をする。予測するということに関して，科学技術の発達は大きな意味をもっている。そして科学技術は，私たちに自然のさまざまな部分に関する知見を与えてくれる。そのお陰で，私たちはどの実が食用になるか，あるいは，この高さの堤防で川の氾濫が抑えられるかがわかるようになった。また，私たちは磁石を使って電気を起こし，電気を使ってスマートフォンを利用し，結果として遠くの人と意思の疎通ができるようになっている。炊飯器や自動車，スマートフォンを利用してみるとわかるように，私たちは，人工物のおかげで数十年前とは比べものにならないほど快適な生活を楽しんでいる。私たちは，科学技術のおかげで自然の姿を理解できるようになり，生活の利便性も拡大して，自分の周りの世界を制御できる能力を身につけてきたのである。

しかし，自然の理解が深まったと言っても，深海に何があるかはわかっていない。また，スマートフォンは便利なものであるが，その機能すべてを使いこなすのはなかなか難しい。科学技術を通じて私たちは未来を知り，能力を多方面に高めることができるようになってきた。しかし，自分の周りの世界を制御する能力が増しても，安全が増したとは言えないのが現実である。科学技術の発展をもってしても，私たちは自分の周りの世界すべてを問題のない状態に作り上げることは不可能である。何かしら抜け落ちる部分が出てきて，それが事故を発生させることにもつながるのである。

社会の近代化の過程で，科学的知識は，因習から脱却するための「てこ」の役割を果たすものと見なされてきた。しかし，専門家の間でよく知られている科学的知識にしても，どの専門家でさえも，その知識のすべてが使いこなせるようになっているわけではない。また，自分が今，考え，判断し，行動しようとするときに，科学的知識をすべてうまく使えるとは限らない。確固とした知識が存在しても，それを現場で，あるいは，生活の中でうまく使うのは至難の業である。

また，科学的体系化は「あと知恵」としては機能しても，現場での判断においてその体系を強調することは，科学の知識のあり方に誤解を生じる可能性が

第Ⅴ部　社会安全学の深化のために

ある点を確認しておく必要がある。月へ向かう宇宙空間で酸素を含む燃料タンクが大規模に損傷する事故を起こしたが，無事に地球に帰還できたアポロ13号の事例を取りあげる。燃料タンクの損傷に気づいた乗組員たちは，すぐに反転して地球をめざすか，それとも，酸素不足になる可能性はあるが，月の裏側を回った上で地球をめざすかという決断を迫られた。どちらを選択しても，リスクは存在する。アポロ13号は後者を選択して，結果的には無事に地球に帰還できた。このケースにおいて注目すべきことは，現場では誰もがすべてを見通せない段階で決断をしなければならないことである。客観的な神の目から見るのが科学技術の体系知の姿かもしれないが，事故の現場では，そこにあるだけのデータを使ってリアルタイムに対応することが必要になる。この場合には，単純な科学知の集積では足らない。つまり，持ち合わせている科学的知識を前提に現状を把握することと，リアルタイムに情報を処理することの二つが同時に要求されたのである。大局観を持った傑出した専門家や，ビッグデータを駆使する AI のようなものならば，そうした判断を瞬時に行えると思うかもしれないが，もしそうならば倫理的問題が生じることを明示しよう。

　AI がすべてを教えてくれるようになると，将来のすべてがわかり，何も問題が起きない社会が到来するように見えるかもしれない。しかし，そうした社会は，例えば親が子どものことを心配して，あらかじめすべてを指図するような社会と言えるだろう。私たちは，AI という「親」に指図される「子ども」として生きることになるかもしれない。「子ども」は確かに安全に生きることができるかもしれないが，死ぬまで「親」の「柔らかな」コントロールのもとで生きることになる。人間が将来の世界を予測して完全に対処することは，そう簡単にできるものではない。できたとしても，それは AI のようなシステムによる予測と管理が支配する，監視社会の下でのことであろう。

　以上述べてきたように，科学的知識と結びつく予測や事前の対処は，人間の自律性を毀損しかねない問題をも含んでいる。科学的知識によって自然のすべてが予測できるようになっても，その知識へのアクセスの権限やコストが，実際上他人に対する権力の源泉ともなる。また，現場の知識は個人情報も含み，誰がその知識をもつかが支配や管理の源泉にもなりうるという点も忘れてはならない。自動運転の車が走るようになったり，コンピュータ起動時にウィルス

242

第18章 現代社会における安全という価値

検知ソフトが自動的に機能したり，自動販売機が子供の学校の行き帰りを見守るようになったりすると，「予防」安全そのものが人間の自由を奪ってしまうことになりかねない。アメリカでは，プリズム（PRISM）と呼ばれる盗聴システムによって，テロリストだけでなく，すべての市民を監視しているとも言われる。安全という価値と自由という価値はこのように対立する側面があることから，科学の発展は新たな倫理的問題を生じさせることもあるのである。

4 損害賠償と過失の倫理的問題

つぎに，トラブルや事故など安全を毀損する事象が発生した後，事後の対処を行う際に生じる倫理的な問題を概観する。大ケガをすると，体はなかなか元通りにならない。ましてや，死亡したら取り返しがつかない。原状回復は難しいが，現代社会では，目には目をという方法で復讐することは許されていない。だからこそ，法的には，身体の被害に対しても，金銭による損害賠償が通常の対処方法になっている。

しかし，資金力のない人から賠償金を得ることはできない。裁判では誰に責任があるかについて判決が下っても，それに応じた賠償を実効あるものにすることは容易ではない。そのため，実際にはそれほど責任があるとは思えない者に対して，十分な財力（deep pocket）があるという理由で被害者支援を行わせることがある。

被害者への配慮は，重要な観点である。しかし，十分な財力のある人に被害者を支援させるというのは，「私が」行った行為に対する責任という仕方で倫理的判断をするのとは違っている。倫理学は，行為を行った人に焦点をあてるが，被害を受けた人や損害を被った人に倫理的評価をすることは少ない。保険による補償は，被害を受けた人にとってはよいことであるが，問題を起こしたことに対する責任という倫理的評価があいまいになる。損害賠償という補償の充実は，倫理的責任を負うことと同じではない，ということも知っておくべきポイントである。

さらに検討すべきテーマの一つに，過失の位置づけがある。日本の刑法では，故意による違法な行為に対して，行為者に責任が問える場合にのみ罰を与える

243

ことで対処してきた。倫理はもともと，人の行為の善悪を問題にする。刑法は倫理的判断と重なりつつ，罰に焦点があたっている。過失あるいは過失とも言えないミスをどう扱うかは，現代に生きる私たちが考えるべき重要な問題である。

　自動車事故で考えると，ハンドルを少し動かしたり，ブレーキを踏むのが少し遅れたりすると，大きな被害が出ることがある。工業化以前の時代には，自動車のような人工物がなかったため，個人のミスに大きな責任を負わせることもなかった。

　アメリカ初代大統領のG. ワシントン（1732-1799）に関して，よく知られた逸話がある。父親が大切にしていた桜の木を切ってしまった彼は，父親に自分が切ったことを正直に告白したことで正直者として称賛されたという逸話である。しかし，例えば，現代社会において，誰かが病院で入院患者の生命維持装置のスイッチを切ってしまったとする。後日，その者が正直に「自分が切った」と名乗り出ても，その者が正直者だと称賛されることはなく，その者に対する非難が止むとも思えない。

　私たちを取り巻く人工物で満ちあふれた世界は，極めて複雑なシステムで構成されている。そこでは，しばしば事故やトラブルが発生している。事故が起きると，社会や組織はとかく誰かの責任を問うことに熱心になる。しかし，社会や組織にとっては，事故やトラブルに至る直接の引き金を引いた人を探すのではなく，システムそのものをより柔軟で強靱にすることの方がより有益である。以下は，その一例である。

　トヨタ自動車の生産ラインでは，紐スイッチというものが導入されている。自分の作業が遅れた場合に，これを引いてラインを止める。それに応じて，上司が来て作業を手伝ってくれるという仕掛けである。流れ作業の過程では，ミスや遅れは誰にでも生じる。トヨタの紐スイッチは，それを「見える化」する一つのやり方である。しかもひもを引いた作業者が責められるわけでもない。完成検査の工程で不良品が見つかると，かえって生産効率は悪くなる。したがって，作業を止めてでも，その前の工程で改善を行った方が，全体的に見ると合理的である。トヨタ自動車は，このようにして人間のエラーに対処している。

　要するに，エラーを犯した人間の責任を追及するのではなく，システムによる補完の仕方を考えるのである。人間はどうしてエラーを犯すのかという問題

や，錯覚や思い違いのメカニズムは心理学などで研究されてきた。ヒューマンエラーは結果であって，原因ではないという主張もある。エラーを状況や外的因果関係の帰結とするならば，エラーを犯した者には責任が問えるはずはない。「私が」行った行為ではないからである。倫理は，私の行為の責任を問題にしている。この場合に過失という行為を倫理的にどう位置づけるかは，現代という時代に課された難しい問題である。

5　巨大災害時の倫理問題

　ここまで，事故を中心に安全という価値の問題を概観した。最後に，津波や台風などの自然現象に起因する巨大災害が発災した際の安全と倫理の問題について言及する。

　事故の問題とは違った大きな倫理的問題が生じるのは，巨大災害が起きた場合である。巨大災害が起きると，現行のシステムがすべて機能しなくなる非常事態が発生する。現代の国家は，国民の最低限の安全を守ることを任務としている。しかし，巨大災害が起きた時には，そのような国家の機能が一時的に失われる。食べ物がなくても，普段は警察もいるから泥棒をしようとは思わない。しかし，巨大災害が起きるとそうではない。安全のために整備されていたシステムや制度が機能しなくなり，いわば「たが」が外れたような状態が生じる。そのため，被災地では窃盗や暴力行為などの犯罪が横行することがある。そのような事態を避けるために，政府は強制力を高めて，個人の自由を制限することによって治安を維持しようとする。つまり，安全という価値に焦点があたり，自由は制限される。

　また，パンデミックと言われるような感染症が広がった場合には，隔離という処置が行われる。隔離は，個人の行動の自由を制限することに他ならない。個人の行動を制限することによって，より多数の国民の安全を確保するのである。ここでホッブスの問題設定に戻ることになる。

第Ⅴ部　社会安全学の深化のために

6　安全という価値の位置づけ

　ここまで，自由と安全のトレードオフが価値観に関わる大きな論点であることを論じてきた。自由と安全のトレードオフは，シートベルト装着の法規制で大きな問題になったが，対立を解決するための技術として，アメリカではエアバッグが使われるようになった。シートベルトは，ドライバーが装着すれば安全が確保されるが，エアバッグは，勝手に安全を守ってくれるのである。現代はいわば「過保護社会」であり，私たちは，技術やシステムに依存し，守られて生きていると言える。安全が脅かされると，メーカーや規制を行っている政府にクレームをつけるだけの社会になってしまったと言うこともできる。故意とは言えない過失が安全の問題の焦点になることを通じて，古くからの社会の価値観の対立とは違った問題が生じているのが現代の社会といえる。

　この章では，安全に関わる倫理や価値についても考えてきた。安全第一を自明の前提とすることなく，社会の中で，他の価値を評価しつつ安全を位置づけ，さまざまなパラドックスが生じた倫理的背景を考えてみる必要がある。社会の中で，安全以外の価値観を知ることは，社会の現状を知り，一般的な教養を身につけることにもつながる。そうした営為が，安全についてのノウハウを詰め込むだけでなく，安全を本当に理解することになる。換言すれば，どうすれば安全が確保されるかという「安全志向」にのみ関心を集中するのではなく，世間には安全以外の価値もあることを認めつつ，その上で安全をどのように尊重していくかを考えることが，洗練された安全の理解につながるのである。

引用・参考文献

斉藤了文（1998）『〈ものづくり〉と複雑系』講談社。

ホッブス，T.／水田洋訳（1954）『リヴァイアサン』岩波文庫。

山下重一・早坂忠・伊原吉之助訳（1967）『世界の名著　ベンサム，J.S.ミル』中央公論社。

第18章　現代社会における安全という価値

さらに学ぶための基本図書

樋口範雄（1999）『フィデュシャリー〔信認〕の時代』有斐閣。
松尾陽編（2017）『アーキテクチャと法』弘文堂。

|第19章|社会安全のためのガバナンス・合意形成|

この章では，高レベル放射性廃棄物（HLW：High Level Nuclear Waste）の事例を取り上げながら，社会的リスクのガバナンスとは何かについて解説する。社会に遍在するさまざまなリスクを全体として統治するためには，複数の便益とリスクの間に存在するトレードオフの関係を多元的に評価しなければならないこと，社会の構成員がリスクガバナンスにむけて合意するために公正な決め方が大切であることを述べる。

Keyword▶ リスクガバナンス，リスク・トレードオフ，NIMBY，合意形成，無知のヴェール

1　社会のリスクを統治するために

［ 1 ］ リスクガバナンスとは何か

　社会安全学の目的の一つは，リスクを低減するための研究を進めることである。社会の安全・安心を確保するためには，社会に遍在するさまざまなリスクの低減に社会全体として取り組むことが重要である。リスクの同定と分析，対策の評価と実施の各段階を適切に行うためには，科学者，行政，企業，市民がそれぞれの役割を果たす必要がある。O. レンは，リスクガバナンス，すなわち，リスクを社会全体で統治するためには，リスクの対処に関連する公的・私的アクターの協働が不可欠であると述べている（Renn, 2008, p. 9）。社会的リスクのガバナンスは，社会的リスクに対処する段階ごとに，社会の構成員から役割にふさわしいメンバーを選び，任務を実行することであるため，誰がリスクに対処する役割として妥当であるかについての合意と，役割を担う個人や組織への信頼と信託が前提になる。

第19章 社会安全のためのガバナンス・合意形成

　本書ではこれまで，リスクの分析や対策の評価が社会全体の合意に基づいて適切に統治されていることもあれば，リスク事象の不確実さや複雑さ，社会構成員の価値観や利害の対立により，リスクの分析・評価・管理の理解が共有されずにリスクの統治がうまくいかない場合があることを明らかにしてきた。後者の典型的事例として，地球温暖化や高レベル放射性廃棄物の問題をあげることができる。

［ 2 ］ ガバナンスが求められる高レベル放射性廃棄物

　世界には約400の原子炉があるが，A. ブルネングレーバーらによれば，使用済みの HLW は27万トンに上り，毎年2階建てバス100台分の HLW が増えているという（Brunnengräber et al., 2015）。HLW の多くは原子力発電所の施設内や中間貯蔵施設で保管されているが，テロや自然災害による放射能汚染のリスクが懸念されるため，適切な恒久的リスク対策をとることが喫緊の課題である。HLW が安全なレベルになるには数万年を要するため，リスク対策としては地下数百メートル以深に埋設する地層処分が最も望ましいとされている。

　HLW の地層処分に関するガバナンスには，HLW という超長期的なリスクの分析や，地層処分技術の有効性や信頼性の評価，対策費用を見積る際の経済効率性の評価に不確実性が伴うことなど多くの問題がある。また，原発によるエネルギー利用の利便性と引き換えに，将来の世代に HLW リスクという負の資産を残すことの是非に関する倫理的問題もある。HLW のリスクガバナンスが困難を極めている要因の一つに，リスクを伴う施設が立地する地域の住民のなかに，社会に必要な施設でも自分の近くでは迷惑だという NIMBY（Not in my backyard）と呼ばれる態度がしばしば発生することがある。実際，地層処分の最終処分地が立地する地域は，HLW のリスク管理という社会的な共益と引き換えに，HLW の直接的リスクや風評被害，スティグマ（負の烙印）に伴う波及的リスクを負担することになる。HLW の地層処分には総論賛成であっても，自分の居住地の近くに最終処分地が立地することは拒絶したいという各論反対の構図が，社会全体の合意を難しくしている。

　NIMBY 型のリスクである地層処分の立地に関する合意形成を行うためには，立地候補地の住民をはじめとする利害関係者との協調的・段階的アプローチが

249

第Ⅴ部　社会安全学の深化のために

不可欠であるという認識は，国際的にも共有されている（NEA, 2010）。ここで，協調的アプローチとは，地層処分の立地を決定する過程において，早い段階から利害関係者に対して計画案についての情報にアクセスしたり，計画に意見を反映できたりするなど多様な参加の機会を設けて，立地計画を受け入れるか否かを選択する機会を与えることである。また，段階的アプローチとは，立地を決定するまでの過程にいくつかの段階を設け，各段階で十分な時間をとることによって，熟慮に基づく合理的で妥当な決定になることをめざすことである。しかし，HLW の地層処分の立地を協調的・段階的アプローチで決定しようとしている EU 諸国の中で，スウェーデンとフィンランドを除けば，最終処分地が決まっている国は未だ存在しない。

2　社会のリスクについてのトレードオフ

［１］リスクガバナンスに関わるジレンマ

　社会的リスクのガバナンスのために考慮すべき事がらの一つに，多様なリスクやコストのバランスをとることが難しいという問題がある。J. D. グラハムと J. B. ウィナーは，飲料水の塩素処理を禁止するとガンを発症するリスクを減らせるが，コレラなどの水に由来する感染症のリスクを高めてしまうことを例にあげて，一つのリスクを減らすことが別のリスクを高めるトレードオフの関係に注目すべきであると指摘している（グラハム・ウィナー，1998）。J. ウルフも，アフリカではエイズ対策により多くの命が救われているが，エイズ対策のプログラムに医療スタッフを雇用したことに伴って他の医療活動に携わる人員に不足が生じ，健康リスクが高まってしまったことによってアフリカの保健制度が全体として弱体化している現状を紹介している（ウルフ，2016）。これらの事例では，あるリスクの対策をとるか，別のリスクの増大を避けるために対策をとらないでおくかのジレンマに立たされている。また，あるリスクに費用を振り向けるか，別なリスクのために費用を割り振らないでおくかというジレンマも存在している。

2 リスクとリスクのトレードオフ

　グラハムらは，目標に掲げるリスクを削減すると，対抗する新たなリスクが増大するというリスクのトレードオフの問題がしばしば起きていると警告している。彼らは，目標リスクの性質と対抗リスクの性質が同じであるか否か，目標リスクが対象とする社会集団と対抗リスクが対象とする社会集団が同じであるか否かによって，リスクのトレードオフを4つのタイプに分類している。同じリスクが別の集団に及ぶ場合をリスク移転と呼ぶが，現在の世代が曝されるリスクへの対策が，将来の世代へのリスク移転になるという世代間トレードオフの問題や，ある集団のリスクを削減することによって，異なる集団のリスクが増大するという他者へのリスク移転の問題も発生している。

　HLWのリスクにも，社会全体のリスク管理により一部地域にリスクを移転する問題や，現在の世代が便益を享受してリスクを削減することにより，将来の世代にコストやリスクを移転してしまう世代間のリスク分配の問題が存在する。これらの問題においては，他者へのリスクの移転が公正と言えるのか，将来の世代への責任をどう考えるのかという倫理的判断が問われることになる。

3 多様なリスクへのコスト配分のジレンマ

　リスクガバナンスにおいては，社会全体がもつ有限な資源をどのリスク対策に振り向けるかという複数のリスクへのコスト配分問題も解決しなければならない。その問題を解くためには，どのリスク対策を優先するかという政治的判断が関わってくる。K. S. シュレーダー・フレチェットは，社会的なリスクの管理において，あるリスクの対策に費用をかけると，他のリスクの対策費用が不足する，つまり機会費用が競合するというジレンマを指摘している（シュレーダー＝フレチェット，2007）。そのジレンマを解決するには，限られた費用によって社会のリスクを全体として許容できるレベルまで抑制することが必要であると述べている。

　どのリスクをどれほどの費用をかけてどこまで低減するかを判断するためには，多様なリスクを共通のものさしで測って比較する必要がある。必要なものさしは，どれほどのリスクであれば受容可能かを比較するものさしと，受容可能なレベルにまでリスクを削減するために必要な費用の大きさを比較するもの

第Ⅴ部　社会安全学の深化のために

さしの二つである。それぞれのリスクをどこまで削減すれば社会にとって受け容れることができるかを評価するためには，まず，異なるリスク事象であるそれぞれのリスクの大きさを比較するものさしが必要になる。欧米や日本において，環境リスクの分野では，どのような化学物質による環境汚染が原因になる死亡リスクについても，100万分の1以下の確率であることが望ましいと考えられている。現状のリスクがそれよりも大きければ，社会が受容できるレベル以下になるまでリスクを低減しなければならない。

　リスク削減に要する費用を比較するためには，一人の生命をそれぞれのリスク事象から救うために要する費用を金銭的に計算する必要がある。J. ウルフによれば，イギリスにおいては，一人の命を救うために要する費用，すなわち，死亡回避値を，およそ140万ポンドと推計している（ウルフ，2016）。死亡回避価値を基準にすれば，リスクを削減することを求める規制が，費用対効果の高い政策かどうかを評価することができる。

　いずれにしても，複数のリスク対策にどれほどの費用を配分するのか，また，どのような評価基準によって配分するかは，社会全体として合意すべき課題である。

3　リスクガバナンスのための合意形成

［1］リスクを伴う公共計画での市民参加の動向

　欧米では，市民が参加して社会的リスクを伴う科学技術や政策の是非，規制などを議論する公共の場を設け，政策に対する市民全体の合意を探る仕組みが作られている。例えば，デンマークでは，遺伝子組み換え技術などの科学技術の導入に伴うリスクをどのように規制するかについて，国民全体の合意を求めるためにコンセンサス会議を実施している。HLW の地層処分を進める政策についても，EU 諸国では協調的・段階的アプローチの一環として市民参加の取り組みが行われてきた。欧米においてさまざまな市民参加型の会議が設置され，環境や健康などのリスクを伴う公共政策の策定にあたって市民参加の手続きがとられるようになったのは，公共政策が市民や住民の反対で実施できないことが多くなり，行政に対する市民の信頼が低下したことが背景にある。市民は，

第19章　社会安全のためのガバナンス・合意形成

公共計画の策定を議会の代表に任せる間接民主主義だけでは満足せず，自分た
ちが直接決定に参加する参加デモクラシーや，決定について意見を表明したり
議論したりする熟議デモクラシーを求めるようになっている。リスクを伴う計
画を策定する早い段階から市民に情報を開示し，市民が討議する公共的な議論
の場を設ける手続きがとられなければ，公共計画に対する社会的合意は得られ
ないのである。

　ところが，社会的リスクを伴う公共計画の合意形成をめざす市民参加の取り
組みにおいて，市民と行政の間だけでなく，市民同士の間で環境や経済などに
対する価値観の違いによる対立から社会的合意が形成できないことがある。例
えば，環境リスクを伴う公共計画を実施しようとする場合，経済性という価値
基準に基づく金銭的補償と環境保全の価値はトレードオフできないと考える利
害関係者により，社会全体の合意が得られないことがある (Skitka, 2002)。合意
形成が難しいことの一因は，それぞれに譲れない価値観をもつ利害関係者が，
互いに歩み寄りが必要であるという認識をなかなかもてないことにある。

2　NIMBY 型リスクのガバナンスの難しさ

　NIMBY 型のリスクを伴う公共計画では，該当地域を含むすべての社会構成
員が決定を受け入れることができる手続きを探る必要がある。具体的には，誰
もが選定手続きに偏りがなく公正であると認識でき，その手続きによる決定で
あれば妥当な結論なので受け入れざるを得ないと納得できる合意形成の方法が
求められるのである。

　社会的に公正な手続きとは何かを考えるときに有力な手がかりになるのが，
J. ロールズが提起した無知のヴェールの下での原初状態という考え方である
（ロールズ，2010）。ロールズは，社会の資源を公正に分配する基本原理を見出
すためには，社会の構成員全員が自身の個人的属性を知り得ないという条件が
必要だと考える。すなわち，全員に無知というヴェールを被せて，自分の境遇
をわからなくさせる仮想的な状況を作り出すのである。無知のヴェールがかか
っていると，自分がどのような立場になるかわからないので，社会のなかで最
も不遇な人に最大の利益を与えるのが公正な分配方法だと納得できるのである。

　ロールズは，社会の資源を分配する方法の公正さに焦点をあてているが，無

253

第Ⅴ部　社会安全学の深化のために

知のヴェールの下で決定すれば，合意形成の手続きの公正さも保証できると考えることができる。NIMBY 型リスクである HLW の地層処分の最終処分地選定に，ロールズの無知のヴェールの考え方をあてはめてみると，つぎのようになる。社会の構成員は，HLW の地層処分は社会全体にとって必要な対策であることに合意した上で，誰もが自分の住む地域が HLW 地層処分の最終処分地の候補地になりうることを納得したとする。そのとき，すべての市民が自分の地域は地層処分の安全性や経済性などの基準に当てはまるか否かはわからないという無知のヴェールの下におかれていれば，最終処分地を選定するための評価基準として何が重要かについて偏りのない議論ができる。したがって，そのようにして決定された評価基準に基づいて最終処分地として適切な地域を選定すれば，仮に自分の地域が最適であると判断された場合でも，選定の手続きは公正であると合意していたので，その結果を受け入れざるを得ないと判断すると考えられる。

　NIMBY 型のリスクの合意形成のためには，無知のヴェールに基づいて具体的な市民参加の決め方を提案し，それについて社会全体で熟議していくことが必要である。

〔 3 〕 リスクガバナンスに向けて

　限りある資源を活用して，社会に遍在するすべてのリスクをバランスよくコントロールするために，社会全体で協働して取り組むことをリスクガバナンスと言う。

　前述したように，リスクガバナンスには，リスク対処に必要な資源配分の問題が深く関わっている。震災対策と地球温暖化防止対策にどれほどの予算を配分すればよいのか考えなければならないように，さまざまな社会的リスクの対策にどのように費用を割り振れば良いかが問題になる。予算には限りがあるので，リスク対策のコストとリスク低減という便益のバランスを考慮するのは当然であるが，予算の配分には，リスク負担の公平性やリスク削減の緊急性など，複数の評価基準を考慮しなければならない。どの基準を優先するかは，科学的評価だけでなく，倫理的および政治的判断に基づいて，社会全体で合意する必要がある。

第19章　社会安全のためのガバナンス・合意形成

　社会的リスクの合意形成のためには，複数の便益とリスクの間にトレードオフの関係があり，それらを多元的に評価しなければならないことを，すべての社会構成員が共通に認識することが重要である。さらに，社会的リスクをガバナンスするためには，利害関係者のそれぞれが，自分の利害を超えて，誰もが公正だと認識できる決定までの手続きについて予め合意しておくことが必要である。

引用・参考文献

ウルフ，J.／大澤津・原田健二朗訳（2016）『「正しい政策」がないならどうすべきか——政策のための哲学』勁草書房。

グラハム，J.D.・ウィナー，J.B.／菅原努監訳（1998）『リスク対リスク——環境と健康のリスクを減らすために』昭和堂。

シュレーダー゠フレチェット，K.S.／松田毅監訳（2007）『環境リスクと合理的意思決定——市民参加の哲学』昭和堂。

ロールズ，J.／川本隆史・福間聡・神島裕子訳（2010）『正義論（改訂版）』紀伊國屋書店。

Brunnengräber, A., Di Nucci, M. R., Losada, A. M. I., Metz, L. & Schreurs, M. A. (2015) *Nuclear waste governace: An international comparison*, Springer.

Renn, O. (2008) *Risk Governance: Coping with uncertainty in a complex world*, Earthscan.

Skitka, L. J. (2002) "Do the Means Always Justify the Ends, or Do the Ends Sometimes Justify the Means? A Value Protection Model of Justice Reasoning", *Personality and Social Psychology Bulletin*, Vol. 28.

NEA (2010) "THE PARTNERSHIP APPROACH TO SITING AND DEVELOPING RADIOACTIVE WASTE MANAGEMENT FACILITIES". (http://www.oecd-nea.org/rwm/fsc/docs/FSC_partnership_flyer_bilingual_version.pdf　2013年7月31日アクセス)

さらに学ぶための基本図書

ウルフ，J.／大澤津・原田健二朗訳（2016）『「正しい政策」がないならどうすべきか——政策のための哲学』勁草書房。

グラハム，J.D.・ウィナー，J.B.／菅原努監訳（1998）『リスク対リスク——環境と健康のリスクを減らすために』昭和堂。

広瀬幸雄編（2014）『リスクガバナンスの社会心理学』ナカニシヤ出版。

	第20章	社会安全学の深化のために

　本書のまとめになるこの章では，関西大学社会安全学部が初めて提唱した社会安全学を，その深化の必要性という視点から総括し，社会安全学の将来を展望する。社会安全学が深化をしなければいけない理由は，不断に変化する私たちの社会において，安全・安心に関わる事象はいつも同じ形で起きるとは限らないからである。もちろん，同じ被害が繰り返し起きることもあるが，現実の世界では，これまでにない様相を帯びた新しいタイプの被害が次々に発生している。それに対して，私たちはともすれば後手に回った対応しか取れていない。社会安全学を深化させるということは，被害の変化を先取りして，被害を回避あるいは軽減し，安全・安心な社会づくりに貢献するということにほかならない。

Keyword▶ 進化する災害，都市災害，巨大災害，災害の相転移

1　進化する自然災害

　自然災害の2大特徴は，歴史性と地域性である。同じ災害が繰り返し起きることを，自然災害の歴史性という。**図20-1**に示すように，わが国では西暦500年以降これまでに99回，すなわち，15年に1度の割合で，およそ千人以上の犠牲者を伴う巨大災害が発生している。例えば，西南日本の南の海底に陸地と平行に延びる深さが平均4000 mの南海トラフでは，地震マグニチュードがおよそ8以上のプレート境界地震が西暦684年以降9回，すなわち，平均すると100～150年に1度の割合で繰り返し発生しているのである。図20-1からわかるように，これまでの歴史において，わが国の4大災害である地震，津波，洪水，高潮は，それぞれ20～30回起きている。そして，これからも繰り返し起き続けるであろう。

256

第20章　社会安全学の深化のために

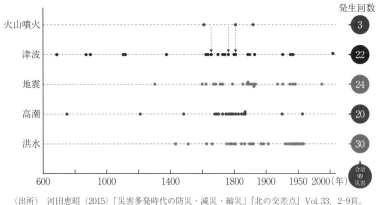

図20-1　わが国で発生した巨大災害（死者が1000人以上）

（出所）　河田惠昭（2015）「災害多発時代の防災・減災・縮災」『北の交差点』Vol. 33, 2-9頁。

　一方，場所が変われば被害も変わることを，自然災害の地域性という。例えば，高潮災害は，わが国のほかにオランダ，アメリカ，バングラデシュなどで発生するが，被害の特徴はまったく異なる。それは，高潮そのものの性質が違うからだけでなく，被災する社会の形態が異なるからである。

　自然災害は，歴史性と地域性という大きな特徴を有しているが，被害の様相は社会の進化とともに変化する。変化を促す要素のうち，被害の特徴や大きさを最も左右するのは，被害に見舞われる地域の人口と人口密度である。例えば，住民がほとんど住んでいないカナダの森林地帯でなだれが起きても，倒木などが発生するだけで被害は軽微である。ところが，わが国の豪雪地帯でなだれが発生すると，多種多様な被害を伴うのが一般的である。なぜなら，わが国では豪雪地帯であっても，そこでは地域住民によって林業，果樹栽培，農業などが営まれるとともに，スキーやリゾートなどの観光開発業者も共存し，それらを支えるために道路，鉄道，電気，水道などの社会インフラが存在するからである。

　災害による被害の大きさは，地震や台風などの自然外力の大きさと，社会の防災力の大きさによって左右される。以下では，例として地震災害を取り上げる。図20-2は，世界でこれまでに起きた地震災害における地震マグニチュードの大きさと死者数の関係を表している。例えば，直下型地震が人口の集中する

第V部　社会安全学の深化のために

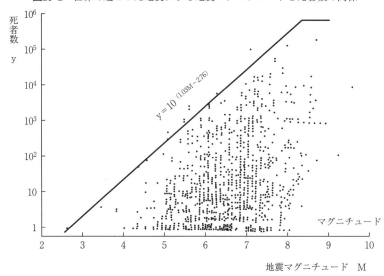

図20-2　世界で起こった地震による地震マグニチュードと死者数の関係

(出所)　筆者作成。

地域で起きれば大量の犠牲者が出るが，過疎地域で起きれば犠牲者は少なくなる。図中の直線は最大の死者数を表しており，例えば，地震マグニチュードが7.3であれば，死者数は最大で約5.7万人にのぼる危険性があることを示している。近い将来に発生することが危惧されている首都直下地震のマグニチュードは7.3で，想定死者数は2万3000人であるが，社会の防災力が低下すれば，犠牲者の数はさらに増える可能性がある。例えば，朝夕のラッシュ時や2021年の東京オリンピック開催時のように，国内外から多くの人が集中している時間帯や期間は，混雑による一時的なものであるとは言うものの，社会の防災力が確実に低下していることに注意する必要がある。

　ここで，外力の大きさを一定とするとき，都市化という社会の変化に伴って，災害の様相がどのように変貌するかを示すことにする。一般に，人口や人口密度の増加とともに，災害はつぎのような進化過程を経て成長する。

　①田園災害 (rural disaster)：発展途上国の農村集落のように，電気，水道，通信，鉄道，道路などの社会インフラが十分に整備されていなければ，外力の大きさと人的被害や社会経済被害の大きさは比例する。わが国でも，1923年の

第20章 社会安全学の深化のために

関東大震災までは，総じてこのような状況の下で災害が発生していた。1896年の明治三陸大津波では2万2000人の犠牲者が出たが，被害軽減のための対策は，それまでにまったく行われていなかった。

②都市化災害（urbanizing disaster）：都市が形成されて住民が増えているにもかかわらず，社会インフラの整備が人口増に追いつかない状態で推移しているならば，社会インフラの未整備が促進要因になって，災害による被害は大きくなる。例えば，関東大震災ではおよそ10万5000人が死亡したが，その90％は火災による死者であった。当時の東京市における上水道の普及率は約20％であり，都市火災を消火することは困難であった。1950年になっても上水道の普及率は26.2％であり，高度経済成長期を経た1970年代末を迎えるまで，わが国の都市で起きる広域延焼火災は，各種の災害の中でも被害の様相が最も古典的であった。2015年3月に仙台で第3回国連防災世界会議が開催されたが，その時期にマニラ，バンコク，ジャカルタ，ダッカ，ハノイ，ヤンゴンなどの発展途上国の首都で災害が起きたならば，都市化災害の様相を示したと考えられる。近年に起きた都市化災害の典型的な例は，カトマンズにおいて甚大な被害が発生した2015年のネパール地震である。

③都市型災害（urbanized disaster）：都市が形成されて，社会インフラの整備がほぼ終わった状態で災害が起きれば，社会インフラが大きく被災して社会経済活動が麻痺する。1978年の宮城県沖地震では，死者は28人であったが，当時65万人の人口を擁していた仙台市では，都市ガスや水道，鉄道などのライフラインが停止して都市生活が麻痺した。1994年のアメリカ・ノースリッジ地震は，ロサンゼルスの中心部から北東へ30 km ほど離れた郊外を震央とする地震であり，死者は57人であった。この地震の震源の深さは14.6 km と極めて浅く，1 G を超える加速度が数カ所で観測された。地震動により，震央から30 km 以内の主な高速道路が被災した。なかでも，アメリカで交通量が第1位のサンタモニカ・フリーウエイが通行できなくなり，社会経済被害は3兆3000億円に達した。

④都市災害（urban disaster）：近代都市で直下型地震が起きると，人的，社会経済的な被害が未曽有の規模になる。神戸市を襲った1995年の阪神・淡路大震災は，このタイプの災害の典型的な例である。約5500人にのぼる直接の死者の約

259

第Ⅴ部　社会安全学の深化のために

90％は，古い住宅の全壊または倒壊などによる犠牲者である。2016年の熊本地震では，住宅の全壊または倒壊などによる直接の死者は50人であったが，災害関連死は223人を数えた。関連死の要因はさまざまであるが，関連死による死者数が直接の死者数を大きく上回ったことは，都市災害の新たな特徴を示していると言える。ちなみに，熊本地震によって，熊本市内の新旧マンションの約90％に何らかの被害が発生している。

⑤スーパー都市災害（super-urban disaster）：近い将来に発生することが危惧されている首都直下地震がこれに属する。都市災害における被害の様相に加えて，政治，経済，文化など国際都市東京の首都機能が麻痺することにより，社会経済的被害は全国に波及し，国際社会にも大きなインパクトを与えることが予想される。首都直下地震に対してほとんど対策らしい対策が講じられていないのは，住民だけでなく政界や経済界の指導者たちの間に経験に基づく思い込みが根強く存在し，新たな災害が発生する危険性を無視することが常態化しているからである。これは，社会現象としての「相転移」が発生するからである。

2　現象先行型の社会安全学の充実

災害や事故に関する研究は，実際に災害や事故が起きると急激に増加する。研究に対する社会的要求が高まり，同時に新しいデータが提供され，研究費も増額されるからである。しかしながら，地域や都市は時代とともに変貌しているため，災害や事故が起きると，過去と同じ被害だけではなく新しい被害が発生することを忘れてはならない。とくにわが国では，社会の高齢化が進行していることに伴って，社会の防災力が低下しつつあることに留意する必要がある。

表20-1は，筆者が学術論文を執筆するにあたって新しく定義した学術用語をまとめたものである。ここに示された用語の多くは，災害が発生する前に示されたものである。実際に災害が起きてみると，発生前に予測していたことの多くが現実に発生したことがわかる。社会システムが災害に対して脆弱であることが誘因になって，被害が拡大したり新しい被害が発生したりするということを，あらかじめ論理的，実証的に予測したとしても，そのことが専門家にすらなかなか理解されない。ましてや，政府や自治体に，こうした予測や見通しが

第20章　社会安全学の深化のために

表20-1　災害に先行して用いた学術専門用語

年	学術専門用語	Technical terms（英語表記）
1986	災害の進化，田園災害・都市化災害・都市型災害・都市災害，災害文化	Disaster evolution, Rural・Urbanizing・Urbanized and Urban disaster, Disaster culture
1988	減災，社会の防災力，ソフト防災・ハード防災，災害マネジメント	Disaster reduction, Social vulnerability, Soft and Hard-countermeasure, Disaster management
1989	巨大災害	Catastrophic disaster
1995	複合災害，受容リスク，受忍リスク	Compound disaster, Acceptable risk, Tolerable risk
1998	災害と貧困の悪循環	Vicious cycle of disaster and poverty
2003	スーパー広域災害（南海トラフ巨大地震）スーパー都市災害（首都直下地震）	Super-extensive disaster (Nankai trough earthquake), Super-urban disaster (Tokyo Metropolitan earthquake)
2005	最悪の被災シナリオ	Worst damage scenario
2008	ユビキタス減災社会	Ubiquitous disaster reduction society
2010	生存避難，国難	Survival evacuation, National catastrophe
2013	相転移現象	Phase transition
2015	縮災，全体最適，移動災害	Disasterresilience, Total suitability, Displacement disaster
2016	スーパー汚染災害（東京水没）複合被災	Super-contaminantdisaster (Tokyo Metropolitan submergence), Compound vulnerability

（出所）　筆者作成。

全く届かないというのが残念な現実である。

　ところで，今後，事故を含む社会災害と自然災害の区別が困難になるほど，災害の様相はさらに複雑になっていくに違いない。そうした中，将来的にはAIやIoTに関係する被害が卓越することになるのではないかと考えられている。例えば，現在最先端を走るAI技術は，自動車の自動化に集中しており，メーカーの間で激しい開発競争が繰り広げられている。現行の自動車は運転手が制御しているが，自動車が自動化されると，当面は自動車という「馬」に乗るようなものになると考えられる。道を走る馬は，街路樹や電柱に衝突することはなく，前から来るもう一頭の馬と衝突することもない。ところが，突然稲光が走り，近くで落雷が起きれば，馬は驚いて仁王立ちになり，騎手は落馬する。自動化された自動車にも，これとよく似た現象が起きないとは断言できな

第Ⅴ部　社会安全学の深化のために

表20-2　将来心配な自然災害の外力の変化

地球温暖化による風水害の激化傾向
1. 台風の強大化，総雨量の増加
2. 集中豪雨・ゲリラ豪雨の頻発
高潮の脅威の増加
1. 海面上昇の継続による高潮危険度の増加
2. 既存防災施設の機能不足
3. 人工島の地盤沈下の継続（例：大阪・咲洲）
2100年頃まで続く地震・火山噴火活動の活発化
1. 南海トラフ沿いの地震，首都直下地震の発生
2. 地方での活断層地震の頻発
3. 富士山をはじめ活火山の噴火危険の増大

（出所）　筆者作成。

い。自動運転される自動車の安全はいかにすれば確保できるのか，あるいは，そもそも安全の確保は難しいのか，安全を妨げる要因にはどのようなものがあるかを予測することが，社会安全学の対象になるはずである。だから，例えば災害時の自動運転の可能性などの追求は大変重要な負荷要因といえる。

　表20-2は，わが国で発生することが懸念される自然災害の外力（ハザード）が，今後どのように変化していくかをまとめたものである。現在進行中の地球温暖化は，熱帯海域の水蒸気量を増やし，発生する台風，サイクロン，ハリケーンなどの熱帯低気圧の強大化をもたらす。また，海面水温の上昇は，熱帯低気圧の上陸時に総雨量の増加として顕在化する。例えば，台湾とわが国にほぼ同じ勢力の台風が上陸したとき，台湾の方が，総雨量が圧倒的に多くなることがわかっている。その原因は，台風が上陸する地点付近の海面水温を比較すると，台湾の方がわが国より平均で2℃程度高いからである。また，アメダスの記録などを解析すると，集中豪雨やゲリラ豪雨の頻度が統計的に高くなっていることがわかる。

　台風などの熱帯低気圧が強大化すると，高潮災害の脅威が大きくなることが心配である。この傾向は，アメリカを襲った2005年のハリケーン・カトリーナや2012年のハリケーン・サンディによる高潮災害の被害の激化に現れている。わが国において高潮災害がとくに心配される理由は，つぎに示す三つの事実による。1番目の理由は，海面上昇が継続していることである。2番目の理由は，高潮に対する防潮施設の老朽化である。高潮の常襲地帯である東京湾，伊勢湾，

262

第20章　社会安全学の深化のために

大阪湾周辺において1960年代に整備された防潮施設の多くは，建設後約60年を経過している。高潮は，単に海面が上昇するだけでなく，高い波浪を伴うので，防潮施設は大きな波力を受ける。そのため，維持・管理が重要であるが，これが十分に進んでいない。3番目の理由は，沿岸部に建設された人工島の地盤沈下が止まらず，継続していることである。とくに，大阪市住之江区の咲洲（さきしま）人工島は，1980年の竣工以来現在まで地盤沈下が継続しており，これまでに平均で約60 cm沈下した。その大きな理由は，沖積層の下にある洪積層の沈下が現在も継続しているからである。同様の地盤沈下は，関西国際空港でも発生している。そのため，ターミナルビルは毎年沈下分をジャッキアップして調整し，滑走路自体は周辺の海岸護岸のかさ上げで対処している。

　さらに，近年の地震や火山活動が活発な状態は，西暦2100年頃まで続くと考えられている。近代科学が解明を試みてきた対象は，これまでの長い人類の歴史の中で，わずかに過去100年ほどの間に発生した災害ばかりである。そのため，今後，私たちがこれまで経験したことのない地震の揺れや火山噴火が起きる可能性があるというリスクを考慮しなければ，実際にそのような災害が起きたときに想定外の事象になり，極めて大きな被害が発生することになる。

　とくに心配しなければいけないことは，土木工学や建築学の分野では，社会基盤施設や建築物を設計する際に，これまでの経験をもとに外力の最大値を想定したり，安全係数を設定したりしてきたという事実である。高層ビルの設計には免震装置や制震装置が必須であるが，それらの性能の許容範囲内であれば，ビルの階数を増やして建設コストを下げることができる。しかし，これまでの経験から想定した外力の最大値をもとに許容範囲を設定しているとすれば，未経験の大災害が発生すると外力が許容範囲を超えてしまうおそれがある。しかしながら，東京の都心地区では，高さを競うビルの建設ラッシュが続いており，安全性よりも経済性を優先する都市開発が今も進んでいる実態を見てとることができる。

3　安全・安心社会を実現するための社会安全学の挑戦

　社会が安全・安心問題への対処に遅れる理由は，①具体的に社会問題になる

第Ⅴ部　社会安全学の深化のために

まで放置する，②問題解決の糸口を見つけても，それを発展させることができない，③問題を先取りするという勇気と革新的な取り組みが欠如している，の三つにまとめることができる。

　上記の①は，被害が小さければ許されるかもしれないが，被害が拡大すると無視できなくなる。わが国で50数年前から問題になっている公害は，その典型的な例である。当初局所的に発生した公害は，対処の遅れから全国に波及してしまった。良好な環境の中で生活する権利として環境権が注目を集めており，フランスでは国民の権利として憲法で保障され，ドイツでは連邦法で明確に規定され施行されている。しかし，わが国においては，その必要性は論じられているものの，実定法上の権利としては未だ確立されていない。②については，つぎのような事例がある。1995年に阪神・淡路大震災が発生したとき，地理情報システム（GIS）が災害対応の鍵を握る技術であることが広く理解され，一時期わが国が世界の先頭を走っていた。ところが，わが国ではハード装置中心の開発に特化したために，どのように利用すればよいかというソフト開発が伴わなかった。結果的に，この分野ではアメリカなどの諸国に先んじられてしまった。③については，問題解決のために先頭を走るという使命感が，個人レベルで終わってしまっているという問題がある。私たちが直面している，あるいは，これから対峙する安全・安心問題は，いずれも単純な解決策がないものばかりである。そうであれば，組織的な取り組みが必須になる。

　わが国では，「自己責任の原則」が民主主義の前提であることがなかなか理解されていない。自己責任の原則は，災害や事故を防止する施策を考えるときの重要な視点である。安全・安心な社会を実現するには，自助や共助が中心の社会に変わっていく必要がある。

　災害や事故を解析する際には，背景になる社会が変化していく過程に対する歴史的な視点が必須である。しかし，過去を知らずに現在と未来を語る研究者や関係者が後を絶たないという残念な現実がある。例えば，災害対策の考え方は，社会の変化の過程に呼応して，防災から減災，そして，縮災へと変化してきた。それは，被災する社会システムに対する視点を，部分から全体へ拡大したことに対応している。2016年に発生した熊本地震に際して，被災地支援が全体最適をめざしたことはその表れである。

第20章　社会安全学の深化のために

　一方，事故は社会災害と呼ばれることからもわかるように，事故の対策を考える際には，人工物である装置などの物理的な脆弱性だけでなく，事故が発生したときの社会的なインパクトの大きさを勘案することが重要になっている。実際，航空・鉄道事故や原子力発電所の事故は，社会的影響が極めて大きく，食品中毒や感染症などは，被害が局所的にとどまらなくなっている。環境問題では，まさに「不都合な真実」が問題になったが，事故においてもその原因が科学的に究明され，結果が開示されるという流れが必須になっている。

　災害や事故に対して，自然科学と社会科学を融合した解析を進める社会安全学は，安全・安心な社会を実現するという目的のために，さらなる深化が求められていると言える。

引用・参考文献

最新予測　巨大地震の脅威，Newton 別冊（2024）。

| 補　章 | 社会安全学研究の国際的動向 |

　本章では，英語圏，北欧諸国，フランス語圏における社会安全学研究の動向について紹介する。

Keyword▶ 領域横断アプローチ，融合アプローチ，学際研究，洪水リスク

1　英語圏

　1　アメリカ，イギリス，オーストラリアにおける社会安全学研究の特徴

　この節では，英語圏の国々のうち，アメリカ，イギリス，オーストラリアにおける社会安全学研究の動向について紹介する。

　アメリカでは，日本と同様に地震や台風（ハリケーン）による災害がしばしば発生するため，さまざまな自然災害を対象に安全分野の研究が行われている。一方，イギリスやオーストラリアでは地震がほとんど発生しないことから，日本やアメリカに比べると研究対象になる自然災害が少ない。イギリスでは洪水，オーストラリアでは森林火災などが代表的な自然災害として取り扱われる程度である。事故についても，それぞれの国で運輸事故や労働事故などを対象に研究が行われている。また，テロ対策に代表される国民保護も，安全に関する重要な問題として取り扱われている。しかし，自然災害や事故などを社会安全問題として総合的に捉え，融合的にアプローチをしているかと言えば，その答えは否であろう。

　学問分野が成立するための一つの要件として，ジャーナル共同体の存在をあげることができる。一般に，科学者の業績は，学術論文誌（ジャーナル）に公刊された論文で評価される。そのため，学術論文誌を単位とする科学者集団を，ジャーナル共同体と呼ぶ（藤垣，2004，102-108頁）。つまり，社会安全学に関す

る学術論文誌が存在するか否かで，社会安全学が一つの学問分野として成立しているか否かを判断することができる。

英文の学術論文誌を刊行する代表的な出版社に Cambridge University Press, Elsevier, Oxford University Press, SAGE Publications がある。これらの出版社が刊行する学術論文誌のうち，社会安全学に関係がありそうなものは，何れも Elsevier が刊行する *Journal of Safety Research* と *Safety Science* である。しかし，前者は事故のみに焦点をあてた学術論文誌であり，後者も労働事故を中心とする事故に焦点をあてたものになっている。したがって，ジャーナル共同体を見る限りでは，災害や事故などの領域ごとの研究が中心であり，融合的なアプローチによって安全分野の研究が行われているとは言いがたい状況にある。とはいえ，例えば災害の分野であれば，*Journal of Integrated Disaster Risk Management*（総合防災学雑誌）のような学術論文誌も出版されており，領域内での横断的，融合的なアプローチは指向されている。

［2］ アメリカ，イギリス，オーストラリアにおける社会安全学研究機関

現在のところ，アメリカ，イギリス，オーストラリアにおいては，融合的なアプローチによって安全分野の研究を実施しているとは考えられないため，社会安全学に関する研究機関を網羅的に把握することは困難である。そこで，本章では，社会安全学と関連が強い防災や事故防止の分野において，横断的，融合的なアプローチを試みていると考えられる研究機関を抽出することによって，社会安全学に関連する研究機関を把握することを試みる。

研究機関の抽出にあたっては，アメリカ，イギリス，オーストラリアのそれぞれにある大学のコース（学部，学科など）に関するデータベースを用いた。アメリカについては，大学ガイドなどを発行する Peterson's のコースサーチを，イギリスについては，Universities and Colleges Admissions Service in the UK のコースサーチを，そして，オーストラリアについては，The Good Education Group が提供するコースサーチをそれぞれ利用した。コースの検索にあたっては，正規の学士課程のみを対象にして，防災や事故防止の分野において高い頻度で用いられる Accident, Disaster, Risk, Safety の四つを検索キーワードに用いた。

補　章　社会安全学研究の国際的動向

　アメリカの大学には，Accident や Risk という検索キーワードで抽出される
コースは存在しなかった。Safety をキーワードにすると，「刑事司法」に分類
されるコースが381件抽出できた。これらのコースは，主に犯罪問題を対象に
していると考えられる。そのほか，Safety というキーワードで抽出されたのは，
「火災予防と安全技術」に関するものが15コース，「労働安全衛生技術」に関す
るものが59コースであった。Disaster をキーワードにすると，「危機／緊急事
態管理・防災」を含むコースが23件抽出できた。

　イギリスの大学には，Accident という検索キーワードで抽出されるコース
は存在しなかった。Disaster をキーワードにすると，10の大学に「防災と危機
計画」や「土木と防災」などを含む17のコースが存在することがわかった。
Risk をキーワードにすると，21の大学から64のコースが抽出されたが，その多
くは会計や金融の分野であった。また，Safety についても20大学に45コースが
設置されており，火災や食の安全などが研究の対象になっている。

　オーストラリアの大学についても，イギリスと同様に Accident という検索
キーワードで抽出されるコースは存在しなかった。Disaster については，三つ
の大学に「人道と開発学」などの3コースが存在することがわかった。Risk を
キーワードにすると，15の大学から24のコースが抽出されたが，それらは「公
衆衛生学」や「情報学」などであった。また，Safety についても14の大学に33
のコースが設置されており，その中には「健康科学」や「航空マネジメント」
などが含まれていた。

　防災や事故防止の分野に限れば，絶対数が少ないとはいえ，上述の検索によ
って抽出された研究機関の中に，融合的なアプローチを採用していると思われ
る研究機関も存在する。しかし，それらの機関が対象にしているのは，安全に
関わる問題の一部である。現在のところ，アメリカ，イギリス，オーストラリ
アには，社会安全学研究機関と呼べるような，安全に関わるあらゆる問題を網
羅的かつ融合的に研究・教育する機関は存在しない。

　災害や事故の領域において著名な研究機関であるにもかかわらず，上述の検
索によって抽出されなかった研究機関も存在する。例えば，アメリカにあるデ
ラウェア大学の Disaster Research Center やコロラド大学，イギリスにあるク
ランフィールド大学やノーサンブリア大学，ロンドン大学などは災害の領域で

269

著名な研究機関であるが，上述の検索では抽出されなかった。なお，これらの研究機関においても，社会安全学に関する融合的なアプローチはとられていない。

［3］ アメリカ，イギリス，オーストラリアにおける社会安全学研究の展開

イギリスに限って言えば，防災や事故防止の問題を横断的，融合的なアプローチによって研究している大学は，1990年代以降に大学に格上げされた，いわゆる「新大学」に集中している。新大学は，その前身が実学を中心に教えるポリテクニクであったこともあり，応用系の学問領域の研究・教育を行っているところが多い。新大学は，アイデンティティを確立するために伝統的な大学とは一線を画し，防災や事故防止の問題を応用的な学問であると理解して融合的なアプローチに挑戦してきたと言える。しかし，近年では，基礎系の学問領域の研究を中心に行っている伝統的な大学にも，防災や事故防止の問題を融合的なアプローチによって取り扱うことを指向した研究機関が設立されている。ロンドン大学の Institute for Risk & Disaster Reduction やマンチェスター大学の International Disaster Management and Humanitarian Response コースなどは，その好例である。このような状況は，災害や事故などの問題を融合的なアプローチで取り扱うことの意義がようやく理解されてきたと読み解くことができる。

融合的なアプローチによる研究に求められているのは，領域毎の研究成果の足し合わせからは生まれ得ない成果を示すことである（本書第1章3［3］を参照）。換言すれば，安全という私たちの生活まるごとの問題に，まるごとアプローチする意義である。融合的なアプローチによる安全研究は，まだ緒に就いたばかりである。日本の社会安全学研究が，融合的なアプローチによる研究の範を示すことができれば，世界の安全研究をリードできる可能性がある。

2　北欧諸国

［1］ 北欧における社会安全学研究の特徴

1986年には旧ソビエト連邦でチェルノブイリ原発事故が発生し，ベックが

補　章　社会安全学研究の国際的動向

『リスク社会（Risikogesellschaft）──新しい近代への道』を出版した。また，1992年にはノルウェーにハリケーンが襲来し，1995年にはノルウェー中部で大洪水が発生するなど，自然災害が相次いだ。このような社会情勢を背景に，1990年代後半のノルウェーにおいて社会安全（Societal safety）の概念が確立される（Olsen et al., 2007）。当初は，自然災害に対する備え（preparation）や減災（mitigation）が社会安全の中心的な位置を占めていたが，1990年代になって深刻な運輸事故が頻発すると，技術の脆弱性や人為災害にも強い関心が集まるようになった。2000年問題（Y2K problem）は，コンピュータシステムの脆弱性を露呈した典型的な例である。また，2001年9月11日のアメリカ同時多発テロを契機に，テロの脅威にどのように向き合うかが，新たに重要な議論の対象になった。実際，2011年7月には，ノルウェーにおいて首都オスロの政府庁舎爆破事件とウトヤ島銃乱射事件が連続して発生し，あわせて77人が犠牲になっている。さらに，スウェーデンやノルウェーからの旅行者が数多く犠牲になった2004年のスマトラ島沖地震とそれに伴うインド洋大津波や，2005年のパキスタン地震などが起きると，自然災害の脅威が再認識されることになった。

　オルセン（O. E. Olsen）らは，社会安全を「市民の生活や健康を守り，あらゆるストレス状態のもとにおいても，市民の基本的要求を満たすために必要最小限の社会的機能を維持できる能力」と定義している（Olsen et al., 2007）。また，**図補-1**に示すように，社会安全を「国家の安全保障」（national security）や「人間の安全保障」（human security）「持続可能な発展」（sustainable development）「突発事象管理」（incident management）などのテーマを横断的に取り扱う学問分野と位置づけている。

　2　北欧における社会安全学研究機関

　北欧には，社会安全学に関する諸問題について融合的に研究・教育を行う研究機関がいくつか存在する。ここでは，ノルウェー，スウェーデン，デンマークの事例を紹介する。

　ノルウェーのスタヴァンゲル大学（Universitetet i Stavanger）では，衛生学や情報学，社会学，経済学，経営学，計画学，エネルギー分野を研究する学部や研究所を母体にして，2009年に危機管理・社会安全研究センター（SEROS：

図補-1 社会安全が取り扱うテーマ

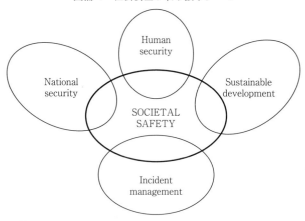

(出所) Olsen *et al.*, 2007.

Senter for risikostyring og samfunnssikkerhet）が設立された。近年，同研究センターはノルウェー科学技術大学（NTNU：Norges teknisk-naturvitenskapelige universitet）との連携も図っており，クライシスマネジメント，経済リスク，行動理論やゲーム理論，企業のリスクマネジメント，医療システムの質と安全，リスクと法令，技術や組織の脆弱性などの研究テーマを取り扱っている。また，同研究センターは，毎年ノルウェーにおいて社会安全に関する年次講演会を主催するなど精力的に研究活動を行っており，北欧における社会安全学研究の中心になっている。

スウェーデンのルンド大学（Lunds universitet）では，火災安全およびシステム安全学部（Avdelningen för Brandteknik）を母体にして，2014年にリスクマネジメント・社会安全学科（Avdelningen för Riskhantering och Samhällssäkerhet）が設立された。同学科には，クライシスマネジメントにおける指令・統制・協力，リスクや脆弱性の分析，社会のレジリエンスなどの研究プロジェクトが立ち上がっている。

デンマークのコペンハーゲン大学（Københavns Universitet）では，同大学のビジネススクールと，人文学，法学，社会科学，衛生・医学，神学を研究する学部が中心になって，2013年にコペンハーゲン災害研究センター（COPE：

補　章　社会安全学研究の国際的動向

Copenhagen Center for Disaster Research）が設立された。同研究センターは，バングラデシュにおいて気候変動がもたらすコレラとの闘いに関する研究を実施している。また，災害の変容，公海上で起きる石油タンカーの事故，群衆の安全などのテーマについて学際的な研究を行っている。

［3］北欧における社会安全学研究の展開

　北欧では，社会安全学の研究に対して，公的機関による財政的な支援が積極的に行われている。例えば，ノルウェーでは教育科学省研究評議会や法務・危機管理省，交通・通信省などの機関が，スウェーデンでは市民緊急事態庁（MSB）やイノベーションシステム庁（VINNOVA）が，デンマークでは科学技術イノベーション庁（DASTI）が，研究の遂行に重要な役割を担っている。

　さらに，ノルウェーでは2006～2011年にSAMRISK，2013年以降（2017年現在も継続中）にSAMRISK IIと呼ばれる社会安全に関する研究プロジェクトが立ち上げられ，それぞれ4500万と1億ノルウェークローネ（2017年8月現在の為替レートで換算すると，それぞれ6.4億円と14.2億円）の研究予算が計上されている。これらのプロジェクトでは，危機的状態にある社会インフラ，凶悪なテロや犯罪，情報通信，防災危機管理，食と健康，北極圏の安全と脆弱性，社会安全にかかわる人材育成などのテーマについて，学問分野を横断した学際的研究が行われている。

3　フランス語圏

［1］フランス語圏における安全に関する研究の特徴

　全世界でフランス語を母国語としている人は1億2000万人，フランス語を第一外国語として使用している人は2億人以上にのぼる。フランス本国のほか，ベルギーの約半分，スイスの一部，フランスの旧植民地であったアフリカ北西部，カナダのケベック州を中心とする地域などにおいて，フランス語が重要な言語の一つになっている。フランス語圏の国々における学術研究は，中核国家であるフランスの影響を強く受けているため，ここではフランスの事情を中心に述べる。

273

歴史的にも，また，政治的，地政学的にも，フランスは幾度となく国家的な危機に見舞われてきたため，国民の安全問題に対する意識は高い。とくに，隣国であるイギリスやドイツとの戦争体験から，フランスは国家安全保障の問題に強い関心をもっている。フランス社会を脅かす最大の自然災害は洪水であり，地すべり，暴風，高潮に見舞われる場合もある。近年の気候変動によって，夏季には熱波，森林火災，干ばつが頻繁に発生するようになっている。

　また，交通事故による死亡率は高く，犯罪やテロも多発している。さらに，国内電力の70％を供給する原子力発電の安全問題，大気汚染などの環境問題，サイバーセキュリティなど，社会安全学の対象になる数多くの課題を抱えている。そのため，フランスでは安全に関する制度，研究機関，教育機関が早くから整備されている。

　安全問題の専門誌 *Face au risque*（リスクに直面して）は，2016年1月号において「リスクのパノラマ」という特集を組み，フランスにおける安全問題の課題として以下の諸リスクを列挙している。

　イメージに関するリスク（風評リスク），バーンアウト，職業上の疾病，労働災害，欠勤，通勤途上における事故などの労働衛生関連リスク，ナノテクノロジー，アスベストなどの不可視リスク，大気汚染，化学関連リスク，工業リスク，自然災害，技術災害，群集事故，海洋船の遭難，飛行機の安全，強盗に備える監視カメラ，詐欺，火災，安全担当者の責任不在，保険，サイバー・リスク，個人情報保護，ハッキング，テロのリスク。

　なお，フランスには，社会安全あるいは社会安全学という総合的な概念は存在しない。フランスでは，個別のリスク分野に関する研究が相当に発達しているため，安全問題の研究は，個々のリスクへの対策を研究する形で進められている。

［ 2 ］リスク研究の機関

①リスク対応のための社会制度

　リスクへの対応は，安全を脅かす事象に対する物理的対策（リスクコントロール）と，事象によって発生する損失に対する財務的・予算的準備（リスクファイナンス）を軸に展開される。フランスでは，リスク予防計画（PPR：Plan de

補　章　社会安全学研究の国際的動向

prévention des risques）に基づくリスクコントロールと，強制保険として機能し
ている自然災害補償制度（Cat. Nat.：Garantie Catastrophes naturelles）によるリ
スクファイナンスが社会を支えている。リスク予防計画は，自然リスク予防計
画，技術的リスク予防計画，鉱山リスク予防計画，沿岸部リスク予防計画，冠
水リスク予防計画，森林火災予防計画により構成される。

②リスク対応組織と研究機関

フランスには，自然災害のリスクに対処する公的組織として，防災に関連す
る公的・民間機関が参加できるフランス防災プラットフォーム（PPRIM）があ
る。PPRIM は，環境・エネルギー・海洋省の管轄する大災害諮問委員会
（COPRNM）が運営する組織であり，経済，文化，福祉などの課題に取り組ん
でいる。そのほか，大災害の予防を担う諮問機関・シンクタンクとして，フラ
ンス大災害予防協会（AFPCN）がある。

一方，社会災害に関係する公的研究機関として，国立産業環境・リスク研究
所（INERIS）がある。INERIS は環境省の傘下にある1990年に設立された研究
機関であり，さまざまな事故や工業施設，化学物質，地下開発などに関連する
リスクに関する研究を担っている。一方，1956年に民間保険業界が設立し，
1961年に公的機関となった研究機関に，国立予防・保護センター（CNPP）があ
る。CNPP は ⎡ 1 ⎤ で述べた専門誌 *Face au risque* を発行する研究機関であり，
防災や社会の安全を目的にした調査・研究や啓蒙活動を広く行っている。なお，
Face au risque と並ぶ安全関連の専門誌に，民間のプレバンティク・グループ
が発行する *Préventique* がある。

上記以外の主な公的研究機関としては，国家の安全や防犯，法制度を研究す
る安全保障・司法高等国立研究所（INHESJ）や労働安全衛生問題を研究する国
立安全研究所（INRS）のほか，国立工業所有権研究所（INPI），国立運輸安全研
究所（INRETS），国立保健医学研究所（INSERM），放射線防護・原子力安全研
究所（IRSN）などがある。民間研究機関としては，企業リスクマネジメント・
保険協会（AMRAE）などがある。AMRAE は，1993年にフランス商工業界保
険加入企業連合（GACI）とフランス企業保険担当者協会（ACADEF）が合併し
て誕生した研究機関であるが，民間保険業界から独立した立場で活動している。

③安全関係の教育機関

　フランスには，国家エリートの養成を目的とするグラン・ゼコル（高等専門学校）がある。グラン・ゼコルはナポレオンの時代に制度設計された高等教育機関であり，大学の上位に位置する。社会安全に関する教育を担う課程は，グラン・ゼコルや大学において，主に2年制の修士課程として開設される。グラン・ゼコルの最高峰である国立行政学院（ENA）は，高級官僚や政治家を多数輩出している。ENA は，地域におけるリスクの防止と管理という修士課程（MPGTR）を設置し，行政分野および民間企業におけるリスク管理の専門家になる人材を育成している。一方，商科系のグラン・ゼコルでは，トップ校である経営大学院（HEC）をはじめとする学校において，安全マネジメントとリスクマネジメントに関する MBA コースが開設されている。

　そのほか，安全関連の教育を行う主なグラン・ゼコルや大学の修士課程の例としてパリ第2大学の安全と防衛課程，パリ政治学院（シアンスポ：SciencesPo）の国際セキュリティ課程，情報処理科学国際高等専門学校（EISTI）の質・安全・環境課程，ボルドー・ビジネススクール附属リスクマネジメント研究院（IMR）のリスクの総合的管理課程，保険高等専門学校（ESA）の企業リスク・保険管理者課程，パリ第1大学のリスクとクライシスの総合管理課程（GGRC），モンペリエ大学の自然災害・リスク管理課程（GCRN）がある。

　関西大学社会安全学部が展開する総合的な社会安全学教育に類似する課程の例として，トロワ工科大学の総合安全技術・管理課程（IMSGA）がある。社会安全学は，学生に教育するだけでなく，社会人に教育することが期待されている。フランスでは，従来から社会人への再教育が盛んであり，高等教育機関において安全やリスクに関連した社会人教育が幅広く行われている。

［3］ 安全・リスク研究の展開

　日本では，自然災害，社会災害，危機管理に関連する学会などの研究団体が個別に大会を開催しているが，フランスでは，環境・エネルギー・海洋省や前述の研究機関が，分野ごとに統一された全国規模の研究集会を主催している。例えば，産官学協同で開催される安全分野のカンファレンスとして，プレバンティカ（Préventica）がある。また，フランス保険企業協会（AFA）主催する保

補　章　社会安全学研究の国際的動向

険業界総会では，保険を取り巻く利害関係者が一堂に介してパネルディスカッションを開催するほか，保険に関連する業界団体や学術研究団体が同時並行的に研究会を開くなど，産学協同の取り組みが盛んに行われている。

　フランスにおける安全研究の代表的専門書に，1979年に出版された『人的行為における予防原則』や2002年に出版された『新たなリスクの掟』がある。後者の著者の一人であるパトリック・ラガデック（Patrick Lagadec）は，エコル・ポリテクニックの名誉教授であり，フランスにおける危機管理研究の第一人者である。ラガテックには，1991年に発表した『危機管理』を皮切りに，『不測事態の大陸——混迷の時代の指針』など多くの著作がある。

引用・参考文献

藤垣裕子（2014）「ジャーナル共同体におけるレビュー誌の役割」『情報の科学と技術』第54巻第3号。

Face au risque, n° 219, janvier 2016.

Godard, O.（1997）*Le principe de précaution dans la conduite des affaires humaines*, INRA.

Godard, O., Henry, C., Lagadec, P., Michel-Kerjan, E.（2002）*Traité des nouveaux risques*, Gallimard.

Olsen, O. E., Kruke, B. I. and Hovden, J.（2007）"Societal Safety: Concept, Borders and Dilemmas," *Journal of Contingencies and Crisis Management*, 15(2): 69-79.

あとがき

社会安全学を学び始める学生の皆さんへ

　皆さんがこれまで小学校，中学校，高等学校で学んだ課題や問題には，必ず正解がありました。しかし，現実社会には，正解のない問題の方がはるかに多いと言っても過言ではありません。例えば，2011年3月に発生した東日本大震災では，およそ1700人の小・中・高校生が，父親や母親を津波で亡くしました。両親を同時に亡くした人も少なくありません。最も身近な肉親を亡くした人たちは，これからの人生を，悲しみに耐えて生きていかなければなりません。2005年4月のJR福知山線列車脱線事故では，106人の乗客が命を失いました。最愛の人を亡くした家族だけでなく，犠牲者と関係があった多くの人たちは，生涯その悲しみをもち続けなければなりません。悲しみに耐えることに，正解などありません。

　災害や事故で失われるものは命だけではありません。人々がこれまで大切にしてきた思い出の品々や，家族の財産なども失われます。日々の生活を支えてきた仕事の基盤が奪われる場合もあります。また，社会のインフラ施設や建造物も破壊され，大きな損害を受けます。社会経済的な被害が大きければ，被災者だけでなく社会そのものも早く立ち直ることがとても難しくなります。

　では，どうすればよいのでしょうか。私たちに深い悲しみをもたらす災害や事故を未然に防げばよい，と誰もが考えるのですが，それは大変に難しいことなのです。なぜなら，私たちの社会がより豊かになることをめざして日々変化していることに伴って，災害や事故もつぎつぎに姿を変えて起きてしまうからです。

　災害や事故は，ある日突然襲ってきます。たまたま被害に遭わなかった人たちは，災害や事故が起きたことをすぐに忘れてしまいがちです。これまで，災害は忘れてはいけないものと考えられてきましたが，果たしてそうでしょうか。災害に直接関係のなかった人たちは，忘れることが普通であると理解して，忘

れることの怖さを理解できる安全・安心な社会をつくることの方が大切ではないでしょうか。

　地球温暖化が進み，この地球上では台風や洪水などの自然災害がますます激化し，頻発するようになっています。その一方で，私たちは社会を一層豊かにするために，AIやIoTなどを駆使した技術革新をさらに推し進めています。社会経済活動のグローバル化に伴って，事故などの社会災害もより複雑化・大規模化しています。このような状況において，自然災害と社会災害を見据えて，安全で安心な社会をつくっていくことは極めて大切な課題です。

　2010年4月に関西大学社会安全学部と大学院社会安全研究科が同時に開設されて，8年が経過しています。同学部と大学院で行われてきた講義と研究を通して，安全・安心な社会をつくるために必要な基礎知識を系統的にまとめることができるようになりました。

　この『社会安全学入門』は，社会安全学部の全教員が協力して最新の知見をまとめた成果です。私たちは，本書を通じて社会安全学の知識と知恵を学んだ皆さんが，卒業後，社会のさまざまな分野で活躍していくことを心から期待しています。

一般の読者の皆様へ

　関西大学社会安全学部・大学院社会安全研究科は，足かけ5年の準備期間を経て，2010年4月に開設されました。「まえがき」でも言及しましたように，同学部の発足にあたって，安全・安心を探求する新しい学問分野としての社会安全学（Societal Safety Sciences）を提唱しました。当時，わが国には778の4年制大学が存在していましたが，安全・安心の探求に真正面から取り組む学部や大学院の前例はなく，本学部が全国に先駆けて社会安全学という学問分野の構築をめざすことになったのです。

　2010年4月に定員250名（2014年に275名に変更）の社会安全学部が発足すると同時に，大学院社会安全研究科修士課程（2012年に博士課程前期課程に変更）も定員15名でスタートしました。修士課程が完成した2012年4月には，定員5名の博士課程後期課程も開設され，2017年10月現在，996名の学部卒業生，66名の修士修了生，8名の課程博士取得者を社会に送り出しています。

あとがき

　人々の安全・安心を確保するためには，自然災害，事故，環境破壊，食の安全，感染症をはじめとする疾病，犯罪や国際テロ，情報セキュリティなど多岐にわたる問題群に取り組む必要があります。したがって社会安全学の研究と教育を推進するためには，これらすべての分野を網羅できるように教員を配置することが望ましいのですが，一つの学部・大学院としての規模には自ずと限界があります。実際，現在の本学部・大学院の専任教員の定員は28名であり，そのため，本学部・大学院では，自然災害と事故の二つに重点をおいて，教員の配置を行っています。

　災害を未然に防ぐ防災や，被害を最小限にとどめる減災を実現するためには，まずリスクの大きさを把握して，それらに備える政策と制度を確立することが必要です。本学部・大学院では，防災・減災，そして，レジリエンスの教育・研究を，理工システム系，社会システム系，人間システム系の三つの領域をもとに推進しています。

　理工システム系領域は，災害・被害のメカニズムを解明し，防災・減災に寄与する理学，工学などの諸分野からなります。既存の学問領域としては，地球物理学，システム工学，土木学，数理学などが対応しています。

　社会システム系領域は，災害・被害に関する行政の施策や法，組織の分析，社会制度の設計などを対象にします。既存の学問領域としては，法学，行政学，経済学，経営学，公衆衛生学などが対応しています。

　さらに，人間システム系領域は，災害・被害に備えてさまざまな対処を行う人間の心理や倫理，そして，人間と人間をつなぐコミュニケーション領域からなります。既存の学問領域としては，心理学，コミュニケーション学，社会学，倫理学などが対応しています。

　2009年5月に本学部・大学院の設置を文部科学省へ認可申請した際，社会安全学部と社会安全研究科において精力的な研究活動を推進することによって，近い将来，社会安全学という学問体系を構築するための道筋をつけるという公約を掲げました。2015年4月には，公約を実行に移すべく，社会安全学の入門書を公刊するための編集委員会を立ち上げました。その後約半年をかけてテキストに含めるべき内容を検討し，2016年4月からは月2回のペースで研究会を始めました。13カ月にわたる共同研究の成果を取りまとめたものが，本書に他

なりません。これにより，前述の公約を果たすことができるものと考えています。

　本書の執筆には，社会安全学部の全専任教員28名と，本学部の設立準備段階から欠くことのできない協力者として共同研究を進めてきた関西大学社会学部の斉藤了文教授が参画しました。29名の文章には，当然それぞれに癖や特徴があり，各執筆者の原稿をそのまま寄せ集めたのでは，表現などに一貫性がなくなって読み辛いテキストになることは必定でした。そのため，本学部の山川栄樹教授に，日本語の修文というまことに骨の折れる仕事をお願いしました。山川教授の4カ月に及ぶ労苦に対して編集委員会一同，あらためて深謝申し上げます。

　最後に，ミネルヴァ書房編集部の梶谷修さん，および，社会安全学部長室の只木良佳さんにも本書を刊行する上で一方ならぬ尽力をいただきました。この場をお借りして御礼を申し上げます。

　2018年仲春

『社会安全学入門』編集委員会

安部誠治　川口寿裕　越山健治

小山倫史　広瀬幸雄　山崎栄一

索　引

あ 行

アセットマネジメント　82, 193
アメリカ同時多発テロ事件　118
アラビア科学　42
アルカイダ　121
安全学　12
安全工学　12, 137
伊勢湾台風　67
１次救急（軽症）　203
一般化線形モデル　133
イベントツリー　9, 137
医療事故調査・支援センター　200
医療事故調査制度　87
インシデント　7, 57
インフラ　81, 84, 85
インフラストラクチャー事故　93
インフルエンザ　101
運輸安全委員会　200
運輸事故　4
エイズ（AIDS）　99, 100
エクスポージャー　140, 142
エネルギー革命　17
遠地津波　77
オッズ比　130
温暖化　102

か 行

海難審判庁　199
回避　144
回復期　163, 169
科学革命　49
化学物質審査規制法　108
化学物質による環境リスク　104, 107
確率　128

確率論的リスク評価　9, 58
過誤　89
火砕流　71
火山灰　71
火山防災協議会　72
カスリーン台風　67
カタストロフィ　8
価値のトレードオフ　240
活断層　64
環境犯罪学　114
環境リスク　104
感情ヒューリスティック　31
完全加法性　128
感染症対策　201
感染症法　101
関東大震災　66
既往最大　67, 138
機会制約問題　134
規格　185
危機管理　167, 169, 171, 172, 217, 218
危機管理庁（FEMA）　170
危機衝撃度（CIV）　165
危険運転致死傷罪　85
気候変動　71
既存不適格　190
救急医療機関告示制度　203
救急救命士制度　203
急性期　163, 169, 172
休息期　163, 169, 172
凶悪犯罪　115
共助　169, 212, 213, 226
共振現象　69
行政手続法　180
業務上過失致死傷罪　179
許可制　179

283

局所的合理性　91
緊急地震速報　152
緊急事態宣言　101
近地津波　77
クライシス　140, 162, 164
クライシスコミュニケーション　171
クライシスマネジメント　164, 167, 171, 172
グリコ・森永事件　167
グローバル化　116, 120
グローバルリスク　38
経営判断原則　178
計測・モニタリング　75, 195
結核　99, 100
結核罹患率　100
決定論的リスク評価　9, 58
検疫　200
減災　169, 264
検査制度　55
原子力発電所　57
建築基準法　187
公害　93, 105, 264
公共計画の合意形成　253
公共交通事故被害者支援室　233
工業標準化法　187
航空・鉄道事故調査委員会　199
航空事故　93
公衆衛生制度　201
公助　226
工場法　100, 217
洪水　76
交通安全対策基本法　84
交通事故　4
行動主義学習観　157
高度救命救急センター　203
高度情報（情報化）社会　26, 33, 151
高レベル放射性廃棄物　248
国際的な組織犯罪の防止に関する国際連合条約　121
国際保健機関（WHO）　99
国際保健規則　101

国際労働機関（ILO）　216
国土安全保障省（アメリカ）　119
国民皆保険制度　203
国連防災世界会議　259
心のケア　154
個人事故　6
個人的リスク　150
孤独死　154
コミュニティ　119
コレラ　99

さ　行

最悪状況解析　135
サイエンスコミュニケーション　158
災害VC　212, 213
災害関連死　260
災害救助法　228
災害拠点病院　203
災害社会学　37
災害対応プログラム（タイムライン）　170
災害対策基本法　67, 182
災害派遣医療チーム　203
災害レジリエンス　226
サイコロジカル・ファーストエイド　230
サイコロジカル・リカバリー・スキル　230
サイバーテロ　207
再保険　221
サプライチェーンの寸断　67
産業革命　18, 49, 217
産業災害　92
山体崩壊　67
3次救急（重症）　203
3次救急患者　203
シェイクアウト訓練　208
事業継続計画（BCP）　164
事業用自動車事故調査委員会　200
事故　6
事故調査　198
自助　169, 226
地震災害　65, 138, 257

索　引

地震大国　6
地震調査研究推進本部　197
地すべり　65, 73
自然・生態系　98
自然科学　47
事前規制　177, 178
自然災害　6, 138
自然災害補償制度　275
失敗学　171
自動車事故　93
地盤災害　72
地盤沈下　263
島原大変肥後迷惑　66
シミュレーション訓練　164
ジャーナル共同体　267
社会安全学　7, 12, 13, 274
社会科学　47
社会構成主義学習観　157, 158
社会災害　8, 91
社会資本（社会インフラ）の老朽化　81
社会的基本権　181
社会的リスク　150
斜面崩壊　73
集団的過熱報道　34
住民自治　205, 207
首都直下地震　258, 260
純粋リスク　139
消費者安全調査委員会　200
情報格差　153
情報化社会　25
情報セキュリティ　26
情報セキュリティインシデント　26
消防組織法　202
新型インフルエンザ　101
新警察法　181
信玄堤　66
人工知能　89
人工物　12
震災予防調査会　66
深層崩壊　74

心的外傷後ストレス障害（PTSD）　227, 233
人文科学　47
信頼区間　129
水災害　65
スーパー広域災害　260
数理計画法　134
スキーマ　31
スペイン風邪　101
スペースシャトル・チャレンジャー　58
スリーマイル島原発事故　57
脆弱性　35
正常ストレス反応　227
生態系　104
性能設計　189
生命保険　220
世界保健機関（WHO）　3, 59, 100, 101
設計基準（技術基準）　188
全体最適　264
前兆期　163, 169, 171, 172
前兆段階　165
装置事故　93
想定外　157
想定地震　70
双方向のコミュニケーション　151
ソーシャルビジネス　213, 214
組織事故　6, 94
組織的犯罪処罰法　122
ソフトウェア対策　78
ソフトターゲット　119
損害（damage）　165
損害保険　220
損失　140

た　行

第一次交通戦争　84
大韓航空機撃墜事件　167
大規模地震防災・減災対策大綱　196
耐震改修促進法　191
耐震偽装　191
耐震設計　70, 188

285

第二次交通戦争　85
大量消費　20
大量生産　20
大量廃棄　20
タイレノール事件　171
高潮　76
断層　68
地域総合防災訓練　208
地域防災計画　195
地域保健法　201
地下鉄サリン事件　167
地球温暖化　78, 262
地区防災計画　196
縮災　264
チャネル（Channel）　120
中央防災会議　196
長波理論　77
直下型地震　56
直感的・感情的判断システム　31
津波　76
津波警報　79
鉄道事故　93
テロ（テロリズム）　110, 112, 122, 274
田園災害　258
デング熱　97, 98
天然痘　101
投機的リスク　139
同時多発テロ　113
動力革命　17
ドクターヘリ　204
特定非営利活動促進法（NPO 法）　212
都市化災害　259
都市型災害　259
都市災害　259
都市の脆弱性　23
土砂災害　57, 73
土砂災害警戒情報　75
土砂災害ハザードマップ　75
土砂災害防止法　75
土石流　71, 73

都道府県 DMAT　204
利根川　66
トラウマ　227
トランス・サイエンス　50
トリアージ　207
トレッドウェイ委員会支援組織委員会（COSO）
　139

な 行

内閣危機管理監　167, 168
内部統制システム　178, 218
雪崩　65
南海地震　65
南海トラフ　256
　──の地震　65
二項分布　131
2 次救急（中等症）　203
日常活動理論　114
日本 DMAT　204
日本医師会災害医療チーム（JMAT）　204
認可制　179
認証制度　190
認知主義学習観　157
熱帯低気圧　103
農業革命　18
濃尾地震　66
ノースリッジ地震　259
ノロウイルス　101

は 行

ハインリッヒの法則　60
ハザード　7, 35, 56, 140
ハザードマップ　138
発生確率　59, 166
パラドックス　238, 239, 246
パリ協定　104
ハリケーン・カトリーナ　169, 170
ハリケーン・サンディ　169
犯罪被害者　231, 232
阪神・淡路大震災　6, 67, 138, 167, 204, 211,

212, 259
パンデミック　99
ヒートアイランド現象　103
被害想定　138
被害予測　138
東日本大震災　6, 67, 204, 213, 279
被災者生活再建支援法　228
ビッグ・データ　154
避難　169
ヒヤリハット　60
ヒヤリハット報告　215
ヒューマンエラー　94, 137
ヒューマンファクター　84
標準化　184, 185
表層崩壊　74
ファジィ測度　127
フィンクのクライシスマネジメント　165
風化現象　153
風評被害　56, 153, 154
フォールトツリー解析　137
不確実性　159, 160
福祉国家　181
福島第一原発　57
福知山線事故　57, 279
不慮の事故　3
プレート　56
プレート間地震　56
プレートテクトニクス　65
噴火警戒レベル　72
噴火予知　67, 72
ペスト　97, 98, 200
ペリル　140
ポアソン分布　131
ボイラ検査制度　55
防災　264
防災・減災対策　12
防災基本計画　195
防災教育　11, 156-160
防災業務計画　196
防災訓練　208

防災対策　8
放射線被爆　148
保険管理　140, 166, 171
保健師　201
保健所　100
保健センター　201
保険ブローカー　222
ボパール　92, 106, 167

ま　行

マグマ　68
枕崎台風　67
まちづくり　169
未災者　151
未知性　31
宮城県沖地震　259
民間非営利組織（NPO）　212
無知のヴェール　253
メディア・イベント　34, 152, 153

や　行

薬害　86
夜警国家　180
有事の命令系統（ICS）　169
溶岩流　71

ら　行

ライフサイクル　194
リーダーシップ　164, 169, 171
利益相反　86
リコース問題　134
リスク　58, 62, 136, 139, 140
　——の特定　142
　——のトレードオフ　251
リスクアセスメント　137, 141, 143, 164, 216
リスクガバナンス　33, 248, 254
リスクコミュニケーション　33, 144, 145, 147, 170
リスクコントロール　144, 274
リスク社会　34, 95

リスク対応　139, 143, 144

リスクテーキング　139, 140

リスクトリートメント　139, 143

リスク評価　35, 37, 142

リスクファイナンス　144, 274, 275

リスク分析　142

リスクマップ　142, 143, 166

リスクマネジメント　136, 145, 166, 171

リスボン地震　23

利用可能性ヒューリスティック　31

倫理　246

倫理的評価　243

倫理的問題　242

レジリエンス　165, 170

レジリエンス工学　138

劣化モデル　195

レベル1津波　79

レベル2津波　79

老朽化インフラ　193

労働安全衛生法　100, 215, 217

労働基準法　100, 217

労働災害　6, 60, 92, 214

ロジスティック回帰分析　133

炉心溶融事故　6, 57

ロバスト最適化　134

論理的・意識的判断システム　31

わ　行

ワイブル分布　129

湾岸戦争　167

欧　文

AAR（After Action Review）　170

AI　27, 261

AIDS　100

ALARA 基準　32

BCP　217-220

COP21　104

DMAT　203, 204

GTD（Global Terrorism Database）　116

HIV　100, 101

ICT　25

IoT　261

IPCC　102

ISIL　111, 120, 121

ISO　8, 186

ISO 31000　136, 139, 141-145

ITS（高度道路交通システム）　85

JIS　187

NBC 災害　207

NIMBY　249, 253

OSHMS　216, 217

PRTR　106

Safety-II　95

SARS　101

Societal Safety　13

TOC 条約　121, 122

執筆担当一覧 （50音順）

安部誠治（あべ　せいじ）　　　第1章1・3，第15章2 〔1〕

一井康二（いちい　こうじ）　　第6章2 〔2〕〔3〕，第14章4

奥村与志弘（おくむら　よしひろ）　第15章1 〔2〕〔3〕

小澤　守（おざわ　まもる）　　第1章2・3 〔1〕〔2〕，第5章，第7章1 〔2〕

辛島恵美子（かのしま　えみこ）　第2章1，第7章1 〔4〕

亀井克之（かめい　かつゆき）　第11章，第13章，補章3

川口寿裕（かわぐち　としひろ）　第4章，第10章

河田惠昭（かわた　よしあき）　第20章

桑名謹三（くわな　きんぞう）　第16章4

河野和宏（こうの　かずひろ）　第2章3

越山健治（こしやま　けんじ）　第3章2

小山倫史（こやま　ともふみ）　第6章3，第7章1 〔1〕，第15章1 〔1〕，補章2

近藤誠司（こんどう　せいじ）　第3章1 〔3〕，第12章2，第15章3 〔1〕〔2〕

斉藤了文（さいとう　のりふみ）　第18章

城下英行（しろした　ひでゆき）　第1章3 〔3〕，第12章3，第15章3 〔3〕，補章1

菅　磨志保（すが　ましほ）　　第16章1 〔1〕

高鳥毛敏雄（たかとりげ　としお）　第8章1，第15章2 〔2〕〔3〕

高野一彦（たかの　かずひこ）　第14章1 〔1〕〔2〕，第16章3

高橋智幸（たかはし　ともゆき）　第6章4

土田昭司（つちだ　しょうじ）　第3章1 〔1〕〔2〕

永田尚三（ながた　しょうぞう）　第14章2

永松伸吾（ながまつ　しんご）　第8章2，第9章，第16章1 〔2〕

中村隆宏（なかむら　たかひろ）　第7章1 〔3〕・2，第16章2

西村　弘（にしむら　ひろし）　第2章2，第7章3

林　能成（はやし　よしなり）　　第6章1・2 〔1〕〔4〕〔5〕，第11章

広瀬幸雄（ひろせ　ゆきお）　　第8章3，第12章1，第19章

元吉忠寛（もとよし　ただひろ）　第4章，第17章

山川栄樹（やまかわ　えいき）　第10章

山崎栄一（やまさき　えいいち）　第14章1 〔3〕・3

社会安全学入門
——理論・政策・実践——

| 2018年4月30日　初版第1刷発行 | 〈検印省略〉 |
| 2024年2月20日　初版第3刷発行 | |

定価はカバーに
表示しています

編　　者　　関西大学社会安全学部

発 行 者　　杉　田　啓　三

印 刷 者　　田　中　雅　博

発行所　　株式会社　ミネルヴァ書房

607-8494　京都市山科区日ノ岡堤谷町1
電話代表　(075) 581-5191
振替口座　01020-0-8076

ⓒ関西大学社会安全学部，2018　創栄図書印刷・吉田三誠堂製本

ISBN978-4-623-08245-2
Printed in Japan

事故防止のための社会安全学

──────── 関西大学社会安全学部 編　**Ａ５判　328頁　本体3800円**

●**防災と被害軽減に繋げる分析と提言**　学際的アプローチと実践的・政策的アプローチを統合して課題に対峙した画期的書。

防災・減災のための社会安全学

──────── 関西大学社会安全学部 編　**Ａ５判　250頁　本体3800円**

●**安全・安心な社会の構築への提言**　災害に強い社会の実現をめざして，最先端の学際的研究から自然災害への総合的対策を検証する。

リスク管理のための社会安全学

──────── 関西大学社会安全学部 編　**Ａ５判　288頁　本体3800円**

●**自然・社会災害への対応と実践**　平常時の生活や経済活動に関するリスク，東日本大震災の実証分析を踏まえた災害時のリスクへの対処法を検討する。

検証　東日本大震災

──────── 関西大学社会安全学部 編　**Ａ５判　328頁　本体3800円**

山積する課題解決のための検証と大災害からの復興への視座を提示。

東日本大震災　復興５年目の検証

──────── 関西大学社会安全学部 編　**Ａ５判　380頁　本体3800円**

●**復興の実態と防災・減災・縮災の展望**　東日本大震災以降，学際的視点から５年間の復興支援を分析した研究成果。

──────── ミネルヴァ書房 ────────

http://www.minervashobo.co.jp